城镇群高密度空间效能优化关键技术研究　课题编号：2012BAJ15B03

走出不可持续的交通困境

——新世纪的城市交通

[英]戴维·本尼斯特　著

施澄　叶亮　译

U0338363

中国建筑工业出版社

著作权合同登记图字：01-2011-5820号

图书在版编目（CIP）数据

走出不可持续的交通困境：新世纪的城市交通／（英）戴维·本尼斯特著；施澄，叶亮译. —北京：中国建筑工业出版社，2017.9
ISBN 978-7-112-21180-7

Ⅰ.①走… Ⅱ.①戴…②施…③叶… Ⅲ.①城市规划—交通规划—研究 Ⅳ.①TU984.191

中国版本图书馆CIP数据核字（2017）第218576号

责任编辑：段　宁　董苏华
责任校对：焦　乐　王　瑞

走出不可持续的交通困境——新世纪的城市交通
[英]戴维·本尼斯特　著
施澄　叶亮　译

*

中国建筑工业出版社出版、发行（北京海淀三里河路9号）
各地新华书店、建筑书店经销
北京京点图文设计有限公司制版
北京建筑工业印刷厂印刷

*

开本：880×1230毫米　1/32　印张：10　字数：287千字
2018年2月第一版　2018年2月第一次印刷
定价：40.00元
ISBN 978-7-112-21180-7
（30802）

版权所有　翻印必究
如有印装质量问题，可寄本社退换
（邮政编码 100037）

目　录

前　言 ……………………………………………………… vii

中文版前言 ………………………………………………… ix

致　谢 ………………………………………………………… x

缩略语 ……………………………………………………… xii

献　词 ……………………………………………………… xiv

第1章　绪　论 ……………………………………………… 1

　1.1　简介 …………………………………………………… 1

　1.2　可持续发展 …………………………………………… 2

　1.3　一个争论 ……………………………………………… 4

　1.4　作为时代标志的小汽车 ……………………………… 5

　1.5　小汽车的拥有和使用 ………………………………… 7

　1.6　本书的结构 …………………………………………… 9

第一部分

第2章　全球视野 ………………………………………… 11

　2.1　简介 ………………………………………………… 11

　2.2　主张1：现代的交通是不可持续的 ………………… 11

　2.3　主张2：可持续的城市发展以城市作为活力、
　　　　财富和机会的中心，交通是实现此目标的重要角色 ……… 14

　2.4　可持续发展交通的十大原理 ……………………… 16

　2.5　全球趋势与关键概念 ……………………………… 20

2.6 结论 ···················· 35

第3章 可持续发展与交通强度 ·········· 41
3.1 经济背景 ················· 41
3.2 交通问题 ················· 44
3.3 交通强度 ················· 45
3.4 经济增长的替代措施 ··········· 53
3.5 英国与欧盟15国的经验 ········· 56
3.6 社会与经济的变化 ············ 58
3.7 结论 ··················· 59

第4章 公共政策与可持续交通 ········· 62
4.1 简介 ··················· 62
4.2 全球视角下的公共政策 ·········· 65
4.3 本地视角下的公共政策 ·········· 69
4.4 实施的障碍 ··············· 75
4.5 结论 ··················· 82

第5章 机构组织问题 ············· 84
5.1 政策视角 ················· 84
5.2 改变的机会 ··············· 86
5.3 结论 ··················· 97

第二部分
第6章 交通与城市形态 ············ 101
6.1 简介 ··················· 101
6.2 城市形态与交通的关键关系 ······· 102
6.3 案例研究 ················· 123

6.4　结论 ……………………………………………… 127

第 7 章　公共预算与管制措施 …………………………… 131
7.1　简介 ……………………………………………… 131
7.2　收费 ……………………………………………… 132
7.3　伦敦拥挤收费的扩散效应 ………………………… 144
7.4　管制措施的激励 …………………………………… 149
7.5　碳排放税 …………………………………………… 151
7.6　空运 ……………………………………………… 152
7.7　交通费与美国 ……………………………………… 155
7.8　公共预算与管制措施的评论 ……………………… 158

第 8 章　技术与交通 ……………………………………… 162
8.1　简介 ……………………………………………… 162
8.2　技术 ……………………………………………… 163
8.3　货运 ……………………………………………… 171
8.4　技术的极限 ………………………………………… 172

第 9 章　信息通信技术对交通的影响 …………………… 175
9.1　简介 ……………………………………………… 175
9.2　交通产生 …………………………………………… 180
9.3　居住与出行 ………………………………………… 186
9.4　工作 ……………………………………………… 190
9.5　结论 ……………………………………………… 193

第三部分
第 10 章　低机动化城市的启迪 …………………………… 198
10.1　简介 ……………………………………………… 198
10.2　公平 ……………………………………………… 200

10.3　创意 …………………………………………………………… 209

10.4　政府机构 ……………………………………………………… 214

10.5　结论 …………………………………………………………… 218

第11章　未来的展望 ……………………………………………… 221

11.1　简介 …………………………………………………………… 221

11.2　展望与回顾 …………………………………………………… 222

11.3　情景演绎 ……………………………………………………… 223

11.4　OECD（经济合作与发展组织）国家的城市前景讨论… 226

11.5　可持续发展的南北分界 ……………………………………… 235

11.6　非经合组织国家的城市交通前景讨论 …………………… 237

11.7　结论 …………………………………………………………… 239

第12章　结论 ………………………………………………………… 243

12.1　可持续发展的交通规划 ……………………………………… 243

12.2　可持续发展的交通目标 ……………………………………… 247

12.3　民众参与的重要性 …………………………………………… 250

12.4　可持续发展的城市与城市交通 …………………………… 255

参考文献 …………………………………………………………… 266

译后记 ……………………………………………………………… 305

前　言

我们不是从祖先那里继承地球，而是从子孙后代那里借来的。（古印度谚语）

笔者写书时遇到的主要问题之一是想出一个既能反映书的内容又能吸引读者眼球的名字。进一步说，所有好书的名字都由不超过三个单词组成。对我来说，产生这个灵感是困难的，因为我已经穷尽所有相关的三个单词的组合了。因此，这本书在它的内容中有一个隐含的名字——城市可持续发展和交通。

"不可持续的交通"的意思是我们要做出一系列关于交通和可持续发展的选择。甚至选择不需要被放置在相同的背景下，因为它对城市和地区有重要意义。本书展示了全球和地区层面可持续发展的本质。交通扮演着要么成功要么毁灭城市的重要角色。本书还介绍了选择的范围和实施的困难，并解释为什么预期与结果常常不匹配。对发展中国家的城市有一个调查，这些城市都在以惊人的速度发展，呈现出许多相同的问题，但他们有不同的创新解决方案。本书提出了可持续城市的愿景，总结了包括交通和其他领域的政策方法。这些使城市朝着更可持续的方向发展。

在这本书中，笔者采取了积极的观点，指出可持续城市发展是可行的和必要的政策目标，而交通在达成这一目标的过程中扮演重要的角色。虽然很多趋势是朝着错误的方向（不可持续的），有效实施还有很多困难，但这不意味着所有的希望都破灭了。这本书反映了一个思考未来交通政策的根本性转变的机会，领悟到如果交通被放置在可持续城市发展的中心，那么这个目标将可以实现。

　　十年前，有影响力的英国皇家环境污染委员会表示，可持续交通政策的关键是由政府在若干领域和行业协调行动。除非交通和土地利用规划整合，否则经济增长不能继续以可持续的方式进行。必须改善技术来减少燃料消耗和减少汽车污染。应该理智开发新住宅、商业和休闲设施，以使人们不需要被迫使用汽车长途旅行。私人交通成本将会上升，因为目前它并没有反映出对健康和环境的损害。资源应该从公路建设转向改善公共交通。

　　这本书背后的思考是反思在这十年间所取得的成就，看到我们在哪里出了错，哪里已经取得了进展。正如 Eliot 所说："我们所有的探索最终将到达我们第一次知道和开始的地方。"我们已经到了这个阶段，现在是时候来决定是否有足够的动力走向可持续交通。

戴维·本尼斯特
2005 年 3 月

中文版前言

　　全球的交通发展变得越来越不可持续，人和物的运输距离越来越远，也消耗了越来越多的能源并排放出越来越多的碳。这一现象在中西方的城市中都显现了出来。除了大量的能源消耗，交通部门同样对我们的生活质量有巨大的影响力，这包括：道路的安全、空间使用和其他资源的增长、地方污染、不同社会阶层人们使用交通设施机会的不均等。然而，交通部门也给我们带来了巨大的益处，它促进了全球化的进程，带动了全球经济的发展，促进了文化、知识和思想的交流，成为创新的关键要素，让访问新地域成为可能。难题在于协调好这些收益和成本，但目前交通仍然不能看作是可持续的。

　　全球的城市都开始为可持续的交通发展提供机会，交通使用最有效率的能源，最合理的价格，最高效的城市空间使用。目前，在中国，城市化发展的规模和速度十分惊人，这同样也是难得的机会——让中国城市交通选择更加创新的交通方式来满足不断增长的巨大需求，这里主要指城市更高效合理的组织规划和清洁能源的技术。

　　虽然本书是基于发达国家的城市的经验写作的，但是对于所有国家的城市的观念转变都有积极的意义，相互间有许多可以借鉴之处。将本书翻译成中文是全球知识和思想交流的有益之举。本书已经拥有许多英语世界的读者，我希望同样能被越来越多的中国读者接受。我十分感谢施澄先生对于本书中文译本的辛勤努力。

　　　　　　　　　　　　　　　　　　　　戴维·本尼斯特

　　　　　　　　　　　　　　　　　　　　2011年10月19日

致　谢

　　很多人帮助我完成此书。本书源于我介绍可持续发展概念和建设方案的 POSSUM 项目。PUSSUM 财团（EU DGVII Strategic Research Programme）的成员来自于伦敦大学（Dominic Stead 和 Alan McLellan）、阿姆斯特丹自由大学（Peter Nijikamp，Sytze Rienstra 和 Hadewijch van Delft），雅典国家技术大学（Maria Giaoutzi 和 Zenia Dimitrakopoulo），斯德哥尔摩的环境策略研究小组（Peter Steen，Karl Dreborg，Jonas Akerman，Leif Hedberg 和 Sven Hunhammar），EURES- 弗赖堡欧洲区域研究中心（Ruggero Schleicher-Tappeser 和 Christian Hey），VTT- 赫尔辛基的芬兰技术研究中心（Veli Himanen 和 Anu Touminen），华沙技术大学（Wojciech Suchorewski），和莫斯科的俄联邦交通部门（Viacheslav Arsenov）。本书一些材料使用了德国政府领导的 Urban 21 全球大会（Ulrich Pfeiffer 和 Peter Hall）早期的研究。

　　Dominic Stead 对第 3 章的"交通强度"和第 5 章"交通与城市形成的关系"有很大的贡献。第 3 章基于 Dominic Stead 写的一篇文章，发表在赫尔辛基的 STELLA 大会（2002）和随后出版的《欧洲交通基础设施研究杂志》（European Journal of Transport Infrastructure Research，2（2/3），pp.161-178）。

　　第 4 章关于公共政策部分基于 EOLSS（Encyclopedia of Life Support Systems），反过来采用了 EU DANTE 联合研究的材料。这个项目聚焦于实施中的障碍和随后的研究，包括公众接受可持续交通的前景。我想感谢这些 DANTE 项目的贡献者：Stephen Marshall，Daniel Mittler，Alan McLellan（再次感谢）和伦敦大学学院规划系的

Nick Green，以及我在 DANTE 团队的伙伴——代尔夫特大学的 Kees Maat，Erik Louw 和 Hugo Priemus；交通和旅行研究有限公司的 Sandra Mathers 和 Laurie Pickup；奥尔胡斯市的 PLS 咨询公司的 Jens Peder Kristensen；罗马 FIT 咨询公司的 Massimo Marciani；布加勒斯特交通研究所的 Madalina Cotorogea 和 Ovidiu Romosan；苏伊士大学的 Rico Maggi 和 Juerg Maegerle。

第 9 章基于 Dominic Stead 写的一篇文章，发表在《交通评论》（Transport Reviews）24（6）。这个研究源自 EU ESTO 项目中 ICT 对于交通和机动性的影响（ICTRANS）。我非常感激团队的所有人——Matthias Weber 和 Petra Wagner（ARC Research，奥地利），Karl Dreborg 和 Anders Eriksson（FOI，瑞典），Peter Zoche，Bernd Beckert，Martina Joisten（ISI-FhG，德国），Anique Hommels，René Kemp，Peter Peters，Theo Dunnewijk（MERIT，荷兰）和 Lucien Dantuma，Richard Hawkins，Carlos Montalvo（TNO-STB，荷兰）。

这本书的核心是交通和可持续发展的 Spon 系列，因为它集成了所有三个元素。这本书形成于我在伦敦大学学院规划系的硕士课程中，参与课程的学生阅读并评价此书。我感谢每个人的参与，主要是补充，但总是切中要害的和在某些情况下鼓舞人心的。还要感谢 Lloyd Wright 完整的阅读了书的草稿并且不怕麻烦去争论严肃的问题。Lizzie 也志愿去读终稿，这是他责任之外的事情。

缩略语

BRT	Bus Rapid Transit	快速公交系统
CAFE	Corporate Average Fuel Efficiency	（美国政府为节约石油制定的）燃料使用效率标准
CO	Carbon Monoxide	一氧化碳
CO_2	Carbon Dioxide	二氧化碳
ECMT	European Conference of Ministers of Transport	欧洲运输部长会议
EDI	Electronic Data Interchange	电子数据交换
EJ	Exa Joules	百万兆焦耳
EU（EU15）	European Union（the 15 members of the EU to 1st May 2004）	欧盟（截至2004年5月1日欧盟的15个成员国）
GDP	Gross Domestic Product	国内生产总值
GHG	Greenhouse Gases	温室气体
GIS	Geographical Information System	地理信息系统
HGV	Heavy Goods Vehicles – over 3.5 tonnes gross unladen weight	载重物车辆——空载质量超过3.5吨
ICT	Information and Communications Technologies	信息通信技术
IPCC	Intergovernmental Panel on Climate Change	政府间气候变化专门委员会
ITS	Intelligent Transport Systems	智能交通系统
LA21	Local Agenda 21	地方21世纪议程
LGV	Light Goods Vehicles – under 3.5 tonnes gross unladen	

weight　轻量货物车辆——空载质量 3.5 吨以下

LPG　　　　Liquid Petroleum Gas　液化石油气

LRT　　　　Light Rail Transit　轻轨交通

MRT　　　　Mass Rapid Transit　大运量快速交通

NECAR　　　New Electric Car – made by Mercedes
新型电动汽车——梅赛德斯制造

NGO　　　　Non Governmental Organization　非政府组织

NOx　　　　Nitrogen Oxides　氮氧化物

OECD　　　Organisation for Economic Cooperation and Development
经济合作与发展组织

PM$_{10}$　　　Particulate Matter under 10 microns in diameter　可吸入颗粒物

RCEP　　　Royal Commission on Environmental Pollution　皇家环境污染委员会

SACTRA　　Standing Advisory Committee on Trunk Road Appraisal
干路评估咨询委员会

SUV　　　　Sports Utility Vehicle　运动型多功能车

TGV　　　　Train à Grand Vitesse　法国高速列车

UK　　　　United Kingdom　英国

UNDP　　　United Nations Development Programme　联合国开发计划署

US（USA）　United States（of America）　美国

VAT　　　　Value Added Tax　增值税

VED　　　　Vehicle Excise Duty　车辆消费税

VOC　　　　Volatile Organic Compounds　挥发性有机化合物

WHO　　　　World Health Organisation　世界卫生组织

献 词

　　我想将这本书献给我的父母——Michael 和 Rachel，他们刚刚度
过了 60 年结婚纪念日，即钻石婚姻。他们的生活方式是我所知道的
对于环境最可持续的。虽然他们可能对于本书知之甚少，但是我希望
其他人能从中获益。

第 1 章

绪 论

1.1 简介

在 21 世纪之初，全球面临许多挑战，但是其中有一项挑战总是占据媒体头条，这就是全球不断增长的不稳定的自然现象，无论是火山活动、洪水、干旱、火灾还是飓风。全球气候正在发生变化的证据已经很充分，气候变暖已经不再是微小的变化而是全球性的温度持续增长。世界上大多数的人口生活在易于遭受洪水灾难的地方，全球 30 个超级大城市（2015 年，超过 1000 万人口）中的 20 个位于海平面高度，或者在河漫滩上。海平面的升高以及洪水的潜在危险将影响五百万以上人口聚居的地区。对于这一观点，可能有人会认为是危言耸听，但是它确实给出了可能发生变化的区域。并非这些城市的大部分都位于海平面高度，但是大量的投资必须被用于保障这些地区的人民的安全。除了海平面升高的危险，还有其他不断出现的灾难，譬如粮食危机、新的疾病、火灾、暴风雪以及对生物多样性的威胁。其中一些灾难是直接由人类活动导致的，而另一些则并不非常明显。

很明显，需要缓和和稳定全球变暖的过程。这意味着应该大量减少所有形式的碳消费，因为使用这些资源是全球变暖的主要原因。二氧化碳的全球排放总量（导致全球变暖的主要气体）增加了约 60%（1971-2001），达到近 240 亿吨（国际能源署，2000、2001）。

交通领域排碳总量占总体的比例从 1971 年的 19.3% 增长到 2001 年的 28.9%，所以，交通的碳消耗无论是绝对量还是相对量都在明显增加（EC，2003）。此外，交通几乎完全依赖于石油能源，而且即使石油价格有实质性的增长，这种局面预期也不太可能有大的改变（参见本书第 7，8 章）。试图引进替代性燃料的车辆到目前为止仍然不是非常成功，汽油和柴油动力的车辆的资本投入依然很大。改变依然持续，新兴交通市场的兴起就是一个明显的方向，比如航空出行的增长以及发展中国家的私人小汽车数量的增长。乐观地看，可能至少需要20 年的时间，才会有较大比例（超过 20%）的运载工具使用零碳燃料（比如燃料电池或者基于可再生资源的电力，诸如水电、风电）。

除了寻找可替代新能源以及依靠科技寻求新答案（参见第八章），人类依然可以寻求其他的一些措施。其中一类是有关环保经济的措施，通过让所有碳消耗能源的消费者在交通行为中采用更加高效使用能源的方法来减少他们原有的能源需求。所有这些措施都需要通过高层决策贯彻执行，通过一系列的经济手段去鼓励使用高效替代能源，去投资最佳的科技，去实质性地减少碳能源的使用。另一类是有关城市的措施。在这些城市中居住着世界上绝大部分的人口，城市可持续发展的概念在这里变得越发重要，城市被视为经济繁荣和富足的中心，也是可持续发展的中心。只有在城市，许多必要的措施才会带来财富和幸福。

城市可持续发展的首要目的应该是构建一种让所有个体可以发展其财富和幸福的同时，维持在碳资源可持续性限制下的发展模式。在城市背景下，交通在有效创造财富和社会和谐幸福方面都扮演了关键性的角色。然而，交通作为主要的能源消耗增长的部门，应对减少碳能源使用的环境目标做出实质性的贡献。达到以上三个目标也许是一个不可能的任务。本书的目的在于评价一些可能的选择以及得出一些有关交通对于城市可持续发展的贡献的结论。

1.2 可持续发展

可持续发展现在已经是一个耳熟能详的词语了。自从经典的布伦特兰报告指出："我们的星球需要一个可持续的发展环境，对于这个世界的社会和物质系统的稳定性都至关重要，这样的发展不仅能满足当代人的需求，同时也不会影响到子孙后代的需求"（WCED，1987，p.43），这个词语已经被大部分对于环境议题有兴趣的学者和决策者使用了，但如同其他被广泛使用的词语一样，这个词语依然很难被精确地定义。在这样的可持续性发展的概念下，需要重新平衡经济、社会和环境的优先度。过去，人们一直认为经济发展相比于其他所有概念都应该是最重要的，随着收入和财富的增长，会产生涓滴效应来帮助那些没有在经济繁荣中获益的人们，而且也会有资源去清洁环境。在这种现实面前，忠实拥护可持续发展三要素平衡的人们的声音被淹没了。直到1987年，人们才开始意识到，应该更加积极地调整经济发展相对于另外两者之间的平衡问题。这种根本性变革在全球环境问题（主要是全球气候暖化）上被关注，当然也有其他一些相关议题，比如酸雨。

直接针对可持续发展定义的研究工作已经有很多了。在本书中，主要基于之前提及的三个基本问题加以讨论。第一，经济发展议题主要涉及经济增长以及这种发展对于各个国家个体的作用。第二，社会发展议题主要关心财富在个人之间（社会公平）以及在空间上（空间公平）的分配问题。环境发展议题有关环境的保护，不仅仅包括本代内的环境资源的维持，也包括跨代遗留给子孙的资源的可持续。这里所说的环境问题包括全球以及地方的环境问题，包括资源的使用和废物的排放，还涉及生物多样性、水质、公共卫生和垃圾管理。

除了以上所说的三个基本议题外，还有两个重要的问题。人们现在越来越多地意识到，可持续发展需要所有的社会部门参与进来。整个过程必须是可参与的，所以个人、公司、工业部门、政府都必须在整个计划中被考虑进来，把他们排除在整个过程之外意味着整个战略转型将举步维艰。解释、理解和参与是整个可持续发展战略实施的基本要素，这些都需要所有相关者的积极参与。

第二个问题是政府在达到可持续发展目标过程中的角色。决策过程的大部分都要贯彻在几乎涉及政府所有层面的决策框架内。可持续发展需要相互合作和新的思维，这样跨部门的决策才有可能形成。这也就意味着政府部门之间责任和资源的再组织。政府的组织结构也许需要有新的调整，组建新的负责可持续发展执行的专门部门。只有具有合理组织架构的稳定政府，才能持续实现既定的目标。此外，对于一个有一定任期的政府而言，对于政策作出重大调整往往是有一定困难的，所以政策的连续性是非常必要的。如果希望有实质性的变化，那么政府清晰的领导方向需要在各个层面得以贯彻。以上五个有关可持续发展的主要议题都将在本书中提及。

1.3　一个争论

伴随一系列新思维的出现，目前有一个关于可持续发展的意义和作用的争论。世界经济论坛（Esty，2002）认为布伦特兰的有关可持续发展的定义是缺乏实质性内容的空洞感念，需要一个有关环境和发展权衡的更加清晰的定义。问题的关键在于是否会有双赢的局面，当政策选择确定时往往会有人利益遭受损失。但是如之前所述，决策者需要在更加广泛的几乎涉及所有层面的角度来制定更加一体化的政策包，决策考虑得越全面越好。

自布伦特兰之后的经验一直告诉我们，在走向城市可持续发展的道路上有如下的一系列经验教训：

1. 碳排放的减少必须与资本介入庞大而持久的全球能源体系同时进行。虽然这种投资方式的改变成本巨大，但是只有这样的改变，转向低碳技术才会真正发生。

2. 应给予明确的财政激励措施，使所有以碳为基础能源的用户使用价格上涨（如碳税），对碳排放进行强制性的限制。工业、商业和家庭用户需要给予指导，使他们在清晰的框架内作出正确的决定。

3. 气候变化的科学技术研究和发展，需要采取强有力的行动，并不断推动其影响力。这包括将清洁能源的研究迅速转化为在世界各地的最佳实践。

4. 引领低碳经济变化的必须是富裕的发达国家，但所有其他国家都必须参与其中发挥作用。产业是支持研究和发展的关键，且必须是在最佳实践的最前沿。

5. 需要采取的行动所具有的不确定性不是不采取行动或采取没有

力度的行动的理由。在核心国家的政治家们需要承担领导的角色，并表现出应有的领导能力。

一旦这样的框架确定，那么它就会变得更容易融入城市发展和交通运输的广阔远景。它必须体现在所有部门的各种形式的碳消费的削减上。它提供了可纳入其他关键问题的研究平台。最重要的是"环境空间公平性"，也就是说，每个国家都应该有平等的机会消耗相对其人口的对应数量的资源（www.mbnet.mb.ca/linkages/consume）。估计为支持 60 亿全球人口的生存，每人至少需要排放 2.0 吨的二氧化碳，而正如我们所看到的，现实中全球人均碳排放量为 3.9 吨（参见本书第二章，表 2.3）。在许多富有的国家，仅交通运输部门的数字就远远高于这个水平。它反映了全球收入的分布，15% 最富有的人口占有全球 80% 的财富，接下来的 25% 的人口占有了 15% 的财富，剩下的 60% 的人口，仅占有 5% 的财富（世界银行，1998）。

1.4 作为时代标志的小汽车

如果有一样东西可以成为 20 世纪的代表性符号的话，那么这一定是小汽车，并且在今后的时代里也很难改变这一点。它被视为一种"安全感"，因为它几乎始终可用，并且永远不会离我们遥远。如果车停在远处，人们就会变得紧张，即使是在乡村，很多人都不敢离车太远，以确保安全感。这是因为人们渴望在汽车中并享受机动化的快感，人们会感到安全且远离外界的危险，享受它提供的奢侈生活。Urry（2001）认为，小汽车是一个多因素的特别组合，它成为全球性的主导生活符号：

1. 这是一个从福特主义和后福特主义开始就已经出现的象征着资本主义工业化的标志性事物。

2. 这是除房产以外，个人最主要的消费，它给使用者以一种社会生存状态。但它同时也象征了一个家庭成员的地位，叛逆的特点和年龄层次。

3. 在社会和技术层面上，小汽车建构了一个强大的复杂系统，涉及广泛的供应链产业，包括零部件及配件，加油站，公路建设和养护，服务区，修理厂和停车场。

4. 小汽车提供了不同于其他出行方式（公共交通、自行车和步行）的个体出行方式，重构了人们工作、家庭生活、休闲和社交活动的方式，提供了个性化的出行。

5. 小汽车代表着社会主流文化，在电影、新闻和广告的核心位置上都保持了主导性的话语权。

6. 小汽车的使用是最重要的资源消耗之一，包括材料的消耗、空间的使用、汽车生产所消耗的能源、道路的修建以及在使用小汽车出行时所产生的物质消耗、空气质量、交通事故、视觉与噪声污染等其他外部成本。

虽然以上这些是众所周知的，但是对于小汽车依赖成瘾的事实还是经常被低估（Whitelegg，1997）。汽车提供了个人逃离现实环境的可能，让人们拥有自己的灵活性和自由度。汽车广告非常成功地销售了一种个性化和便利生活的梦想，并证明你有能力实现这一点。但是，同样是小汽车，在社会上和空间上导致了城市的无限蔓延，人们不得不比以前出行更长的距离，许多地方变得让人更加愿意穿越而非停留（Urry，2001）。对于那些没有车的人，空间结构松散的城市变得更加具有敌意，它强迫那些本来可以不开车的人们进入私人小车，从而使问题进一步加剧。汽车本来是一个给消费者带来巨大收益的消费（至少感觉如此），但它同时会产生巨大的直接成本（如空气污染）和间接成本（如交通拥挤和较差的公共设施可达性）。

也许汽车与我们的现实社会是如此密不可分，以至于局面很难产生实质性的改变。如果"汽车"是我们这个时代的象征的观点被传播到目前机动化水平仍然较低的国家里，那么，在那里，对于城市、环境和没有车的人将是怎样的未来呢？然而小汽车由于其自身的成功而转变为受害者，因为承载小汽车的各类设施的增长永远也赶不上小汽车使用者增长的水平，随着交通状况的不断恶化，小汽车会变得越来越没有吸引力的。Urry（2001）提出了对于小汽车态度转变的三个阶段。在早期阶段，汽车司机生活在象征自由和开放的道路上，充满了开拓进取的精神。随着汽车拥有变得越来越普遍，人们改为生活在汽车里，汽车司机在金属盒子中享有完全的隐私，可以随心所欲地收听收音机、磁带或 CD，就好像是在他们自己的家中。汽车确实是家庭的一种延伸，是一个可拆卸的房间，可以被放到任何地方。第三个阶段是生活在智能汽车中，其中一些日常任务可以交给车辆自动处理，而不是司机。这里包括流量控制功能，路线引导和信息系统。此外，技术已用于改革的汽车可持续性，通过使用可以回收再利用的新材料，可替代的推进系统，以及开发的"智慧型汽车"。汽车已成为一个更完善的办公室，有移动电话、电子邮件和互联网的接入，这使驾驶员能更加灵活地安排时间。

汽车作为时代的标志依然如故，而且它还在适应不同的堵车环境和司机的需求。汽车制造商和广告商已经成功地对以上变化做出了反应，让私人汽车仍然保持吸引力。公共交通也在不同时代与私人小汽车努力竞争。小汽车使用的文化一定不能被低估，这有助于让我们理解为什么经济理性行为总是不起显著作用。即使有了价格控制机制，出行行为的改变仍然需要一系列强有力的补充机制，直到有真正意义上的改变。单一的政策总是很有限的，成功的政策需要在一定时期内持续的一组有效的措施包（详见第十一章）。政策包中的一个关键性元素必须是司机的有效参与，使他们明白实现城市可持续发展的具体措施为什么是重要的，并且他们要为此做好准备和积极地回应。如果对措施的支持不足或者缺失，那么成功的概率就会很小，即使实施的过程本身很成功。难怪虽然有这么多善意的措施，但最终的效果不理想，目标对象（通常是司机）总有办法绕开他们。

1.5 小汽车的拥有和使用

汽车拥有量和汽车使用之间有着明确的联系，任何单纯地减少汽车使用的战略都注定要失败，因为这些都没有真正找到机动性不可持续性的原因，换句话说，小汽车是否是必需的（Gilbert，2000）。任何汽车保有量的增加都有可能造成更大的城市扩张，更多用于交通设施的土地消耗和更多的其他物质消费。即使技术允许环保车[1]的发展，这也并不构成问题的一个解决办法，因为在车辆的整个生命周期中仍然有相当大的相关能源消耗。交通在城市可持续发展中的惟一解决办法是努力推动低技术含量的替代品让个人自愿放弃小汽车，使城市中心的小汽车保有量切实减少。

以上研究的基本观点是由 Gilbert 在 2000 年提出的，但很难想象，在任何民主社会机制下，这样的一种情况会发生。新加坡通过合理拍卖新车的使用权，已经非常接近这种愿景了。每年拍卖的所有权只允许用于新车，这本质上就是大幅提高了拥有成本，并产生了独特的效果。但即使如此，汽车的数量还在不断增加，但这种增长速率比在正常的市场条件下要低得多。另一种替代可能是更个人自愿的方式——选择生活在无车的城市里。城市公共交通具有足够高的服务水平，使小汽车的拥有不具有吸引力，特别是由于城市实行高昂的汽车保险费而使得小汽车拥有成本很高时。"无车"意味着住宅没有停车空间被分配，或者私人小汽车在一些地方根本不允许出现。原来分配给私人小汽车的空间可以用于更多的公共开放空间，或者在该处进行更高密度的开发。在开放空间和家庭空间之间必须有一个需求权衡。这种新的思维使得在一定的情况下，汽车保有量将"自愿降低"。

"无车"住房会导致更多城市区域被设定为清洁区，在该区域内只有无污染的运输方式被允许。电动车辆将在该区域内被使用，优选由可再生能源提供的电源。所有有污染的车辆将被停放在区域外。区内的出行主要依靠步行、自行车、电动公交车和有轨电车，电动小汽车被用于运送和运输其他有限的机动需求。这些地区应明确保证交通零污染，城市生活质量等方面将大大提高，因为这些地方将是既干净又安静。

人们常常认为，个人的机动性应被鼓励而非限制，长距离出行的增长不会影响资源的可持续使用。在本书中，我们并不持相反的观点，也认为在目前的生活方式和生产消费模式下，个人的机动性是必要的。这其实是一个度的问题，这就是为什么可持续发展的交通需要采取一些行动，通过土地开发政策来减少城市内的交通出行需求，通过财政和监管政策使人们充分了解出行的成本，通过转换到零碳能源来充分利用现有的技术选择。实现城市的可持续发展只能通过减少不必要的出行和增加更好的出行来完成，这需要单独设计每个城市的一揽子措施，以有效地实现三大核心战略。所以，这不是说个人的机动性是不好的，而是说个人和企业应该能有机会更少地出行，而非被迫出行。

1.6 本书的结构

本书所关注的内容并非那些宏大的愿景，而是交通与城市的可持续发展之间的联系。这里并不是要刻意反对私人小汽车在城市中的拥有和使用，事实上已经有许多城市是围绕汽车使用而进行建构的了。众所周知，汽车在所有社会中都是有绝对地位的标志性事物，而且我们也已经学会了如何与汽车共处。但是，我们也必须生活在一个所有居民都容易接近和感到有吸引力的城市中。这意味着我们应该为个人、企业、城市繁荣、城市安全以及高品质的环境来设计城市。城市交通在城市可持续发展中起着至关重要的作用，它不应该成为破坏这一切的主要原因。所以现在的问题是："怎样的城市交通形式会有助于可持续发展的城市呢？"

本书的三大部分都是为了解决这些问题。第一部分将在全球范围内进行讨论，强调当今城市可持续发展的重要趋势和背景。其中一章是讨论运输强度与可持续发展之间的关系，主张交通增长应与经济增长脱钩。讨论了在公众政策的背景下，社会机构和组织在实施政策时的主要障碍。第一部分揭示了问题的本质和规模以及解决过程中的困难。在这一点上，有些人觉得很难采取进一步行动，认为在城市中交通可能永远不会变得更可持续。

第二部分，更具有挑战性，因为它提出的运输策略涉及城市可持续发展的三大要素。部分章节是有关城市形态以及将交通外部成本内部化的经济管控策略对出行模式的影响的。创造性的政策组合可以打造极具吸引力的城市居住环境，更适宜步行和自行车的城市空间。创新形式的公共交通也可以提供一个高品质的小汽车替代品。科技在减少交通方式对碳燃料的依赖中起到了重要作用，这也包括信息和通信技术（ICTs）正在潜移默化地改变着人们的日常活动和商务活动。

本书的最后一部分是三个更综合性的主题。首先，对发达国家与正经历人口与机动化快速增长的发展中国家进行清晰的比较性思考。虽然种种迹象表明，无论是发达国家还是发展中国家都向着相同的机动化道路发展，但还是有创新行为使这些城市保有相当比例的公共交通。其次，通过倒叙建设过程的情景假设方法的应用，为未来的可持续发展的城市远景规划提供了一个较长远的观察角度。从一系列有关未来理想城市的愿景假设开始，探究交通系统如何通过或强或弱的可持续发展模式适应这种愿景。这里的目的是要表明，对城市未来的预测不能仅根据现有的趋势，也可以在思想上考虑更为激进和有吸引力的可能性。最后，延伸的结论把书中之前所有的讨论重新汇总在一起，强调了在这本书中面临的主要挑战。

换一个不同的角度考虑，现代城市所面临的自然状况是超过一半的世界人口居住在城市地区（超过 25 亿人），到 2020 年，这个数字可能会提高到 70%。在发达国家，已经是在 70% 以上了。本书的基本论点是：城市是可持续发展的核心。随着人口的不断增加，土地变得稀缺，最"有效"和最"可持续发展"的发展模式必须是通过更为紧凑的范围内，更高的开发密度，更加全方位的基础设施服务和提供工作岗位的机会实现规模经济。这种说法的根本基础是交通系统对人、企业、服务设施和工作岗位之间的相互联系所起到的支撑作用。首要目的是维持高水平的、出行距离尽可能短的可达性。从这个意义上说，可持续发展不是一个目的，而是改变发展方向的手段。

注释

1. "环保车"在这本书中指高效和使用替代燃料如氢和电力的小型乘用车。最近生产的混合动力汽车结合了低功耗的传统能源和从发电机和再生能源中获得的电力——丰田普锐斯。它类似于 Amory Lovins（www.hypercar.com）及其他所称的超级跑车。

第一部分

全球视野

2.1 简介

交通运输对于一个国家的经济和世界经济都是至关重要的，它对个人和企业影响深远，比如就业、物价和各项经济指标（ECMT，2000 年）。然而，也有证据表明，交通运输也因道路拥堵、城市污染、温室气体排放量、噪声、事故等造成大量的外部负面效应（Banister，2002a；Maddison et al.，199 及表 2.1）。除了外部成本，还有许多重要的社会和地区不平衡问题，如不是所有人都有同等机会可以使用机动化。诚如普遍的需求满足是不现实的，在很多情况下确实会因为缺乏足够的交通服务使得某些人群就是无法获得机动化。可以通过向相应服务和个人提供补贴来改进，但这可能是不利于可持续发展的目标的（Button，Rietveld，2002）。最近，尤其是在城市地区，有越来越多的人关注城市交通污染引起的健康问题，有人认为，这些负面效应对低收入人群的效应尤为严重，他们正遭受更大的风险（Social Exclusion Unit，2002）。在可持续发展的框架内，如何平衡城市交通在经济、娱乐繁荣方面的贡献与在环境、社会和健康方面的负面效果显得越来越重要。肯定没有简单解决这些冲突的办法，但是必须对关键因素进行讨论。为了便于对主要方面的问题进行讨论，有两个重要命题将在本章中被讨论。

2.2 主张 1: 现代的交通是不可持续的

在许多发达国家，交通出行越来越依赖小汽车。近年来，机动化水平和小汽车保有量都有显著的增长，并且这一增长趋势似乎还在继

英国交通对环境的影响　表 2.1

环境介质	环境影响	交通贡献（1995，除另有说明）
能源和矿产资源	▶ 用作运输的能源资源（以油产品为主） ▶ 基础设施建设材料的萃取	▶ 运输消耗了 4480 万吨的石油 ▶ 运输大概占英国总能源消耗的 1/3 ▶ 三车道公路每公里大概消耗 120000 吨 ▶ 提取 7800 万吨筑路材料
土地资源	▶ 用作基础设施的土地	▶ 三车道公路大概消耗 4.2 公顷的土地 ▶ 每年有 1725 公顷的乡村土地被用作运输和公共事业
水资源	▶ 地表径流造成的地表与地下水污染 ▶ 基础设施建设对水系统的改变 ▶ 石油泄漏的污染	▶ 英格兰和威尔士 25% 的水污染由石油造成 ▶ 在英国发生 585 起石油泄漏事件 ▶ 在英国有 142 起石油泄漏需要清理干净
空气质量	▶ 全球性污染（比如二氧化碳） ▶ 局部性污染（比如一氧化碳、氮氧化物、颗粒物、挥发性有机化合物）	▶ 二氧化碳排放占英国总排放的 25%（CO_2） ▶ 一氧化碳排放占英国总排放的 76%（CO） ▶ 氮氧化物排放占英国总排放的 56%（NO_x） ▶ 黑烟排放占英国总排放的 51%（颗粒物） ▶ 挥发性有机化合物排放占英国总排放的 40%（VOC_s）
固体垃圾	▶ 报废车辆 ▶ 废弃的石油和轮胎	▶ 大约报废 150 万辆车辆 ▶ 至少报废 4000 个轮胎
生物多样性	▶ 基础设施建设使得野生动物栖息地遭到分区或者破坏	
噪声和振动	▶ 主干道、铁路以及机场附近的噪声与振动	▶ 大约 3500 次因为道路交通噪声的抱怨 ▶ 大约 6500 次因为空中交通噪声的抱怨
建筑环境	▶ 基础设施结构破坏（比如道路表面和桥梁） ▶ 交通事故造成的财产损失 ▶ 局部污染造成的建筑腐蚀	▶ 每年道路破坏至少造成 1500 万英镑的损失
健康	▶ 道路交通事故造成的死亡与受伤 ▶ 噪声干扰 ▶ 局部污染造成的疾病与过早死亡	▶ 3500 起死亡（2001） ▶ 44000 起严重受伤（2001） ▶ 49% 听得到航空与铁路噪声的人认为这是一种滋扰（1991） ▶ 63% 听得到道路噪声的人认为这是一种滋扰（1991） ▶ 12000 ~ 24000 起提前死亡因空气污染所致（2001） ▶ 14000 ~ 24000 起入院和病人因空气污染与空气污染有关（2001）

资料来源：Banister（1998a）; Central Statistical Office（1997）; Committee on the Medical Effects of Air Pollutants（1998）; Department of the Environment, Transport and the Regions（1997d, e, f and g）; Department of Trade and Industry（1997）; Maddison et al.（1996）; OECD（1988）and Royal Commission on Environmental Pollution（1994）

续发展。从 1984 年到 1994 年，欧盟 15 国的机动车保有量增长超过
31%，预计在接下来的 25 年时间里（到 2020 年），这一增长将会达到
50%（OEDC，1995）。[1] 到 2001 年，欧盟 15 国的机动车千人拥有量
达到了 629 辆（3.78 亿的人口拥有 2.38 亿辆车），恰好是美国 20 世纪
80 年代中期的水平。然而，道路的承载力没有相应地增长，交通拥堵
日益加剧，而在城市地区拥堵问题则更为突出。小汽车方便了人们的
生活，但其巨大的社会成本也让城市可持续发展面临巨大的挑战。

目前，加入经济合作与发展组织（OEDC）的国家拥有全球 70%
的机动车，新兴国家和发展中国家拥有余下的 30%。预计在接下来的
25 年时间里（到 2020 年），机动车保有量将增长 75%，而各类国家机
动车保有量的比例也将改变，新兴国家和发展中国家机动车保有量会
占到 43%（表 2.2）。

全球机动车保有量预计增长情况　　　　　　　　表 2.2

单位：千辆		1995		2020	
		小汽车	机动车	小汽车	机动车
OECD	北美	170.460	231.557	247.328	335.056
	欧洲	160.215	203.429	244.720	300.054
	太平洋地区	52.654	101.188	82.193	147.251
OEDC 总计		383.329	536.174	574.241	782.361
其他国家		111.255	240.357	283.349	580.288
全球总计		494.584	776.531	857.590	1362.649
车公里数（单位：十亿）		7.792	12.341	13.569	21.953

注释：机动车包括小汽车、轻型卡车、摩托车、重型卡车。
OECD 北美——美国、加拿大；
OECD 欧洲——奥地利、比利时、丹麦、法国、德国、希腊、冰岛、爱尔兰、意大利、
卢森堡、荷兰、挪威[2]、葡萄牙、西班牙、瑞典、瑞士、土耳其、英国、芬兰；
OECD 太平洋地区——日本、澳大利亚、新西兰；
墨西哥 1994 年加入经合组织，但没有包括在以上数据内。
资料来源：OECD（1995）

表 2.2 中涉及几个要点。1995 年和 2020 年，小汽车都占全部机动车保有量的 60% 左右，而经合组织国家的小汽车比重是更高的。在新兴国家和发展中国家，15% 的轻型卡车和 32% 的摩托车成为整个车辆构成结构中重要的元素。到 2011 年，全球处于使用状态的汽车数量已突破 10 亿，2030 年之前，非经合组织国家的机动车保有量将会超过经合组织国家。该问题的影响范围是巨大的并且将进一步扩大。

经合组织国家和非经合组织国家的交通问题有着重大的差异。在发展中国家，城市面临着每年增长 10% ~ 15% 的快速机动化过程以及每年 6% 的人口的迅速增长（世界银行，1996）。在相同的收入水平下，工业国家拥有更少的车，而发展中国家拥有更多的车以及更少的道路空间。例如在曼谷和加尔各答，仅 7% ~ 11% 的城市用地用于交通活动，而在欧洲城市，这一数字为 20% ~ 25%，在曼哈顿甚至超过了 30%（世界银行，1996）。

这意味着发展中国家小汽车保有量低，但城市道路的拥堵却更为严重。相比更高质量的车和更轻微的交通拥堵，缓慢移动的交通和维修不到位的车辆会造成更为严重的污染。中心城区的高地价让城市向外蔓延，通勤交通通常要花 5 小时，耗时更长，速度也更慢。道路的严重拥堵和污染使得人们放弃了使用小汽车出行，步行反而成为一种更快的出行方式——这就是经典的"曼谷效应"（表 2.2）。

2.3　主张 2：可持续的城市发展以城市作为活力、财富和机会的中心，交通是实现此目标的重要角色

随着社会城市化进程的加快，目前，全球 60 亿人口中已经有一半以上居住在城市中（2000，EC，2003）。每年有 6000 万人口从乡村移居到城市，城市化水平将进一步提高，预计到 2025 年，城市人口将占到总人口的 61%（UNCHS，1996）。世界各地的城市化进程并不均衡，发展中国家的城市化发展更快。在一些北方地区，已经有 80% 的人口居住在城市，目前的趋势是搬出大城市到小地方去。因此，现在的问题变成了如何吸引人们回到城市中。

直到现在我们才完全看清楚城市正在发生着的巨大的改变。尽管城市人口的增长率从 3.8%（1980～1985 年）下降到 2.9%（2000～2005 年），但城市人口每 25 年就翻一番。1995 年，有 6 个城市的人口超过 1500 万，9 个城市的人口超过 1000 万，其中东京凭借其庞大的 2700 万人口占据领先地位。到 2015 年，预计将会有 27 个城市的人口超过 1000 万，其中 7 个城市将达到 2000 万（UNCHS，1996）。这 27 个城市中，有 18 个在亚洲，5 个在南美洲，2 个在北美洲，2 个在非洲，没有一个在欧洲。

除了个别城市，许多城市有效结合成为了新的城市群，它们的总人口加在一起将超过 3000 万，但每个城市仍然保留着它独有的特征。城市群的建成区面积并不是连续的，城市之间仍然相隔遥远，但它们正在成为对投资和移民极具吸引力的增长中心。连接香港和广州的珠江三角洲是非常有代表性的城市群（Hall and Pfeiffer，2000），其他城市群还包括印尼的雅加达—泗水走廊、日本的从东京经过名古屋到大阪的东海岸城市群、巴西的从圣保罗到里约热内卢沿轴线分布的城市群。城市人口的增长不仅仅发生在特大城市，也发生在各种规模的城市中。哪里有就业和投资，哪里就有人口的增长。但是特大城市的城市化发展往往以牺牲小城市为代价，至少在人力资本方面是这样，最好的人才都迁移到了最大的中心城市。

在过去的两百年中，城市见证了四场席卷全社会的伟大变革，工业革命、交通和电信革新、民主变革以及网络社会的发展，在服务业和信息部门创造了绝大多数的就业和财富。大部分发展自然都集中在城市，城市本身已成为全球系统中相互影响和相互依存的关键节点。虽然全球经济一体化，服务于城市之间交流和互动的技术水平也已呈指数增长，但企业之间是相互依赖的，聚集经济体依然是强有力的存在。我们仍然需要面对面接触，仍然需要短距离出行而非长距离。

这些趋势形成了第二个主张的基本框架。朝着城市化和聚集经济体发展的全球趋势，应当推进城市可持续发展。城市除了是活力、机会和财富的中心，它也需要水、废物处理、电力、通信和运输等配套的基础设施，只有这样，城市才能正常运转。这里的基本论点是：只有在城市，这些高度的可及性和接近性才能以一个合理的成本维持。

2.4 可持续发展交通的十大原理

人们对小汽车和航空出行的日益依赖构成了可持续发展的主要挑战之一。通常情况下，想要让交通运输符合可持续发展的原则，需要解决以下七个关键问题（EFTE，1994；Banister，1997a）。

1. 在很多城市地区，拥堵的持续时间和强度都在增加。平均而言，速度每十年下降约5%（EFTE，1994），拥堵的严重程度随着城市规模的扩大而增加（Dasgupta，1993）。

2. 在许多城市，空气污染的严重程度已经超过了国家规定的空气质量标准和世界卫生组织推荐使用的标准。空气污染会影响健康、降低能见度、损害建筑和当地的生态环境，而这会降低城市生活质量。

3. 交通噪声影响城市生活的方方面面，据经合组织和欧洲运输部长会议（1995）估计，约15%的发达国家人口暴露于强噪声环境中，交通噪声是主要的噪声源。交通振动也给城市生活带来了困扰，尤其是重型货车和夜间运输带来的振动。

4. 不管是城市还是其他地方，道路安全都是人们最关心的问题。全球每年交通事故导致的死亡人数达25万，受伤人数约1000万（Downey，1995）。目前，一些机动化水平较高的国家事故率在下降，而机动化水平较低的地方事故率在升高。这是一项被社会"接受"的高额花销。

5. 由于新的道路和交通基础设施的建设，城市景观在退化、历史建筑被拆毁、开放空间在减少。交通使得城市结构被破坏、中心城区被忽视以及城市不断往外扩张（Ewing，1997）。

6. 交通空间的利用方便了机动车出行者，却阻碍了其他交通出行者的出行，降低其可达性，例如停放的车辆对行人、骑自行车的人和残疾人造成了出行障碍。对小汽车的依赖使得城市地区形成了以小汽车为主导的交通形式，这在一定程度上破坏了社会的团结。

7. 化石燃料的使用导致全球变暖。交通领域带来的二氧化碳排放占到了总排放量的 28.9%（2001），不管是相对数量还是绝对数量都在增长。交通领域的能源几乎完全依赖石油，而石油是一种不可再生的资源。

此外，交通也促进了城市朝好的方向改变，以下补充了三个土地利用和发展的相关因素：

1. 小汽车和高效率的公共交通的结合促进了去中心化城市的形成，使得出行距离大幅增长，出行目的地更为分散，而非集中在城市中心。这反过来又增加了对小汽车的依赖，减少了促进高效率公共交通发展的可能性。

2. 发展的压力集中在小汽车可达的地方，但到达这些地方并非对所有人都是容易的（包括边缘城市的发展）。城市活动的空间分隔再次增加了出行距离，造成了地区不平衡问题。高昂的土地和房地产价格是经济活跃的象征，但同时又是社会排斥的，特别是在获得低成本的城市中心住房方面。

3. 全球化和产业搬迁（包括信息经济）导致了新的分布格局和货物运输的强度在全球、区域以及地方上的增加。

大多数经合组织国家在过去 20 年的交通政策选择上发生了重大变化，道路建设带来的环境和社会成本太过高昂，因而不再将其视为解决拥堵的方法。发达国家有着完善的道路网络，建设新的道路连接路网，在可达性上只有一个边际效应（Banister and Berechman，2000）。实施交通需求管理，并结合强有力的集中的公共交通发展政策，既能减少拥堵，也能于环境和社会有益。这是可持续发展的关键。

对于非经合组织国家，情势是截然不同的。高质量的交通基础设施尚未建成，市场上有大量外来产品，因此任何新的道路建设投资都会对交通可达性产生重大的影响。在这些国家和城市中，新的道路建设是非常必要的，但又必须把它放在可持续发展政策的背景下，也就是以城市为核心要素。在非经合组织国家，依靠道路建设来适应汽车出行需求的增长是不可能也是不可取的。即使有可能，也需要大规模重建现有城市，因为道路空间需要扩张。

要制定一项解决上述 10 个问题的政策，有 7 个基本目标要满足：

1. 减少出行需求；

2. 减少城市地区汽车使用和道路货物运输；

3. 促进客运和货运更为节能高效的运输方式的发展；

4. 从源头上减少噪声和车辆废气排放；

5. 鼓励车辆更高效、更环保地使用；

6. 提高行人和所有道路使用者的安全；

7. 提高城市对居民、工人、消费者和游客的吸引力。

上述目标（OECD/ECMT，1995，pp.133-134）将解决交通拥堵、空气污染、噪声、道路安全、城市景观退化、空间利用以及全球变暖等问题。此外，目标 1 有助于缓解城市去中心化，而目标 7 将部分解决发展压力的问题。全球化的更一般的经济背景在此不作讨论。土地利用和规划战略能降低出行需求，而交通和土地利用相关的策略都将有助于减少小汽车的使用，促进环境友好的交通方式的发展。目标和标准，是从源头上解决噪声和排放的重要工具。交通和土地利用相关的策略以及目标和标准的建立，也能解决道路安全和城市吸引力的问题（OECD/ECMT，1995）。

至少在理论上，这种变化的可能性是显然的。但是再回过头来看会发现，实践中上述可持续发展目标的实现是受到局限的。交通需求没有降低，也没有任何迹象表明小汽车和卡车的使用在减少。很多城市在促进公共交通的发展，提供了高水平的服务，而投资也在增加。但即便这样，公共交通的发展仍消耗巨大，补贴也一直在增加，因为新的投资来自于自行车和步行交通的投入。噪声水平保持不变，因为减少的噪声由增加的交通量抵消。由于催化式排气净化器的使用，排放量已大大减少，但二氧化碳含量在增加，因为这和燃料的碳含量直接相关。目前只有有限的道路收费形式用以减少汽车的使用。很多国家都有很高的燃油税，一般定为油品价格的 75% ~ 85%。尽管这一水平的定价降低了消费，但这主要是为国家财政增加收入的一种手段。

小汽车和卡车的满载率在降低，高占有率车道的施行仅带来有限的成效。道路安全的改善算是比较成功的了，但也常常仅限于机动化水平较高的国家。交通事故造成的行人伤亡数也在增加。促进城市强中心化发展的策略推动了一个大都市区多个中心的城市结构的形成，因为有新的土地开发和利用，可能会减少城市居民的迁出。

这个相对简略的评估是令人失望的，但是除了少部分城市，可持续发展和交通的改善已经有了微小的进展。但任何的进展都因为小汽车的增长而抵消了。要制定一个明确的交通和可持续发展的战略，就需要处理一系列的制约因素。

1. 必须建立新的组织和体制结构，以便能够分配适当的权力和责任。这涉及公共部门和私营部门以及多部门协作。这也意味着，一般公众、工业（包括汽车工业）、商业、企业和政府的支持是必需的（见第4、5章）。

2. 政策往往被视为单一独立的，没有将它们连接在一起形成一个战略。要实现可持续发展，需要一个明确的政策声明以及一段时间内可实现的目标。在交通领域，可以是不可再生能源的消耗不再增加，稳定二氧化碳排放水平。但是，如果为全球稳定设置更艰巨的目标，那么经合组织国家将不得不大幅削减产出，而非经合组织国家会增加产出（见第6、7章）。

3. 已实施的有成效的政策，大多是改善公共交通和有新的投资和发展的政策。为了实现可持续发展，作出的决定是艰难的也是容易的。最艰难的决定是小汽车目前扮演着"污染形式"的角色，而在未在将扮演"无污染形式"的角色（见第8、9章）。

4. 更普遍的是，我们需要形成一套如何看待未来城市的愿景。随着人口的增长，将有70%～80%的人口居住在城市，城市必须是人类活动的中心。在不断变化的全球经济中，我们必须从人口密度、混合使用、开发强度、开放空间、安保和安全、环境优先、生活成本、住房类型、功能和活力等方面来设想未来城市的可持续发展。在这一设想中，交通扮演的角色跃然纸上（见第11章）。

2.5　全球趋势与关键概念

通过上述对这一问题的一般分析和已经确立的重要原则，现在可以把重点放在主要趋势上。"驱动力"是汽车保有量的增长和出行需求的增加，基于这个出发点，能得到能源消耗、二氧化碳排放量以及当地空气质量情况。这反过来也能得到其在全球或者各城市的分布。最后，再决定能够采用何种技术，出行增长能降低到何种程度。

2.5.1　小汽车拥有和行程的增长

收入的提高、城市活动的分散以及城市人口的增长，都促进了小汽车保有量和出行需求的增长（1975～1995 年）。使用汽车的低成本和汽车的固有优势，加剧了这一增长。在货运方面，也有类似的趋势。许多交通预测模型中用到的一条最基本的定律是交通需求的增加和 GDP 的增长之间存在着密切关联。然而，近年来交通出行的增加远高于 GDP 的增长（经合组织国家，1970～1990 年 GDP 每年增长 2.8%，交通出行每年增加 3.3%，小汽车保有量则增加 3.5%——OECD/ECMT，1995）。交通运输的强度也大幅增加（见第三章）。在接下来的 25 年（到 2020 年），全球小汽车保有量将进一步增加 75%，交通出行增加 56%（表 2.2）。在发达国家，交通出行方式将保持稳定，北美的小汽车保有量预计增加 45%，其他经合组织国家小汽车保有量增加 54%，而真正的增长将发生在非经合组织国家，达到 155%。相应地，北美、其他经合组织国家、非经合组织国家机动车的保有量分别增加 45%、47%、141%。

2.5.2　能源消耗与碳排放

同样的模式也反映在能源消耗和二氧化碳排放量上，碳排放与燃料的消耗直接相关。1990 年，交通消耗了 65EJ[3]，主要集中在 23 个国家。美国消耗了 20.3EJ，占 31.2%，接着是俄罗斯的 3.5EJ，占 5.4%，日本的 3.2EJ 占 4.9%，德国的 2.5EJ 占 3.8%。9 个其他国家[4]消耗了

1.0～1.9EJ，占 20.5%，另外 7 个国家消耗了 0.4EJ，占 6.1%。其他总共超过 100 个国家交通能耗仅占 12.1%（Michaelis et al., 1996）。能源使用的大头是道路交通，占 80%，其次是航空 13%，铁路 4.4%，内河航运 2.6%。增长最快的是道路交通，每年增长 2.4%，以及航空，每年增长 6%（尽管最近的增长水平减半）。这里的重点是城市规模和可持续发展的道路交通，所以只能涉及有限的航空运输，而航空运输也能为能源和排放的减少做出巨大的贡献（7.6 节）。

13 个国家的能耗占总的交通能耗的 2/3，而仅美国一个国家就占了 1/3（1990）。大多数国家都致力于在 2000 年之前将二氧化碳排放量稳定在 1990 年的水平（里约峰会，1992），而事实上，仅有两个欧盟国家实现了这一目标。德国因统一实现了这一目标，而英国是因为煤炭发电模式的改变。这两个国家碳排放的减少归功于能源、住房和工业等部门，而交通部门的石油消耗和二氧化碳排放维持着稳定的增长。非欧盟国家，例如前苏联，通过经济体收缩实现了碳排放稳定的目标。对那些没有实现碳排放稳定目标的国家，里约协定中没有法定的条款能制约它们。

作为最新的《京都议定书》的一部分（1997），英国、荷兰等国家承诺在接下来的 20 年中将碳排放减少 20%，欧盟 15 国则承诺到2010 年之前碳排放减少 15%（表 2.3）。随着交通在减少的碳排放中占的份额越来越大，实现这一目标也越来越艰难。美国人口仅占全球人口的 5%，而排放的二氧化碳却占全球排放量的 24.5%（2000）。美国政府已宣布退出《京都议定书》，制定了 2008～2012 年间更容易实现的碳排放目标。但即便这样，美国政府也没有作出承诺。《京都议定书》为附录 1 中的 40 个国家制定了一系列强制性指标，欧盟国家碳排放量减少 8%，美国减少 7%，加拿大 6%，其他国家参见表 2.3。这意味着美国 1990 年 58 亿吨的碳用量，到 2010 年将减少到 54 亿吨。然而，目前实际的情况是美国的碳用量到 2010 年将会增加 24%，达到 74 亿吨，借助先进的技术，也许能减少到 66 亿吨，也就是增加14%（Dobes，1999）。

案例 2.1　《京都议定书》，1997

　　《京都议定书》列出了 40 个附件 1 中的国家，他们的"量化的限制或减少排放承诺"是相对于基年的百分比。每个国家需要在 2008 ～ 2012 年的承诺期内根据协议（表 2.3）的量来减少自己的排放——这是一个强制性的目标。

　　总的来看，这 40 个国家准备减少 6 种具体的温室气体的排放，需要减少的量为 1991 年排放量的 5.2%。这 6 种温室气体为二氧化碳、甲烷、一氧化氮、氢氟烃、全氟化碳和六氟化硫。所有的气体都是辐射活跃的，因为它们都是直接的温室气体，能够吸收地球发出的红外线（太阳辐射的结果），然后再将其向上（最终到地球的大气外）和向下发射，使得大气变热（温室效应）（Dobes，1999）。

　　在 55 个国家批准后，该协议将在 90 天后实施。这必须包含足够多的附件 1 中的国家，这样才能包含 1990 年温室气体排放的55%。俄罗斯在 2004 年 12 月签订了该协议，这意味着阈值被超过了（总共占比 63%），该协议于 2005 年 2 月 16 日正式实施。

　　联合国环境计划署提出，全球变暖带来的经济损害每十年翻一倍，与气候相关的灾害发生的频率正在提高。

CO_2 排放（吨 / 人）

	1990	2000	%change		1990	2000	%change
USA	19.30	20.57	+7%	Japan	8.25	9.10	+10%
Australia	15.20	17.90	+18%	UK	9.73	8.89	−9%
Canada	15.53	17.13	+10%	China	2.01	2.37	+18%
Germany	12.15	10.14	−17%	Brazil	1.31	1.76	+36%
				India	0.69	0.92	+33%

资料来源：IEA（2002）

> 20 世纪 90 年代，运输产生的二氧化碳占比从 19.3% 增加到 22.7%（+18%），到 2010 年，这个数还将增加到 26%（从 1997 年起，增加 34%）。
>
> 从 2004 年起，1997 年的协议法律上适用于所有欧盟成员国——它主要用来监控和报告排放，同时也重申了欧盟在对抗气候变化和实施该协议方面的领导地位。
>
> 资料来源：UNFCCC（2003）

　　欧洲和美国的基本观点存在分歧。欧洲认为，全球变暖是一个切实存在的问题，应采取预防原则，制定明确的目标，实现这一目标尽管艰难但并非不可能，而欧洲应该起带头作用。美国认为，全球变暖还没有得到证实，现在还没有必要采取行动，在不久的将来，技术的发展将"解决"全球变暖问题。虽然新一届美国政府（2004）现在开始承认全球变暖的事实，迫于工业发展的压力，没有立刻采取行动。

　　交通对实现《京都议定书》中的目标所起的作用是极其微弱的，因为交通需求在持续增长。虽然技术进步是减少二氧化碳排放的关键，但由于二氧化碳直接关系到燃料的碳含量，目前还没有已知的技术可以解决，但其他污染物的排放量能够得到有效地减少。更高效的发动机能减少碳排放，但其所起的作用因为机动车数量和交通需求增长而抵消。到 2020 年，即使出现了诸如使用再生能源的电动汽车和燃料电池汽车等替代品，目前以石油为基础能源的技术也仍将继续使用。像乙醇这样的替代燃料可以减少对石油的依赖，压缩天然气和液化石油气等能源也具有比石油更低的碳含量，然而，机动车数量、交通出行等的增长会大大增加碳排放，仅仅依靠能源技术的发展很难达成减少碳排放的既定目标。

　　我们花了 10 年时间来改变生产工艺，需要再花 15 年的时间来改变现有的机动车。人们很难去改变原有的方式，发展中国家面对着目前一连串的技术，在全球范围内推行发动机稀燃技术还需要较长的时间。经济手段的介入会有所帮助，但这些措施的效果有限，因为交通需求的弹性低，并且全球经济体是随着交通的繁忙发展起来的，这意味着廉价的燃料起了重要的作用（Schipper et al.，1993；Scholl et al.，1994）。

各国碳排放情况　　　　　　　　　　　　　表 2.3

	每人每年交通碳排放 （单位：吨） 1998 年	比重变化 1990 ~ 1998 年	温室气体减排目标 《京都议定书》 1990 ~ 2010 年
碳排放高的国家 **>3 吨 / 人 / 年**			
美国	5.967	+13.7%	−7%
加拿大	5.867	+19.5%	−6%
澳大利亚	3.802	+15.5%	+8%
挪威	3.198	+18.0%	+1%
新西兰	3.176	+32.0%	0%
2 ~ 3 吨 / 人 /年 OEDC 平均 =2.555 吨 EU15 平均 =2.183 吨			
爱尔兰	2.505	+76.8%	+13%
比利时	2.445	+19.9%	−7.5%
芬兰	2.412	−1.5%	0%
瑞典	2.402	+13.4%	+4%
丹麦	2.388	+15.6%	−21%
法国	2.367	+13.8%	0%
荷兰	2.226	+21.6%	−6%
德国	2.206	+11.5%	−21%
英国	2.115	+5.3%	−12.5%
奥地利	2.068	+23.5%	-13%
瑞士	2.040	+3.9%	−8%
日本	2.005*	+22.2%*	−6%
1 ~ 2 吨 / 人 /年			
西班牙	1.975	+35.1%	+15%
意大利	1.926	+15.2%	−6.5%
希腊	1.885	+28.8%	+25%
葡萄牙	1.651	+41.8%	+27%
捷克	1.056	+35.4%	−8%
立陶宛	1.015	+35.0%	−8%

		每人每年交通碳排放 （单位：吨） 1998年	比重变化 1990～1998年	温室气体减排目标 《京都议定书》 1990～2010年
碳排放低的国家 <1吨/人/年	拉脱维亚	0.850	−63.0%	−8%
	匈牙利	0.838	+8.3%	—
	爱沙尼亚	0.824	−54.0%	—
	保加利亚	0.762	−49.0%	—
	波兰	0.729	—	−6%
	斯洛伐克	0.600	—	—

注释：1997年数据。

此表列举了在《京都议定书》中确定了明确目标的37个国家中的29个（土耳其和墨西哥没有确定明确目标）。其他的《京都议定书》缔约国包括：冰岛、斯洛文尼亚、俄罗斯、墨西哥、土耳其、罗马尼亚、乌克兰、克罗地亚、摩纳哥、卢森堡。《京都议定书》的整体目标是39个发达国家1990～2008年碳排放减少5.2%。

欧盟15国的整体目标是碳排放减少8%，但这一目标后来又重新制定如上表所示。

资料来源：联合国环境规划署（2002）

近来对于全球变暖、交通对碳排放影响巨大并持续增长等问题的关注，使得我们进行了根本性的反思：在全球、国家、区域和地方各级施行的措施是否真的有效。这似乎成为一个无解的问题。因此，有关全球变暖的原因和影响具有不确定性的争议、推行环保措施遇到的阻碍等，降低了政治议程对于减少碳排放的热度。

2.5.3 空气质量

在城市层面上，有一系列的污染物造成了空气污染和健康问题，而交通是造成这一污染的主要因素。

氮氧化物结合其他空气污染物时，可导致呼吸困难和肺功能下降，特别是在城市地区，这一问题更加突出。地面臭氧是光化学烟雾的主要成分，而挥发性有机化合物和氮氧化物是地面臭氧形成的主要原料。这是在光和热的催化下，在较低的大气层中形成的。欧盟15国交通的氮氧化物排放占到了总氮氧化物排放的65%（1999），由于目前其他固定污染源的氮氧化物排放在减少，交通所占的比重在上升。

挥发性有机化合物（VOCs），包括各种各样的碳氢化合物和其他物质（如甲烷和乙烯），是化石燃料的不完全燃烧形成的。在光和热的催化下，碳氢化合物、挥发性有机化合物与氮氧化物发生化学反应，形成光化学烟雾的主要成分——地面臭氧。这些污染物会刺激呼吸道造成呼吸困难。欧盟15国交通的挥发性有机化合物排放占到了总挥发性有机化合物排放的37%（1999），但随着相关技术的进步，这一比重在下降（EC，2003）。

一氧化碳是一种无色无味的有毒气体，极易与血红蛋白结合，使血红蛋白丧失携氧的能力和作用。一氧化碳会导致发病率增加，造成生育障碍和其他一般性健康问题。一氧化碳和其他污染物的结合会形成光化学烟雾和地面臭氧，这在城市地区的危害尤其明显。欧盟15国64%的一氧化碳来自交通，主要是因为燃料的不完全燃烧，而这一比重也在下降（EC，2003）。

颗粒物是目前关注的焦点，特别是那些来自柴油燃料的直径在10微米以下的特别小的颗粒物（PM_{10}）。关于颗粒物的详细科学知识还没有普及，它会使敏感群体的心脏和呼吸问题恶化，并可能导致过早死亡。

苯和1,3-丁二烯均列为疑似致癌物，长期接触可能会导致白血病。

其他污染物（如铅和二氧化硫）也与交通相关，但通过将它们转换成其他物质或清洁燃料，这类污染物数量在减少，和上述污染物相比也就不那么重要了（英国医学协会，1997）。

添加技术（主要是催化式排气净化器）、更清洁的燃料、更高效和更轻巧的车辆，均能有效减少80%汽油发动机车辆产生的污染物。然而，问题不仅在于相关技术是否有效，还在于现有的车辆是否在改变，尤其是在那些汽车保有量迅速增加的城市。由于小汽车数量、交通出行和拥堵的增长，潜在的效益会降低，因此，实现城市污染物减少50%的目标是更为实际的。对于柴油车辆，是否可以通过添加技术实现同样的空气质量改善的目标也是我们关心的问题，目前来看，污染物（氮氧化物、一氧化碳、挥发性有机化合物和PM_{10}）排放减少40%是可能的。然而，最重要的还是添加技术能应用于所有可能的情况。

相信仅依靠添加技术就能"解决"空气质量问题显得太天真了。如上所述，存在着很多重大的限制，例如催化式排气净化器是否在正常运转，柴油排放能否有效地控制，全部车辆安装催化式排气净化器需要的时间以及转向可替代燃料的进程缓慢等。由于小汽车保有量和使用的增加，催化式排气净化器的使用最多能为空气污染水平不再升高争取 10 年的时间。举例来说，在美国，自 1979 年起强制车辆安装催化式排气净化器，因此而带来的效益已经在全部车辆中显现出来。但由于车辆提高的效率远比不上汽车保有量的增长，二氧化碳排放问题仍然没有得到解决（Acutt and Dodgson，1998）。

2.5.4 交通分布与社会公平性问题

更复杂的是世界各地用于运输的能源分布不均。如果我们去设定一个全球性的目标（如在 1992 年里约峰会的建议），使得二氧化碳排放量在 1990 ~ 2020 期间稳定在某一水平，其效果并不会乐观。在这 30 年的时间内，可能的情况是汽车保有量将翻一番，从 650 万辆增长到 1300 万辆（表 2.2），主要增长集中在非经合组织国家。还应该指出的是，由于外来移民的涌入，发展中国家的城市正在快速增长（年增长率为 3% ~ 4%，见第三章）。汽车保有量也迅速增长，每年 6% 左右。与对应的收入相比，发展中国家城市的汽车保有量和拥堵水平会比发达国家城市更高。

要保证全球发展稳定的目标，允许发展中国家和新兴国家的二氧化碳排放量增长来实现其自身发展的目标也是必要的。这一过程一直要等到发展到一定的水平才行，也就是从发展中国家或新兴经济体发展成为发达经济体。在这个阶段，可以预见这些新兴的发达国家将有助于形成稳定的过程，然后趋于平缓地减少其二氧化碳排放量，特别是在交通领域的排放。这就意味着现有的发达国家（经合组织国家）必须减少二氧化碳排放量，来让现在的发展中国家和新兴国家增加其排放量，最终让全球的排放目标得以完全实现。这种说法的影响是深远的，也需要相当大规模的变革（表 2.4）。

1990 ~ 2020 年稳定全球交通碳排放的目标　　表 2.4

碳排放单位：百万吨	1990 年排放	%	当前目标	排放	%	2020 年稳定	排放	%
美国和加拿大	440	35	−1%	435	25	−50%	220	18
欧盟和其他经合组织国家	340	27	−15%	290	17	−50%	170	14
新兴国家	160	13	+60%	255	15	+50%	240	18
发展中国家	310	25	+150%	775	44	+100%	620	50
总碳排放	1250		+40%	1755		+0%	1250	

注释：

（a）表中给出的数据是一个大概的值，稳定值是指假设全球碳排放零增长的目标实现，四类国家被要求的改变的范围。

（b）假定这是按照交通贡献的全部碳排放统计的，不包括其他部门对交通的补贴。

（c）假定小汽车保有量的增长如表 2.2 所示。经合组织国家的情况也已在表 2.2 中列举出。新兴国家是中等收入国家，拥有 15 亿人口，人均国民生产总值（GNP）3000 美元（1999）。发展中国家包括最贫穷的 42 个国家，有 35 亿人口，人均国民生产总值（GNP）500 美元（1999）。

（d）当前的目标是乐观的，并与环境相容能源战略（ECS）相符合。气候变化专门委员会 - 能源工业部（IPCC-EIS）认为若不采取任何措施，1990 ~ 2020 年碳排放将增加一倍。

（e）美国和加拿大交通碳排放的权重是 1%，其中加拿大 1%、美国 0%，这是基于两个国家的交通相对规模大小计算的。

资料来源：Michaelis et al.，1996

　　由于没有干预当前的目标，全球在交通领域的二氧化碳排放量将增加 40%。据推测，美国和加拿大可以实现稳定的目标，其他经合组织国家能减少 15% 的排放量，这一建议是由一些政客在 1997 年纽约召开的里约 +5 会议上提出的。如果真的要施加一个全球性的稳定排放目标，并允许新兴国家和发展中国家的二氧化碳增加排放（但要比当前目标的水平低），那么经合组织国家必须完成主要的减排目标，这个数字在这里建议是 50% 左右。

　　虽然假设条件在多种方式中可以被调整，但是基础信息是相同的。即使在交通领域当前的目标下，到 2020 年二氧化碳排放量还是会大幅增加，这主要由于汽车保有量持续的全球性增长，尤其是在那些现在保有量还比较低的国家。为了实现稳定的目标，经合组织国家必须减少 50% 的排放，也就是说，交通领域的排放将从 1990 年的 60% 减少到 2020 年的 30%。这将允许新兴国家和发展中国家在此期间增加其排放量，以帮助其实现经济发展，等发展到一个成熟阶段后，再反过来为减排目标做出贡献。并非所有国家都能到 2020 年实现转变，有些会在 2020 年之前完成。关键的问题是经合组织国家(尤其是美国)是否会考虑排放水平减少 50%。如果没有，那么全球稳定的目标是不可能实现的，至少在交通领域是不可能的。

经合组织国家，尤其是美国，预期需要减少 50% 的排放量。否则，世界稳定性的目标就无法实现，至少在交通方面无法实现。

迈耶在 2001 年提出了一个类似的"收敛"理论。这里有一些二氧化碳排放权，这种权利应该公平地分配给所有国家。该过程有以下三个阶段：

1. 商议确定一个最大的全球二氧化碳排放量水平，这个水平不至于过高而不可逆地破坏现有环境。

2. 估算合理的减排速率，使在最终破坏前，大气中大致的应含气体比例保持稳定。

3. 在规定时间内，按国家分配化石燃料的消耗水平，来满足已商定的目标。

这种做法的前提是实现全球协议，并涉及所有国家。事实证明，这一切在 1997 年的京都会议上很难达成一致意见。但允许有灵活性和市场机制介入，穷国与富国之间有一定的交易可能性，污染者自付额外的代价。迈耶认为，资金从富国流向穷国不应该和债务减免相关，而且这种做法应该鼓励较贫困的国家来运转自身的经济体，有效地使用来自富裕国家的资金流入。还必须鼓励富国开发先进的环保技术。随着时间的推移，为确保达到既定（ 或之后修订的 ）目标，可以减少总限额。不过，它要求所有国家通过稳定和减排的长期承诺来参与合作。

"蜕变"理论和"收敛"理论之间有相似之处，都必须涉及所有国家，发达国家目前进行稳定的减排，发展中国家在短期内增加其排放量。这两种方法的关键是全球目标和个人目标能转变成国家和城市层面的减少碳排放战略。

如果以稍长的眼光来看，所需采取的行动还应大幅增加。世界野生动物基金会（WWF）2001年的报告得出的结论是：如果车辆的平均燃油效率增加至31～60m.p.g（11～20km/l），英国的二氧化碳排放量将达到稳定。在全球范围内，这意味着到2020年现有车辆的燃油效率应提高至150m.p.g（50km/l），并削减40％的二氧化碳排放量，从而为2050年减少60％的二氧化碳排放量的目标做出重大贡献，前提是在1990～2050年之内二氧化碳排放量增加量不超过70％。WWF的结论是：无论是在20年后或更长的时间尺度，汽车制造技术和采用替代燃料的改进都无法使二氧化碳排放量降低到一个可持续的水平。

针对英国的策略包（至2020年）将包括减少30％（而非原来的50％）机动车出行的增长，机动车出行距离增长减半，提高车辆的燃油效率2.75倍（85m.p.g，即30km/l），并大幅改变出行比例，汽车的比例从85％减少到65％，公交车从10％增至25％，铁路从2％增至10％。WWF的报告虽然没有提及这种变化是如何发生的，但是他们的研究中有两个重要信息：第一，所需规模的变化是非常大的。实现削减40％的二氧化碳排放量不是一件容易的事，行动需要新的思维。增量变化将不会达到预期的结果。第二，所有可用的政策工具，应该组合在一起使用，以相辅相成的方式来实现变革。这些工具包括经济激励，设施空间位置确定，技术创新等，这些重要的议题将在本书的第二、三部分介绍。

2.5.5 环境税

商品消费会给其他人强加成本，因此有必要想办法将这些外部性内部化。汽车驾驶是环境税收或对消费征税的首要目标，因为它给那些使用汽车的人带来了明显的好处，但通过造成交通拥堵、道路损坏、噪声、事故、当地空气污染和对气候变化的影响等，给其他不使用小汽车的人带来了成本。为这些外部性买单的主要方式是实际燃料价格的上涨。例如英国之前的保守党政府将燃油税提高了5个百分点，现在的工党政府提高了 6 个百分点。这是在本就很高的税收水平下的大幅增加。燃油税，不包括增值税，已经增长了跟所得税一样的 25%。交通需求的增长，为各国政府提供了可靠和不断增加的收入来源。这些税收的可靠性是非常重要的，一方面是因为它们的规模，另一方面是因为对消费价格的相对不敏感性。单燃油税的增加就为本届英国议会每年增加了 70 亿英镑的收入，相当于所得税的基本税率增加 4 便士（Blow and Crawford，1997）。

然而，燃油税的使用不是解决拥堵的最适当的手段，因为它随时间和地点大幅波动。同样，道路税不能反映道路表面的损坏，因为它依赖于车辆轴重和路面类型。当地的空气污染因为车辆的不同情况也不一样，这跟燃料类型、催化式排气净化器的使用、发动机是否在寒冷条件下运转、行驶速度等其他因素相关。实际污染的影响还涉及地理位置、天气条件、污染物扩散、污染物混合等。导致全球变暖的气体中只有二氧化碳征收了燃油税，因为二氧化碳排放的水平与燃料消耗直接相关。所有碳基燃料增值税的增加都将作为二氧化碳排放税，但这项税收应经被英国废除，欧盟收取二氧化碳排放税的主张没有得到支持。

反对燃料税收增加的原因在于它对低收入家庭影响最大，而低收入家庭不太可能有车，即使有车也很少使用。当总支出处于较低水平时，燃料所占份额低，然后急剧攀升，在较高的收入和总支出水平处，燃料所占份额达到峰值并开始下降。如果燃料价格上涨，那么就会形成预期的损失模式。然而，如果对有小汽车的家庭进行同样的分析，将会得到不同的结果。随着总支出的增长，道路燃料在总支出中所占的比例将稳步下降。

在价格上有任何增加，对勉强能负担一辆小汽车的贫穷家庭来说都是很大的打击，尤其是在农村地区的家庭（Blow and Crawford，1997）。如果燃料价格被用来降低需求，那么必须明确价格上涨的目的是什么——无论是减少拥堵、养护损毁的道路，还是降低当地和全球的污染水平。尽管可以对上述贫穷家庭进行补偿，但好的环境税收政策需要有效地针对具体问题（7.3 和 7.5 节）。

2.5.6 交易许可

交易许可证背后的概念非常简单，是一项由政府给予许可证持有者可排放一定数量污染物的权利。通过限制许可证的总数，控制并逐渐减少总排放（如果愿意的话）。由于有限制，污染排放权变成一种有价值的商品，并通过交易建立市场价格。在国家层面，通过许可证控制污染水平似乎有一点难度，这有可能会增加成本，使出口竞争力减弱。在国际层面，施行交易许可证就更困难了，这是因为存在诸如碳泄漏（将生成转移到限制较少的国家）等问题。这也是为什么美国坚持温室气体排放的协议应包括所有国家（Dobes，1999）。

引起分歧的问题是碳汇投资在多大程度上可以用来抵消交易许可证，而不是产生更少的二氧化碳，碳汇是额外的林地，可以"吸收"大气中的碳。贷款植树，让森林价值增加（案例2.2）。科学上也没有给出定论，是否森林在整个生命期内吸收的所有碳都是净收益，因为树木可能被焚烧而释放出之前吸收的碳。关于生物多样性也存在疑问，因为那些生长最快的树木（如桉树和杨树），不提供最佳的栖息地或

案例 2.2　英国碳封存

在英国，每年封存化石燃料燃烧排放的 150 ～ 160 MtC，需要种植约 51 万公顷的森林，这相当于英国土地面积的两倍。一辆汽车平均每年产生 1.1 吨碳排放，需要种植 0.4 公顷的针叶林或 40 公顷间隔宽广的阔叶树（每年平均从种植到成熟的数量）www.open.gov.uk/panel-sd/position/CO_2/ana.htm

如果继续每年扩大森林面积 3 万公顷每年，并且所有收获的土地继续种植，那么英国目前的森林生物量可以维持每年 2MtC 封存。物种不同，碳封存量也不同，平均一棵树在它整个生命周期内每年能吸收 30kg 的碳。

多样性。美国不想对碳汇投资的信贷额度设置任何上限，但欧盟希望所有国家通过本国采取的措施至少实现既定目标的50%。欧盟再一次领导并颁布了排放交易指令（CEC，2003），虽然最初遇到阻碍（案例2.3），但现在已经被签署并首次将二氧化碳排放细化到了每一吨。

在交通方面，排放交易许可可能会以不同的方式运作。制造商会更有针对性，如果他们生产能源利用效率低的车辆，那他们将不得不从生产能源利用效率高的车辆的生产商那里购买交易许可。这一举措似乎很有吸引力，但由于它只对新生产的车有影响，可能很难在国际市场推行。老旧汽车污染多于新车，因此美国采取了一项策略——提前报废汽车。任何收购和报废高排放车辆的机构都能获得相应的排放额度。在加州，一家公司（UNOCAL）与加利福尼亚空气资源委员会联合，对每辆愿意提前报废的1971年之前制造的车奖励700美元，这一举措报废了超过8000辆车。这种方案也可以针对制造商，如果生产比法律规定的更清洁的汽车，那么生产商可以获得更大的信贷额度（Rubin and Kling，1993）。在波哥大，快速公交系统TransMilenio每引进一辆新的铰接式公交车，承包经营者就必须报废三辆老旧公交车。TransMilenio系统二期，该报废的水平已提高到7～10辆老旧公交车。

案例2.3 欧盟排放贸易指令

该指令规定了在京都为欧盟国家制定的8%的减排目标的实现方式——重污染企业（化学、水泥、钢铁、纸浆和造纸、发电厂）必须购买污染物排放许可。该指令是强制性的，最初于2001年7月被德国BDI（工业联合会，相当于英国的CBI）、BP和UNICE（游说团体）推迟执行。最终还是通过了欧盟2003年第87号指令（Directive 2003/87/EC），并于2005年1月1日开始对欧盟10万家企业实施温室气体排放许可交易制度。第一步是在各生产部门和工业设施之间制定分配排放配额的国家分配计划(2004年3月)。

该指令于 2003 年 7 月签署，主要包括以下几个内容：

1. 第一阶段（2005 ～ 2007 年），强制执行初步计划；第二阶段（2008 ～ 2012 年），与《京都议定书》的第一承诺期相同。

2. 适用于五个主要行业，并集中在二氧化碳排放量上——超过 20MW 的燃烧设施、炼油厂、矿物、纸浆和造纸、黑色金属。

3. 成员国最多可以拍卖配额的 5%（2005 ～ 2007 年）和 10%（2008 ～ 2012 年）。分配计划必须提前制定，进行公示并由欧盟审议。

4. 所有的排放将受到企业监管，排放报告将接受独立核查。

5. 各成员国和欧盟将建立和维护电子登记，以追踪配额使用情况。

6. 每超出排放配额 1 吨，2005 ～ 2007 年企业需支付罚金 40 欧元，2007 年之后需支付 70 欧元，并且超出的排放将在下一年的排放配额中扣除。

发展中国家在《京都议定书》的清洁发展机制（CDM）下实施的减少碳排放项目，可以算作欧盟排放贸易机制下的减少碳排放目标的一部分。

另外，排放源被定义为出行的目的地，可以是办公室、购物中心或者学校。如果去某一目的地的人数是一定的，那么负责该目的地活动的相关部门有责任减少来访者的车辆尾气排放，可以利用停车限制（包括收费），或者提供公共交通服务等方式。这一逻辑似乎很有吸引力，但很难强制执行，甚至以一种有效的方式推行也很难。

交易许可在交通行业的最大的潜力似乎存在于个人和生产者的燃料中（Dobes，1999）。个人的许可证可以直接诱导人们通过车辆、驾驶、出行行为和居住地等的选择来减少燃料消耗。但即使有先进的技术，这一计划实施、管理、监督和执行的成本都很高。燃料批发商和生产商有较低的交易成本，而这些将作为额外费用转嫁给运营商。由于没有真正的替代品，需求弹性低，消费者不得不支付更高的价格。因此，排放许可应当被分配给最上游的企业，这样任何意外获得的收益都能通过税收收回。此外，许可额度可以被拍卖，对政府来说这也是一个直接的回报。

Baumol 和 Oates（1988）认为，排污权交易许可和碳税的区别是很难确定的，因为其带来的效益和减排功能是未知的。如果排放减少和成本的函数是未知的，那么排污权交易许可更为可取，因为它减少的排污总量是确定的。但排污权交易许可的交易成本可能更高（Stavins，1995）。若将排污许可分配给个人，则交易成本更高。若将排污许可分配给燃料销售商，则交易成本会降低，但由此产生的燃料价格对于机动车驾驶者和其他燃料使用者来说相当于碳税。但假设碳税水平和未来温室效应造成的边际损失的折现价格相当（庇古税——外部成本内部化），那么筹集的收入则不应该再用于受害者（Baumol and Oates，1988，pp. 23–25）。税收是通过对污染者征税的高低来纠正外部性。但是污染者也是受害者，所以如果政府将这些税收以某种形式再利用，那么污染者也将是受益者。实际情况却有所不同，因为交易成本已被证明是一个重大的缺点，这已经被上游源头（如燃料销售商）和当前的排污权交易市场（如加拿大）证实。目前，由于管理和执法的高昂成本，个人排污交易许可也不太可能。

2.6 结论

目前的想法表明，温室气体减排的目标意味着从 1990 ~ 2050 年间应减少 60% 的排放。同时，也意味着排放最大的削减应该是在发达国家，发展中国家实际上至少是在短期内可以增加人均温室气体排放。这里的论点是，每个国家都应当有一个碳排放预算，并且这些排放配额是可交易的。通过对包括所有国家在内的讨论，责任应该共同分担，但这被证明是《京都议定书》的主要障碍，最终只形成了局部的解决方案，只有 37 个国家制定了减排目标（表 2.3）。

在谈判中，只有美国在推动发展中国家在第一阶段执行任务。在里约和京都的文件中，都间接提及了发展中国家在减排任务中的责任，这暗示着未来发展中国家也将被包括进来。发展中国家致力于增加生产和制定国家级减排战略，通过选择一项机制，如清洁发展机制（CDMs）或者联合履行机制（JI）等，来增加参与度。然而，在短期内，由于各个国家在强制性指标上的分歧，《京都议定书》的正式批准被推迟到了 2005 年 2 月。

从长远来看，减排工作应立即开展，因为污染对健康和环境有着潜在的巨大影响以及对气候变化有着直接的影响。另一种选择是什么也不做，让越来越多的自然灾害通过法律制度来作出改变，就保险的花费而言，不承保的损失和诉讼费将会增长。最近越来越频繁和大规模的自然灾害，已经被 John Houghton（英国著名科学家、英国皇家环境污染委员会前主席，2003 年 8 月）称作"大规模杀伤性武器"。

应对气候变化的两个主要途径是管制和收费。经济手段（第 7 章）受到青睐，因为全球变暖产生的影响在地理位置上是独立的，但影响的迁移会产生均衡的效果，所以成本的比较也就不那么重要了。主要的目的是整个社会以最低的成本达到减少排放的目标。碳税是与个人二氧化碳排放相匹配的造成全球变暖的社会成本，成本增加也有可能激发更伟大的创新和替代品。对社会公平的影响问题（见 7.3 和 7.5 节）可以通过提供福利补偿缓解。尽管在政治上不受欢迎，但在少数欧盟国家（芬兰、挪威、瑞典、丹麦和荷兰）不得不引入能源税的形式。瑞典于 1991 年引入硫税，硫的产量减少了 50%；挪威于 1991 年引入碳税，发电站的碳排放减少了 21%。

关于排放权交易许可，在京都会议中进行了很多讨论，但很少达成协议。最近的欧盟指令（案例 2.3）证实，达成了利用市场机制允许排放权的自由贸易的普遍协议，不过碳封存很少达成协议（案例 2.2）。也有人认为（至少欧盟代表团认为），所有国家都应致力于在国家层面减少碳排放和国际排放权交易。经济上的分歧将通过道德和责任调解。

附录

基于经济合作与发展组织（OECD，2002a）。

在经合组织国家，交通占国内生产总值（GDP）的4% ~ 8%，占劳动力的2% ~ 4%。除了交通直接产出的成本，据估计，在欧盟国家，交通的外部成本占GDP的4%，包括交通事故、交通拥堵、环境污染等带来的成本。

各出行方式排放份额——OECD 2000

%	CO	NOx	VOC	PM$_{10}$	CO$_2$
小汽车	58	38	50	32	51
轻轨（+SUV）	36	23	38	14	23
摩托车	2	1	7	2	2
重型卡车	4	38	5	52	24

注释：1加仑汽油 =2.4kg CO$_2$

　　　1加仑柴油 =2.95kg CO$_2$

各出行方式排放水平（单位：g/ 人 /km）

交通方式		CO$_2$	C	NOx	PM$_{10}$	燃料
小汽车	汽油	186	51	0.59	0.063	10km/l
	柴油	141	38	1.39	0.188	13.5km/l
	混合物	125	34	0.19	—	
铁路		73	20	—		
航空		213	58	0.54		
出租车		223	61	1.52	0.413	
公交		56	16	0.19	0.019	
地铁		107	29	0.075	—	

注释：1g碳排放相当于 0.2727g 二氧化碳排放。

　　　飞机排放（二氧化碳、氮氧化合物和水蒸气）造成的温室效应相当于只有二氧化碳排放时的3倍。

臭氧是烟雾的主要成分，是由挥发性有机化合物和氮氧化物（NO、NO_2、N_2O）在光和热的催化下发生化学反应形成的。它会造成眼部刺激、咳嗽、胸部不适、头痛、呼吸道疾病、哮喘和肺功能降低等。世界卫生组织规定的最大 8 小时的值是 $120\mu gm^{-3}$。自 20 世纪 80 年代末，西欧国家臭氧增加了 15%，而在日本增加了 5%。同一时期，美国下降了 4%，尽管这是基于更高的历史水平。在城市地区，臭氧浓度有时会达到推荐最大值的两倍。在欧洲，每年有 3.3 亿人口暴露在超过阈值浓度的臭氧中，有 0.33 亿人口居住在每年多于 25 天的时间臭氧浓度超标的地方。

排放标准

NO_x（g/km）	汽油					柴油				
	1990	1996	2000	2004	2008	1990	1996	2000	2004	2008
美国	0.6	0.4	0.4	0.2	0.05	0.8	0.8	0.8	0.2	0.05
日本	0.25	0.25	0.25	0.1	0.1	0.5	0.5	0.4	0.3	0.3
欧洲	0.8	0.4	0.15	0.15	0.1	0.8	0.8	0.5	0.5	0.25

PM（g/km）柴油汽车	1990	1996	2000	2004	2008
美国	0.12	0.05	0.05	0.05	0.0
日本	0.2	0.2	0.07	0.05	0.05
欧洲	0.18	0.18	0.05	0.05	0.02

排放变化（2000 ~ 2030 年）

经合组织国家			非经合组织国家		
NO_x	−81%		NO_x	+100%	
CO	−70%	反映催化式排气净化器的影响，设计标准	CO	+100%	相较于 1990 年经合组织国家的水平
VOC	−73%		VOC	+100%	
PM	−89%		PM	+65%	

汽油和柴油的使用

	汽油（百万吨油相当量）		柴油（百万吨油相当量）	
	经合组织国家	非经合组织国家	经合组织国家	非经合组织国家
1990	540	160	240	150
2000	620	220	280	210
2010	710	330	320	330
2020	780	500	360	520
2030	830	620	400	710
增加	+154%	+387%	+167%	+473%

到 2020 年，经合组织国家都能有效减少污染，但重型柴油卡车和摩托车仍是一个问题。

2008 年，欧盟规定新生产的小汽车二氧化碳排放不得超过 140g/km，相比 1995 年降低了 25%。经合组织国家，交通领域排放的二氧化碳将从 1995 年的 22.5 亿吨增加到 2030 年的 36 亿吨（增加了 160%）。非经合组织国家相应的二氧化碳排放将从 1995 年的 9 亿吨增加到 2030 年的 40 亿吨（增加了 440%），这一数据的变化反映了机动车保有量和出行的增加，有效控制排放的不容乐观的前景以及柴油车使用的快速增长。到 2025 年，非经合组织国家的二氧化碳排放水平将超过经合组织国家。

注释

1. 1994 ~ 2001 年，欧盟 15 国小汽车保有量实际增加了 19%，以上的数据偏低（EC，2003 年）。

2. 挪威提高警戒线价格的例子可用于提高道路建设的税收和公共交通投资。伦敦的警戒线价格同时解决了道路拥挤问题并提高了税收用于进一步交通投资。新加坡是唯一一个仅以一种纯粹的方式引进了警戒线价格的国家。

3. EJ= 艾焦耳。焦耳是能量的度量单位（$kg\,m^2s^{-2}$），艾是 10^{18}。

4. 9 个国家是指英国、法国、加拿大、中国、意大利、巴西、墨西哥、印度和西班牙。7 个国家是指澳大利亚、乌克兰、韩国、泰国、南非、荷兰和印尼。

第 3 章

可持续发展与交通强度

3.1　经济背景

目前，对可持续性概念有许多的争论。正如第 2 章所述，我们以一个可持续发展的框架为出发点，提出不仅要关注经济维度，也要重视社会和环境这两个维度。需要强调的是，这里不是单一的目标，但是可持续发展是必须坚持的一个方向，尽管有许多不同的方式来追求这条道路。然而，将可持续发展问题置于更宏大的可持续性框架中是十分重要的。

在这里，有两个基本观点。一是源于新古典经济学，在很大程度上，维持总体资本可以通过更换耗尽或退化的自然资本与生产要素实现。这是经济可持续性或弱可持续性的一种形式。第二，如果制定经济政策时，充分考虑到重要环境资产的保护，就会被称为强可持续性或自然资本的维护。除了这两个基本观点之外，还有第三个角度，即社会的可持续发展，其条件是基于共同的价值观，公众参与和社会公平。Goodland（2002）对这三个方面作出了总结，如表 3.1 所示。生态经济学家认为，研究系统间相互作用的变化过程是必要的，特别是人类活动与自然之间的联系（Constanza et al.，1997）。他们的出发点是对平衡状态的分析并不能代表进化的自然过程，例如技术和社会经济的变化。这种方法隐含的观点是：由于许多结果是不确定的，所以有必要采取预防性原则，制定明确的标准或阈值来限制环境成本。更重要的是，他们认为在科学和技术上能解决环境问题的前提是人类的消费量必须减少。伦理问题引起了社会的关注。成本和收益的分配原则应考虑社会共同体意图、社会规范和社会偏好。

社会、经济、环境的可持续性　　　表 3.1

社会可持续性	经济可持续性	环境可持续性
可以通过社区参与和民主实现。社团凝聚力、文化认同、多元化、宽容度、博爱、制度化、大众接受的标准、法律，只是社会资本中的一部分，却是实现社会可持续性的必需。	经济资本应该是稳定的。经济可持续的一般定义是资本的维护，或者保持资本的完好无损。因此，Hick 对收入的定义（一段时期内的可消费数额，且消费后仍较富裕）可用于定义可持续经济，因为它基于消费，而非资本。	虽然环境可持续是人类需要的，但是由于社会关注点的变化，人们逐渐开始保护原材料，减少人类活动的资源浪费，以防受到大自然的伤害。
有人声称，道德资本需要通过利益共享，权利平等，社区、宗教、文化交互的手段加以维护和补充。	经济很少与自然资源有关。在传统的经济标准（分配、效率）上，必须加上规模（Daly, 1992）。规模标准将约束自然资源的物质和能量流动。	人类必须学会在有限的资源条件下生存。环境可持续意味着必须维护自然，它既为人类提供资源，又处理废物。因此，人类社会的经济规模要与生态约束条件协调。环境可持续也意味着人口稳定、消费稳定。
在教育、医疗方面的社会投资作为经济发展的一部分已经被社会认可，但是出于建设可持续社会的需要，创造和维护社会资本的意义还未被充分认识到。	用评价货币经济的方式评价自然资源这种无形的、存在代际关系的事物，如空气。因为存在不可逆性，所以人类必须警惕。在经济上，利用预期和常规防范原则减少犯错。	在处理废物方面，要将排放量控制在自然净化能力之内。在资源供给上，利用率要与再生率协调。不可再生就不能称作可持续，但是将消耗率控制在可替代再生率水平上，可实现准可持续性。

资料来源：Goodland（2002），pp.710-711.

　　这里似乎有两个基本观点。一种是基于相信，经济增长是所有发展的动力，终有一日，世界的资源开采将会是弊大于利，而人类的智慧和科学的进步只能是延迟这一天的到来。另一种观点认为，可持续性的辩论实际上只是经济效益观点的延续（Toman，1994）。吞吐量增速争论仍然是许多经济学家争论的焦点，如 Beckerman（1994，1995），其中涉及自然资源供应和废物利用等稀缺的环境服务，可以纳入货币的价值体系中。只要这些外部性价值可以被估计，就能利用市场手段来对这些自然资产建立产权。这些手段将包括污染收费、税收和交易许可证。从本质上讲，社会成本正在被转化为私人成本，这使个人可以选择是否支付"全部"成本。此外，随着自然资源的使用成本的持续增加，进一步破坏环境是不会被提倡的，这就需要建立奖励机制促成环境友好的生产方式和消费模式。这符合了新古典主义经济学家提倡的实证价值观念。

最近，许多这样的观念又有所改变，并与 Rio（1992）在关于地球未来的看法上取得了一致，不仅需要基于全球外部性考虑的正确定价，而且要寻求减少地球资源利用的方式。这回到了可持续发展的本质，势在必行的经济增长将会被社会、环境等因素调节。一定程度上，它反映了部分经济学家的观点：所有商品都有一定的价格，问题的解决方案就是让价格能反映全部社会成本。这引发了关于增长极限的辩论（Meadows et al.，1972、1992），得出的结论是：改变目前的增长趋势，建立一个既是生态的，又是经济可持续的环境条件是可能的。那些强烈支持这一观点的学者认为，随着人口规模的增长，有必要对脱离基本经济原理，一味追求财富增加的发展模式进行深刻的检讨。

新马尔萨斯主义（Ehrlich and Ehrlich，1989；Hardin，1968；1993）再次强调了人口的指数增长趋势和有限的资源之间的不匹配。他们认为环境需要被保护，反对为了保持人类福利而不受约束地增长，因为报酬递减规律已经开始显现。为了下一代人也能够得利，当代人应该学会对现有的繁荣程度知足。这确实是一种稳定状态，有效地制止了经济增长的加速（Daly，1972）。Daly 的稳态经济学（1977）试图将人口和消费品对环境的压力的来源、去向进行整合，使得能够对单一因素的环境影响程度展开测量。可持续问题的基础是衡量环境对人类活动需要的物质和能量的最大承载能力。

Daly 和 Cobb（1989）通过对美国经济的分析，进一步支持了需要限制增长的结论。他们得出结论：美国的 GDP 增长已经和健康状态脱钩，而这一发现是由其他发达国家反映出来的。他们认为，人造资本应该脱离自然资本，因为环境不能被视为一种商品。环境是一种无形的遗产，人们应该对它持有信仰。这意味着环境不能沦落成可以货币化的商品。这种规范性的方式，需要执政者对优先权和使用自然资本的方式作出集体决策。增长意味着量的增加，但发展意味着质的变化。没有量的增加，发展也可以进行。从历史眼光看，Goodland（2002， p.715）认为：

> 在经济发展的起步阶段，基础设施和工业的建设会导致吞吐量的增加，但最终会转型为一种吞吐量小、质量高的发展模式。而这种格局的演变是令人鼓舞的，如果环境可持续性能够实现的话，重视质量的发展模式与只顾吞吐量增长的模式需要加以区分。为了实现可持续发展，<u>重质量的发展模式将会最大程度地取代简单的增长模式</u>。

关于可持续问题的各种经济观点之间的主要区别是聚合、测量和估价。不仅聚集自然和生产资本面临许多的困难，而且对自然资本和生产资本是否可替代等基本问题也尚无定论（Daly and Cobb，1989）。弱可持续性假设随着时间的推移，完全可替代性和总资本存量的维护都是经济可持续发展的必要和充分条件（Turner，2002）。强可持续性将自然资本与其他资本形式分开，以使最为关键的自然资本可以维持在某一水平。不可逆损失的风险太高，自然资本的可替代性不应考虑，特别是在伴随有较高不确定性的自然过程中（如全球变暖）。

3.2 交通问题

上文的讨论很有意义，因为它提供了看待交通问题的框架。虽然强、弱可持续性理论可应用于解释交通问题，但是还存在一种视角，将两种理论结合起来，建立更加实用的框架，以调和交通系统和资源消耗之间的矛盾。其意图是允许交通系统的输出维持现状或者增加，但与此同时，减少能源投入，特别是不可再生能源。从某种意义上说，它是四倍思维的一个具体版本（Von Weizsacker et al.，1997），即财富增加一倍（即传输性能）和资源投入减半（即非再生资源的消耗）。

从历史上看，客运和货运交通需求的增长与经济增长（以 GDP 测量）之间存在密切关系。在这里提出的问题是如何对这一统计关系作出基本解释，这种相关关系又是否会持续到未来。似乎没有理由可以解释为什么交通量随着经济增长而增长。事实上，对于是否打破这一联系，存在着效率问题和环境可持续性的争论。我们应该寻求既能降低交通活动强度,又能同时保持经济增长的方法,这就是所谓的"脱钩理论"。交通效率和交通强度密切相关,从狭义上讲,交通强度可以看作是交通效率的倒数,但是交通效率确实一个比交通强度更广泛的概念。

交通可以分解为三个元素:交通流量、出行距离、交通效率。前两个元素通常用来度量交通总量,如人公里或吨公里;交通效率也同样重要,因为它涉及交通方式、出行时间、出行成本、资源使用、技术和组织等因素,例如在货运方面,可以利用物流技术、扁平化的组织结构、新的处理方式、仓库要求最小化、合理组织空间以降低配送成本等措施来提高交通运输效率。所有这些措施都可以提高效率,减少交通流量和出行距离,同时,也可以提高交通效率和交通流量及出行距离。对于交通强度方面,主要措施是减少出行距离,增加负荷(高效利用货运能力),减少化石燃料的消耗。

3.3 交通强度

经济增长与交通强度脱钩的概念在欧洲比在北美更受到关注(Gilbert and Nadeau,2002)。在狭义上,这个概念已经在货运部门发生了,货运量的增幅大大低于 GDP 的增长率(图 3.1、图 3.2)。这种趋势在过去 40 年(从 1960 年开始)内(1960 年)一直存在。在美国,普遍认为,良好的交通(尤其是良好的货运)是经济发展的关键。交通运输所产生的负面影响应该减少,但不能以牺牲经济增长为代价。

如果将美国和欧盟做一个比较,可以看出单位 GDP 的人公里曲线似乎存在相似性。这种相似性是由于两大洲在小汽车拥有(欧盟 629 辆 / 千人,2001;美国 940 辆 / 千人,2001)和土地面积(欧盟 324 万 km^2;美国 936 万 km^2)方面存在重大差异。货运曲线,表明美国的货运历程比欧盟要长,但两者之间的差距正在逐渐缩小。这不仅涉及空间问题,而且有关两个经济体正在发生的经济重建。某种程度上讲,这表明欧盟更应该关注脱钩问题。原因是欧盟的交通强度很高,在客运方面达到了美国的水平,而且正处于上升状态。

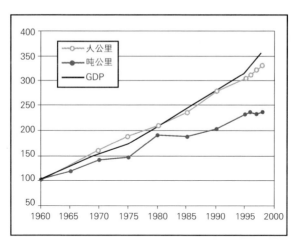

图 3.1 美国 1960 ~ 1998 年的交通和 GDP 增长
注释：GDP 是经过购买能力调整后的，以 1960 年为 100。
资料来源：Gilbert 和 Nadeau（2002），图 1

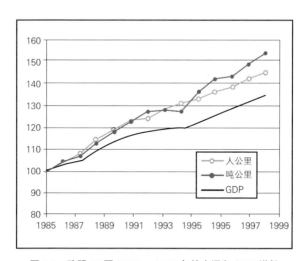

图 3.2 欧盟 15 国 1985 ~ 1998 年的交通和 GDP 增长
注释：GDP 是经过购买能力调整后的，以 1985 年为 100。
资料来源：Gilbert 和 Nadeau（2002），图 3

在欧盟和美国，交通运输和经济活动的趋势有一些显著的差异（表 3.2、表 3.3）。1985 ~ 2000 年间，乘客公里数大体上相近（欧盟 44%，美国 55%），但在货物运输上有较大差异（欧盟 67%，美国 20%）。美国的 GDP 增长在这一时期远超欧盟（美国 70%，欧盟 43%）。Gilbert 和 Nadeau（2002）认为，美国的交通强度减小，欧盟的交通强度却增大，这可能是由于其处在不同的经济发展阶段；随着 GDP 的增加，交通强度先增大，后减小。

美国和欧盟 15 国客运、货运、经济活动趋势（1985-2000）　表 3.2

	1985	2000	增加百分数
美国 人公里（十亿）	4920	7625	55%
欧盟 人公里（十亿）	3316	4779	44%
美国 / 欧盟	1.48	1.56	
美国 货运公里（十亿）	4305	5177	20%
欧盟 货运公里（十亿）	1859	3108	67%
美国 / 欧盟	2.32	1.67	
美国 GDP（2 万亿欧元）	7780	13212	70%
欧盟 GDP（2 万亿欧元）	5950	8524	43%
美国 / 欧盟	1.31	1.55	

资料来源：Gilbert 和 Nadeau（2002）更新版，表 1

美国和欧盟 15 国 2000 年数据比较　　表 3.3

	美国	欧盟 15 国	增幅
人口（百万）	282	378	欧盟 +34%
面积（百万平方公里）	9.36	3.24	美国 +189%
人均人公里	27039	12643	美国 +114%
人均吨公里	18358	8206	美国 +124%
人均 GDP（欧元）	46851	22550	美国 +108%

资料来源：EC（2003）

为了进一步验证自己的猜想，他们为 61 个百万人口城市绘制了交通强度和人均 GDP 的关系图。根据他们的分析，除了北美和澳大利亚之外，不管是在发达国家，还是发展中国家，客运强度均随着城市 GDP 的增加而下降（Gilbert and Nadeau，2002）。在美国和澳大利亚，交通强度与同等 GDP 的其他地区相比要大得多，而且不随地区 GDP 的增加而降低。Gilbert 和 Nadeau 的结论是：GDP 的差异在区域层面不能解释交通强度的差异，而分析经济结构可能有助于解释这一差异。

欧盟交通政策白皮书（CEC，2001a）已确定将"脱钩"作为主要目标。白皮书提出了旨在逐步打破交通增长与经济增长之间挂钩的策略。然而，白皮书对这一问题的重视程度不及欧盟委员会的可持续发展战略，其中将"交通增长与经济增长脱钩"列为交通问题的第一目标（CEC，2001b）。白皮书指出，交通领域的能源消耗在不断增加，28% 的二氧化碳排放量与交通领域相关（CEC，2001a，p10）。确切的数字是：1990 年，7.39 亿吨；2000 年，上升到 9 亿吨；2010 年，预计增加到 11.13 亿吨。尽管欧盟新成员国的机动化水平较低，道路交通的碳排放量占交通领域的百分比仍将持续上升，尽管这一比例在2000 年已经达到了 84%。白皮书乐观地描述了三种方案，以提供一个政策评估框架（CEC，2001a，p11）：A 方案：道路收费；B 方案：道路收费、提高效率；C 方案：道路收费、振兴方案、有针对性的泛欧洲网络投资。如果 C 方案得以实施，将使得 2010 年的个体出行方式比例回到 1998 年的水平。C 方案的具体内容包含 60 多项措施，这些措施将有助于突破交通增长与经济增长之间的联系，并且不需要限制人和货物的流动（CEC，2001a，p11）。这些措施被分为八类，包括乘客的权利（包括补偿），道路安全，交通拥堵（包括多式联运），可持续性（包括道路收费），合理的税收，运输服务（包括服务质量和最佳案例），基础设施（包括"缺失的环节"和高速铁路的投资）和无线导航。

在欧盟的分析中，针对未来的发展趋势提出了三种预测结果。由表 3.4 可以看出，总的人公里和吨公里没有变化，但对客运和货运来说，车公里数都在减少，这是由于受到定价、效率提高和其他措施的影响。

因此，按照常规的测量方式来看，交通强度在未来将会有所下降。假设 GDP 以每年 3 % 的速度增加，则人公里和吨公里的增加速度分别为 24% 和 38 %（表 3.5），这样，客运的交通强度将下降 13%，货运的交通强度将下降 3%。这是在假定的 GDP 增速下引入了环比下降的概念。这反过来影响了客运和货运的预期增长。如果 GDP 的增长速度超过交通，那么交通强度将会减小。

在欧盟的三种方案中，最有趣的结论是客运和货运的车公里数都减少，这样的结果是二氧化碳的排放量也随之减少。在白皮书中所提出的政策是要更加有效地利用机动车辆，主要方式是增加机动化交通工具的拥有率，减少车公里数，鼓励模式转变。这使得客运部门的碳排放量减少 10%，货运部门更是减少了 16%。但当碳排放量改变之后，又建立了新的平衡：客运部门和货运部门的排放量都减少 10%。碳排放量的改善涉及预期收益在车辆效率与汽车工业的共同协议。还应当指出的是，控制碳排放量是违反趋势的。与 1998 的水平相比，2010 年的三种方案都在交通和碳排放上实现了可持续增长。

欧盟 1998 ~ 2000 年的变化趋势和选择　　　　　　表 3.4

	1998 年	2010 年（预测）	方案 A	方案 B	方案 C
客运					
人公里（十亿）	4772	5929	5929	5929	5929
车公里（十亿）	2250	2767	2518	2516	2470
CO_2（百万吨）	518.6	593.1	551.9	539.1	523.8
货运					
人公里（十亿）	2870	3971	3971	3971	3971
车公里（十亿）	316	472.8	430	430	397
CO_2（百万吨）	300.9	445.4	408.5	405.1	378.6
总计					
车公里（十亿）	2566	3240	2948	2946	2867
CO_2（百万吨）	819.5	1038.5	960.4	944.2	902.4

资料来源：2001a，CEC，表 3

欧盟各国交通强度的改变（1998 ~ 2010 年）　　　　表 3.5

欧盟	1998 年	2010 年	增量
GDP（十亿欧元）	8000	11400	43%
人公里（十亿）	4772	5929	24%
车公里（十亿）	2870	3971	38%
交通强度			
客运	0.5965	0.5201	−12.8%
货运	0.3588	0.3483	2.9%

资料来源：2001a，CEC

目前，英国的研究和 SACTRA（1999）的报告主要关注交通与经济之间的联系，但也分析了交通强度。在 1965 年到 1995 年间，GDP 增长和交通增长之间呈现较强的正相关性，伴随着私家车及轻型货车的增加，重型货车在减少。这些变化以 5 年为单位，可以看出 GDP 的变化和交通量变化的平均差异（SACTRA 报告中的图 6.1 ~ 6.3，1999）。本文的主要结论总结如表 3.6 所示。

英国 GDP 增长和交通量增长的差异（1965 ~ 2025 年）　　表 3.6

	1965 ~ 1975 年	1975 ~ 1985 年	1985 ~ 1995 年	1995 ~ 2025 年（预测）
CAR（小汽车）人公里	下降	常数	常数	常数
	1.6% ~ 0.2%	+0.4%	+0.5%	−0.1%
	CAR>GDP	CAR>GDP	CAR>GDP	CAR<GDP
HGV（重型货车）吨公里	下降	下降	上升	下降
	−0.4% ~ −0.1%	−0.3% ~ −0.1%	+0.1% ~ +0.5%	+0.0% ~ −0.3%
	HGV<GDP	HGV<GDP	HGV>GDP	HGV<GDP
LGV（轻型货车）吨公里	先下降，后上升	几乎不变	上升	—
	−0.4% ~ +0.2%	0.0%	+0.2% ~ +1.0%	
	LGV<GDP	相等	LGV>GDP	

注释：正的代表交通增长比 GDP 增长快，负的代表交通增长比 GDP 增长慢。HGV 是指载重大于 3.5 吨；LGV 是指载重小于 3.5 吨。

在不同的时期，交通模式存在相当大的差异。但在所有的情况下，最新证据（1985–1995）表明交通量的增长速度超过GDP。对小汽车而言，这种模式可以追溯到更远。它不仅正在英国发生，SACTRA团队在法国、瑞典、荷兰和意大利也发现了类似情况（1970–1994）。在任何情况下，小汽车流量的增长都高于GDP增长，这点对货运交通而言还不太肯定。不同国家的统计数据之间也存在差异，随着时间的推移，在个别国家表明，一些因素正在影响交通增长与GDP增长之间的关系。从降低交通强度的经济视角看，前景不容乐观。交通量的增长一直高于GDP的增长，这意味着需要采取一些措施扭转这一情况。

然而，预测结果表明，在小汽车交通和重型货车交通方面，交通量增长低于GDP增长（表3.6）。但是如SACTRA（1999，p. 295）指出的一样，这里的论据存在一个缺陷。既然交通量预测是由汽车保有量增长驱动的，而不是通过每辆车的出行距离，那么为什么交通强度会减小呢？汽车保有量的预测是通过收入计算的，而收入又被认为与GDP的增长有密切关系。还有，汽车拥有量和收入之间的关系被认为会导致最终的饱和状态。这三个因素加在一起意味着交通强度在未来会下降。SACTRA（1999，p.296）认为，交通强度的增加或减少将标志汽车拥有量的增长曲线的饱和度，除非另外的政策在影响交通的增长。

这一技术解释的含义可能是深远的：

1. 汽车交通的强度应随着时间的推移而减小，因为相对于收入而言，交通更具有弹性，即使这还没有发生。当交通和收入之间的弹性系数大于1时，交通强度增大；反之，减小。横向研究表明，在小汽车使有上存在重大差异，且与小汽车拥有和收入是无关的（SACTRA，1999，p. 297）。这个有趣的说法未在报告中进一步阐述，但关于弹性问题有大量的文献（如：Goodwin et al.，2004；Graham and Glaister，2004）。从伦敦拥挤收费方案的初步结果看来，短期弹性高于先前的预期（Banister，2003）。

2. 在交通强度的测量中，存在循环问题。当进行交通需求预测时，汽车保有量、收入和GDP都假定是密切相关的。GDP的增长情况往往假定是已知的，然后就决定了收入增长和汽车保有量的增长，这反过来又被用于预测增加的交通流量。这种密切的关系导致难以清楚地解释究竟是什么因素造成了变化。看来，汽车的使用必须从汽车拥有中分离出来；其他因素（如价格、管制、技术）都会影响汽车的使用。

3. 如果目的是降低交通强度，GDP也应该考虑自变量。一些经济措施就可以利用起来（见3.4节）。

此外，还有其他的重要意义：

1. 收入在促进交通增长上可能没有其他因素重要。现在的汽车价格相对收入而言越来越便宜，因此，收入不是一个真正的约束条件。相反，汽车的使用成本却越来越昂贵的（表3.7），因为燃料税和保险费都在上升。此外，除了使用成本（见第1章）之外，我们还需要对使用小汽车的动机有一个更清晰的认识。

2. 数据统计反映的仅仅是国内的交通模式，而不是长距离出行和国际交通的增长。这两个方面都在大幅增长，预计在未来会进一步增加。它们不能被忽略，但随之而来的问题是一个国家的GDP基础测量是否适合国际交通的变化。

3. 如上所述，车流量数据高于GDP的水平，所以交通强度增加，但未来的期望（除了上文提到的SACTRA的饱和论）会扭转这种情况。这里的基本问题是，收入增长对确定交通水平非常重要，但其他的政策措施（如价格、交通速度和交通质量）对限制交通增长也起着关键作用。从过去的经验看，这些措施似乎并没有特别成功。然而，欧盟和SACTRA乐观地认为，如果价格定在边际社会成本水平上的话，限制交通增长是可以实现的。

4. 展示的数据可能会误导人们：如果GDP增长大于交通量的增长，那么交通强度就会减小，但交通增长仍在持续。从可持续发展的角度来看，可持续交通要求减少交通对环境的冲击，测度指标是净排放和不可再生资源的使用量，而这点使人很难接受。美国发表的声明，"10年内将温室气体排放强度减少18%的系列措施"中的数字将问题过于简单化了（The Economist，2002-2-16，p. 49）。在这份声明中，减少排放甚至没有被提出，只提到了单位 GDP 的排放水平。在美国，这仅仅是改变既定模式的延续（Gilbert and Nadeau，2002）。

英国 1992 ~ 2002 年的交通出行成本 表 3.7

出行成本	变化百分比（1992 ~ 2002 年）
零售业价格指数	27.3%
小汽车	28.9%
购买	-5.5%
燃料	62.2%
维护	51.5%
税收、保险	61.4%
巴士车费	42.8%
火车车费	44.5%

资料来源：ONS（2003a）

3.4 经济增长的替代措施

回顾之前的措施，要实现交通增长和经济增长脱钩，似乎还需要更进一步的思考。对于能源部门和交通运输部门之间的相似性研究，Peake（1994）研究了交通部门和能源部门之间的相似性，主要有两个重要贡献：一是将客运和货运都视为质量移动（吨公里—tkme），这意味着每一个乘客都有一个总重量（他们自己的体重加上他们的行李重量），这样便将人公里转换为了吨公里。第二个贡献是提出了总质量运动的概念（GMM）和净质量运动的概念（NMM）分别来描述经济活动中的所有交通活动和有用元素的活动。通过这些聚合的措施，总交通强度指标（GTI）和净交通强度（NTI）可以通过 GDP 的变化来测度。GMM/GDP 是一个衡量交通效率的指标（Peake，1994，p. 69）。NMM / GDP 衡量的是"有用的"交通活动的效率。他发现，随着时间的推移（1952 ~ 1992 年），NMM/GMM 值在英国一直在下降，表明整个交通产业的生产力下降了 20%。NTI 随着时间的推移，是恒定的（0.7tkme/GDP £1）；GTI 是随时间而增加，尤其是在 1973 年（2.6tkme/GDP £1）到 1992 年（3.1tkme/GDP £1）之间，增长了 19% 左右。

Peake 认为交通强度变得越来越不可持续。在 1992 年，77% 的质量移动是伴随性的载体移动，而不是人和货物的有效移动（Peake，1994，p.73）。在所有这些分析中，都认为是货运部门占主导，因为它占了 86% 的净质量运动 NMM。重型货车空载率大幅增加（1952 ~ 1992 年，增加 4 倍）更是增强了其主导地位。假定每位旅客的平均体重为 50 公斤（这似乎是相当低的），但即使增加到平均90 公斤（包括行李），也不会对结果产生显著影响（表 3.8 ~ 表 3.10）。Peake 还发现测量和数据问题可能限制了其结果的准确性，但他在分析交通强度时，已经开始考虑效率问题。

交通能耗效率的测度可以改进测量交通强度的传统方法，因为它们考虑了不同交通方式的效率。这些测度还涉及排放问题和资源使用问题。它们可以用来预测二氧化碳水平。这样一来，不仅可以分析交通对环境的影响，还可以分析采取特殊政策对环境造成的影响（见案例 3.1）。

案例 3.1　交通能耗效率的测度

1. 主要的能量消耗＝流量 × 距离 × 能量
  　　　　　 出行　交通占有量　MJ/km

请注意，拥有率和负载都可以转化为质量（Peake，1994）.

2. ASIF 方程（Ehrlich and Holdren，1971，Schipper，2001，Schipper and Marie-Lilliu，1999 and Scholl et al.，1996）

$$G = A \cdot S_i \cdot I_i \cdot F_{ij}$$

其中：

G 是交通方式 i 产生的所有污染排放量；

A 是所有交通方式的总人公里或吨公里；

S 是将人和货物的移动转化为车辆的移动；

I 是各种交通方式的能耗强度，与车辆的实际效率反相关，取决于车辆重量、功率和驾驶行为；

F 是指交通方式 i 使用的燃料类型为 j。

这一概念允许政策作用于交通量、出行距离及特定交通方式的相对效率。研究能源消耗构成可以转化为分析关键污染物（包括二氧化碳）的排放水平，这可以通过计算不同燃料的含碳量实现。由于交通消耗的能源几乎全部来自石油，所以这是很容易的。甚至十年之后，即便出现新的替代燃料，也不会使这一问题变得复杂（Hoogma et al.，2002）。

大多数与交通和环境有关的要素都被包含在这些简单的方程中，不同政策的影响和它们的反馈要素是可以被检验的。如 Schipper（2001）所述：

ASIF 恒等式的主要目的是给政策制定者展示如何将影响交通和排放的要素整合起来，确保每一个要素的潜在影响和实际影响都可以被观测。它有助于进行一些关联分析。

第二个问题是 GDP 是否是最合适的或惟一的衡量经济活动的变化的指标。GDP 提供了一种比较不同国家经济活动的方法。然而，在考虑到社会福利和可持续发展等问题时，单一地以 GDP 为纲暴露出了一些局限性，因为 GDP 中包括环境治理、道路事故受害者的医疗支出等（参见：Anderson，1991；Jackson and Marks，1994；Cobb et al.，1999）。GDP 中不包括免费家务劳动的经济产出，即使它们服务于经济活动。所有这些因素使分析 GDP 的长期趋势变得更加困难。

1. GDP 数据不显示经济活动在社会中的分布情况 [实际进步指数，（Genuine Progress Indicator，简称 GPI）试图反映这一问题，见下文]。

2. 汇率波动和生活成本的不同使得在不同国家之间比较 GDP 的发展趋势变得困难。

3.GDP 不计无偿的活动,包括许多家庭活动(如关怀、准备食物、教育和家务),尽管这些都有助于经济活动。

Hanley 等(1999)提出了许多衡量经济活动的其他指标,如国民生产净值(NNP)、真实储蓄、净初级生产力、可持续经济福利指数(ISEW,Daly 和 Cobb,1989)和实际进步指数(GPI)。例如 GPI 修正了 GDP 公式中的一些异常,结果表明,美国在 1950 ~ 1998 年间,GPI 年均上涨 23%,而 GDP 指标却很离谱,为年均 164%。除了解决 GDP 指标的局限性,GPI 明确考虑了收入差距和人们对经济发展的感知等。在旧金山的团队(Cobb et al.,1999)重新定义了进步和发展,他们声称只关注 GDP 是在鼓励追逐短期收益,而不考虑长期的资源成本。Stead(2001)分别用 GDP 和 ISEW 两个指标分析了英国在 1975 年和 1990 年的交通效率,发现不同指标计算所得到的结果有巨大差异。

3.5 英国与欧盟 15 国的经验

总的来说,大量的实证已经被引用(见 3.3 节)。本节重点研究欧盟各国间的差异以及这些差异如何随时间而改变。全体欧盟国家的交通能耗效率和交通经济效率都以人公里、吨公里、净质量移动等指标来分析。除了这些指标外,数据还描述了英国和欧盟在 1970 年至 1995 年之间的整体趋势(表 3.8、表 3.9)。通过比较两个表中的数据可以看出一些相似点,如年 GDP 增长率相当。不过,在交通能耗上,英国的交通能耗水平高于欧盟国家,但是增长率却低于欧盟。英国人均出行距离明显高于欧盟 1970 年的平均水平,但逐渐接近欧盟 1995 年的水平。在人均货运交通方面,英国的增长率比欧盟低,但在 1995 年仍然存在较大的差异:英国的人均货运交通量只有欧盟的 70%。最后,在净质量移动指标上,英国一直低于欧盟。

英国的交通和经济发展趋势（1970 ~ 1995 年）　　　表 3.8

指标	单位	1970 年	1995 年	增量（%）
人均 GDP	美国 1987 年 GDP（美元）	8463	13431	59%
人均交通能耗	等量的石油（吨）	0.48	0.82	69%
人均出行距离	1000 公里 /（人·年）	7.1	12.27	73%
人均货运量	吨·公里 /（人·年）	2.02	2.93	45%
人均净质量移动量	吨·公里 /（人·年）	2.67	4.03	51%

注释：净质量移动量将出行距离转换为质量，这使得客运和货运可以统一起来。在转化计
　　算中，人的质量取值为 90kg，包括行李重量。

资料来源：Stead（2000a）

欧盟 15 国交通和经济发展趋势（1970 ~ 1995 年）　　　表 3.9

指标	单位	1970 年	1995 年	增量（%）
人均 GDP	美国 1987 年 GDP（美元）	8787	14527	65%
人均交通能耗	等量的石油（吨）	0.40	0.77	91%
人均出行距离	1000 公里 /（人·年）	6.20	12.04	94%
人均货运量	吨·公里 /（人·年）	2.61	4.10	57%
人均净质量移动量	吨·公里 /（人·年）	3.17	5.18	63%

注释：净质量移动量将出行距离转换为质量，这使得客运和货运可以统一起来。在转化计
　　算中，人的质量取值为 90kg，包括行李重量。

资料来源：Stead（2000a）

　　在 1970 ~ 1995 年间，欧盟的人均 GDP 增加了 65%，与人均货
运增长和人均净质量移动的增长幅度相近（表 3.9）。人均交通能耗水
平和人均出行距离的增加更为迅速，分别为 91% 和 94%。

　　一些指标表明交通强度正在下降，而另一些指标显示总的变化不
明显。单位人公里的交通能耗量在 1970 年到 1990 年间一直相当固定，
而单位吨公里和单位净质量移动的交通能耗量是增加的，这说明交通
行业的能源利用效率是下降的。[2] 在 1970 ~ 1995 年间，单位吨公里和
单位净质量移动所产生的 GDP 是相当固定的，而单位人公里和单位交
通能耗产出的 GDP 却是下降的，这表明交通行业的经济效率是下降的。
因此，选择不同的指标衡量交通强度会有不同的结论（表 3.10）。

测度方法	交通强度指标	1970	1995	增量（%）
交通能源效率2	交通能耗 /（人·公里）	64.8	63.6	-2%
	交通能耗 /（吨·公里）	153.6	186.8	+22%
	交通能耗 /NMM	159.4	192.5	+21%
交通经济效率3	GDP/（人·公里）	1.47	1.19	-19%
	GDP/（吨·公里）	3.74	3.82	+2%
	GDP/NMM	3.87	3.93	+2%
	GDP/ 交通能耗	22.6	19.1	-15%

欧盟 15 国的交通强度的测度[1]　　　　　　　　　表 3.10

注释：净质量移动量将出行距离转换为质量，这使得客运和货运可以统一起来。在转化计算中，人的质量取值为 90kg，包括行李重量。

1. 1970 年，只有 6 个国家是欧盟成员，但是为了比较，1970 ~ 1995 年的数据是目前 15 个欧盟成员国的。
2. 此处的数据是指总交通能耗，包括客运部门和货运部门。
3. 这里的计算包括了欧盟的所有成员国，但是德国由于缺失 1970 年的数据而被排除在外。

资料来源：Stead（2000a）

3.6　社会与经济的变化

这里介绍交通强度是如何在不同时期发生变化的。发生在经济领域的变化很有可能对交通系统的效率产生影响，可能造成交通强度的增加或减少。这包括非物质化、新的生产工艺、客户驱动的网络和全球化等。这些都将影响货运部门的交通强度。下面将简要概述一些重要的观点。

非物质化能对交通强度产生根本的影响。尽管产品材料的强度会降低，但是经济增长和需求增加会使得物质消费增加。据估计，非物质化可能导致 1995 ~ 2020 年之间货运量减少 15% ~ 20%（Schleicher-Tappeser et al., 1998）。通过提供产品的耐久性，货运交通量将进一步减少，但是这需要在追求高质量和利用创新技术之间取得平衡。

另一个影响交通强度的是全球化生产正逐步转向"全球本土化"[3]生产。传统的观点认为集中生产可以利用聚集效应。然而，灵活的专业化发展提供了一个新的思路，对全球化生产模式进行补充：区域市场消费当地生产的产品（Piore and Sabel，1984）。由于生产规模较小，所以便于引进新的专业化的生产方法。例如在德国南部的 Baden-Wurttemberg，很多奔驰的汽车制造厂的总部在 Stuttgart 或者附近。许多汽车零部件都来自于 100km 范围内，下订单后 1 小时便可收到货物（Schleicher-Tappeser et al.，1998）。地方性的生产网络缩短了出行距离，减少了货运交通量。然而，这种极为便捷的采购方式也意味着有更多的出行次数。综上所述，在 1995 ~ 2020 年间，货运交通量可能会减少 20% ~ 30%（Schleicher-Tappeser et al.，1998）。

新的生产方式很可能会打破生产活动与货物运输的紧密关系。经济规模量、专业化生产、大市场的规模效应正在被质疑。消费驱动模式意味着产品需要有个体化差异。在知识技能不是约束条件的情况下，这使得当地的小规模生产成为可能。

然而，这仍有很长的路要走。因为全球化和国际化已将价值观和生活方式同化，地区的独特性受到很大的冲击。同样，政策上也通过自由贸易、市场策略、补贴农民、放松交通运输的管制、私有化、保护消费者等手段，进一步鼓励国际化。真实的界限并不是国界线，它变得很宽。研究交通强度时必须意识到这一点。这里涉及"泄漏"问题，例如环境成本很可能会影响到不同的国家，而不仅仅是生产地和消费地。最乐观的看法是，如果脱钩策略得到较好的实施，那么货运交通的需求将在未来 20 年内保持不变（至 2020 年）。

在客运方面，稳定的交通需求似乎是难以想象的，特别是在财富和休闲时间都增加的情况下。想要使得客运交通量增长与经济增长脱钩，必须采取一系列的手段，如减少交通量和出行距离，提高交通效率。脱钩效果与货运交通受到一些共同因素的影响，如通过更有效的方式使得交通非物质化，通过重新组织当地的生产消费模式，建立新的交通模式（Banister et al.，2000）。

3.7　结论

交通强度似乎提供了一个监测进展和保持经济增长的手段，且同时确保了交通资源得到最有效的利用。如前所述，一系列的政策干预可以改善交通情况，如减少出行距离、使用最有效的技术。这些因素在 3.2 节中进行了详细讨论。公共政策的干预对交通强度是有效的，如通过提高用户成本来补偿环境成本，在规划的地方发展公共交通。主要的问题是决策者不愿意实施最有效的政策，因为这往往意味着要对小汽车进行需求管理。这些干预手段将在下两章加以讨论。

欧盟 15 国和美国数据的不一致，使得比较分析变得困难。除了通常的定义问题，交通记录方面也存在不同。在美国，国内的交通被记录，但在欧盟 15 国，每个国家各自记录，然后欧盟再进行加工。这意味着每个国家的数据是好的，但它只涉及在欧盟范围内的航空交通。这就提出了一个有趣的观点，即因为美国的国土面积是欧盟的三倍，所以期望的出行距离要比欧盟 15 国更长（表 3.3）。然而，当与 GDP 的增长同步时，欧盟 15 国和美国的交通强度差异不大，这表明，在美国，长距离的出行通过卡车和铁路进行了整合。然而，美国的出行距离仍远高于欧盟，因此，美国的交通资源的消耗也较欧盟高。

在本章的开始，对可持续发展提出了几种不同的解释——从弱可持续性到强可持续性的经济论点。本书一直围绕弱、强可持续性这一主题展开。"弱"的可持续性是指在交通层面允许使用更多的资源，但是要低于目前的增长趋势。这是一个相对脱钩的策略，GDP 的增长率高于交通量的增长率。这在美国已经很明显，但欧盟 15 国的交通增长仍然高于 GDP 增长。这类似于经济论证（见 3.1 节）。"强"可持续性是指在维持 GDP 增长的情况下，资源使用量的绝对值要减少。这是一个很困难的目标，除非在交通政策或其他行业政策方面发生相当大的改变（见第 11 章）。它还质疑过度使用 GDP 作为衡量经济增长的手段，并认为应该考虑更多的福利指标（见 3.4 节）。这种观点与生态视角相合，将自然资本视为可持续发展的关键。对社会可持续发展需要有一个正确的理解，这直接影响它的实施效果。这里面包括公众接受度、道德责任、教育和医疗等软措施。

注释

1. 车辆包括汽车、卡车、摩托车、客车。

2. 要判断货运和客运部门的能源效率趋势，需要更加详细的能耗数据。

3. 全球本土化是指整体与局部相结合，整个生产活动仍然由大型跨国公司控制，但在特许经营下，产品在当地生产也在当地消费。

第 4 章
公共政策与可持续交通

4.1 简介

可持续交通的发展是一个难以定论的难题，而且它似乎主导着目前关于交通政策的讨论。在诸多观点中，有一种绝对的观点认为所有交通行为都是不可持续的，因为交通行为消耗了资源。在所有交通出行中，步行和自行车最接近可持续的概念，因为他们消耗非常少的不可再生资源，但其他资源依然会被消耗，例如空间。空间的过度使用在一定程度上也可理解为消耗了不可再生的资源，尤其是在这种空间非常稀缺的时候。当然，这一理论会在第六章继续讨论，而此处把对步行和自行车空间的个人需求看作是可持续的。我们越深入地研究交通，就会发现越来越多的资源被消耗，尤其在能源和外部性方面。所谓的交通领域的负面外部性，包含了排放的污染、交通事故、噪声以及拥堵等内容。此外，还有水污染和土壤污染，汽车工业的废料，对公共空间的侵占，对生态系统的破坏以及视觉干扰等（Maddison et al., 1996）

所有机动化交通方式都会消耗不可再生资源并产生一定的负面外部性。通常人们认为公共交通方式比私人交通方式更可持续。但仍然有人对公共交通的相对效率持怀疑态度，认为只有在达到一定的假定条件下才能实现，如一定的上座率和行驶速度。而实际的运营状况是否达到假设，有待观察（表4.1）。对此没有一个简单的关系或者答案，但是普遍的原则还是显而易见的。

关于可持续交通，人们总是最先想到步行和自行车。其次是高上座率的公共交通（包括铁路、巴士、有轨电车和地铁），有些情况下，

英国各种交通方式的主要能源消耗 表 4.1

方式		载运人数/ 空间 1992 年（2002 年）	MJ/ 车公 里	1992 年 MJ/ 座 公里	MJ/ 人公里	MJ/ 车公 里	2002 年 MJ/ 座公 里	MJ/ 人公里
航空	长距离 >1500km	255	344	1.35	2.08	332	1.30	1.73
	短距离 <500km	100	185	1.85	3.08	178	1.80	2.57
铁路	长距离 （TGV/ 欧洲 之星）	377	170	0.45	1.18	170	0.45	0.92
	短距离（当 地铁路）	313	91	0.29	1.04	91	0.29	0.81
地铁	伦敦地铁	555	141	0.25	1.00 ~ 1.67	141	0.25	0.75 ~ 1.00
轻轨和有轨电车		265	79.8	0.3	0.91 ~ 1.20	79.8	0.30	0.75 ~ 0.91
巴士		48（40）	14.7	0.34	1.03 ~ 1.70	12	0.30	1.00 ~ 1.78
货运车					2.94			3.12
出租车		4	3.3	0.83	2.94	2.7	0.67	2.41
小汽车		4	3.7	0.92	2.08	3.02	0.77	1.87
摩托车		2	1.9	0.95	1.73	1.9	0.95	1.74
自行车		1	0.06	0.06	0.06	0.06	0.06	0.06
步行		1	0.16	0.16	0.16	0.16	0.16	0.16

注释和假定：

1992 年

1992 年的能耗模型使用百万焦耳（MJ）为单位，并包含了维护方面的能耗。小汽车和摩托车的平均运载数据来源于国家（GB）层面的保有量（Department of Transport，1993）。在上座率方面，假设：短距离航空为 60%，长距离航空为 65%；长距离铁路为 38%，当地铁路为 28%；地铁为 15% ~ 25%；轻轨为 25% ~ 33%；巴士为 20% ~ 33%。货运车的上座率为 2.3，小汽车的上座率取平均值 1.76（通勤为 1.2，非通勤为 1.85），摩托车上座率为 1.11，出租车为 1.13。本表中航空方面的估值取较小值，而其他研究者如 Scholl 等人则给出了 3.33MJ/ 人公里的估值。

2002 年

2002 年的模型在车辆保有量、效率和上座率数据上作了更新。短距离航空上座率为 70%，长距离航空为 75%；长距离铁路为 49%，短距离为 36%；地铁为 25% ~ 33%；轻轨为 33% ~ 40%。货运车的估值相同，巴士降至 17% ~ 30%(车辆尺寸不同)，小汽车为 1.62；摩托车为 1.09；出租车为 1.11。需要注意的是，人公里的单位与上座率数据紧密相关。

资料来源：Banister（1997a），Hughes（1993），Stead（2000b），CEC（1992），Scholl, Schipper and Kiang（1994），数据更新来源于 ONS（2003c），Van Essen 等人（2003）以及 EC（2003）。

还包含小型清洁汽车。再者是高速铁路和其他类型的汽车。出租车和货运车构成了第四梯队，航空运输是第五梯队。航空运输的问题有些特殊，因为飞行中使用了大量的燃料，同时运输的距离也非常长。现在对于发展更可持续的航空运输市场来说似乎还比较遥远。目前，大部分可持续交通发展的公共政策还是针对小汽车的，而不是其他的运输形式。

在1992年到2002年的10年间，小汽车发生了一些有趣的变化，除了上座率降低之外，小汽车变得更有效率了。小汽车的客运人数周转量上升了12.2%，车次周转量增长了16.1%，但是燃料消耗只增长了5.4%。对于这个现象的部分解释是有相当数量的小汽车改用柴油（2004年小汽车使用了所有柴油燃料的25%，而在1992年这个比例只有10%），因为柴油的燃油效率更高。小汽车市场在此期间似乎经历了能耗效率的提升，新生产车辆的能耗标准从1992年的30m.p.g（9.4升/百公里）改变为2002年的35m.p.g（8.0升/百公里）。目前，整个市场小汽车的平均能耗为32m.p.g（8.9升/百公里）。每辆车的使用率有所下降，这可能是家庭小汽车保有量增加造成的结果（27%的家庭拥有两辆或更多小汽车）。但是，这期间，小汽车市场的规模却增长了22%（达到了2450万辆，ONS，2003c），这与汽车购买成本的下降有关（表3.7）。小汽车交通的可持续发展可谓综合而复杂，在能耗效率提升的同时，又有能源消耗总量上升和上座率降低的抵偿。

有三个重要原因解释了为什么交通运输应该减少对不可再生燃料资源的依赖并且变得更可持续（OECD/IEA，1997）：

1. 能源安全。尽管有一些可能的长远替代品，交通运输行业仍然几乎都依赖于石油。这对高度机动化的成熟经济体和向机动化转型的新兴经济体都存在潜在的威胁。要应对能源安全和气候变化的挑战，就应该更有成效地使用石油资源并发展可替代的燃料。

2. 环境保护。与交通有关的全球和本地污染问题不断增加，对于减排的政治壁垒也很高（特别是对航空行业）。所以，需要采取措施来保证交通行业能够为国际（如《京都议定书》）和地方的环境保护行动做出应有的贡献。

3. 经济竞争和全球化。经济对于交通运输非常依赖，同时交通运输是推动全球化进程的关键因素。许多全球化发展和长供应链的实现都需要高品质和低价的运输服务。因此，保证交通运输的质量和强度，又保证运输的价格稳定是非常重要的。

本章希望把问题聚焦在公共政策对于实现可持续发展交通的作用上。很大程度上，实现这一目标的措施是众所周知的，但是现实中实施这些措施却令人失望地缓慢。作者认为当前大多数的政策是通过一系列的技术、经济和规划干预来降低交通出行率的。在此过程中存在大量的实施障碍，此外，决策者似乎也越来越依靠技术方法解决交通可持续发展的问题。

实施措施的障碍和克服它们的方法是并存的。但即使是成功实施的交通政策，想的和真正做的之间还是存在很大的区别。即使是那些发生很大改变的地方，它的作用范围也是很有限的。总而言之，只有真正改变个体的行为选择和人们想要的生活模式才能实现目标。因为只有当人们知行合一的时候，才能最准确地判断交通政策的作用有多大。

4.2 全球视角下的公共政策

在世界范围内，已经出现了普遍接受将减少二氧化碳和其他五种温室气体的排放量放在首位的变化（见案例 2.1）。政府间气候变化专门委员会（IPCC）估计，如果要实现减排的目标，我们需要显著地减少一系列温室气体的排放——60% 的二氧化碳，20% 的甲烷，50% 的含氢氯氟烃，75% 以上的一氧化二氮以及 75% 以上的含氯氟烃 11 和 12（Houghton et al.，1990）。

正如在章节 2.5 中提到的，各国政府在 1992 年的里约会议中首次自主确认减排目标。1997 年有 39 个发达国家同意（须经批准），设置了一系列强制性目标的《京都议定书》发挥了更大的作用。这些国际协议中，各国设定的二氧化碳减排量为：欧盟和瑞士减少 7%，美国减少 8%，加拿大和日本减少 6%。但也有一些国家是增加的（冰岛增加 10%，澳大利亚增加 8%，挪威增加 1%，见表 2.3）。1990 ~ 2010

年之间全球总体的计划排放减少了 5.2%。因为设定的目标是现实的、有强制性的，全球性公共政策能够有这样的突破已经令人鼓舞了。一些国家（如英国和荷兰）甚至设置了更具挑战性的高达 20% 的减排目标，但离 IPCC 要求的水平还有很大的距离。

虽然全球变暖和温室气体排放的机制还没有被研究透彻，但是目前依然有充分的理由支持采取预防的原则和行动。基于所有碳基燃料中的二氧化碳排放，交通运输行业成为全球气候变暖的一个重要因素（英国皇家环境污染委员会，1994，1997）。在大多数发达经济体中，交通运输占二氧化碳排放总量的 25% 以上，而且这是惟一的将继续增加排放量的主要经济部门（表 4.2）。这是居民收入水平提高、城市生活模式的传播、对小汽车（和货车）的依赖以及航空运输增长的直接结果。在过去的 20 年里，许多发达国家的汽车保有量水平和行驶里程已经翻番，而这一指标预计将在未来 20 年继续提高 70% 以上（OECD，1995；表 2.2）。

全球范围内，在 1990~2000 年间，二氧化碳排放量增加了 13%。即使是对于发达国家，这一涨幅也算很大了。欧盟 15 国、美国和日本占到了排放总量的 43%，而新兴经济体也呈现出较快的增长，但两者之间的差距还没有缩小。交通运输领域没有减少排放就意味着对于总量而言，它的涨幅就更大了，增加了 30%。其中大多数排放为公路运输（84%）和航空运输（14%）。如果要发展全球性的可持续交通，有一系列重要问题需要说明：

1. 发达国家应设置目标，在减少能源消耗和降低碳排放水平方面做出表率，这样至少能抵偿其他发展中国家短期内能源消耗和排放量的增加。

2. 各国推出可交易的排放许可或许是实现所有目标的关键。这种投资可以投向存在节约能耗商机的发展中国家。当前的问题就变成了究竟是谁希望节约能耗，投资发生在哪些国家，又由哪些国家出资。

3. 采取有效行动的责任首先由几个主要国家承担——美国、加拿大、日本、俄罗斯和欧盟。除非这些国家在国内政策和技术投资方面作出重大突破，否则就不会有任何有助于京都议定书目标实现的进展（表 4.2）。

4. 目前尚无有效的技术手段来减少二氧化碳的排放，因为所有碳基燃料都会产生二氧化碳。所以，想要减排只能通过减少交通出行、提高出行效率（更高的燃油效率，更好的设计，或者更高的负载率）、使用替代能源或可再生能源（太阳能或燃料电池）、转用非机动交通、转用集体形式的交通（如公共交通）以及转用可以替代出行的服务（如远程办公和远程购物）来实现。其他排放物，例如一氧化碳（CO）、挥发性有机化合物（VOC）、氮氧化物（NOx）、一氧化二氮（N_2O）、碳氢化合物（HC）、颗粒物（PM_{10}）和甲烷（CH_4）都可通过催化转换器技术进行控制。

1990 ~ 2000 年全球和交通行业碳排情况

全球——百万吨 CO_2　　表 4.2

国家	1990 年	2000 年	增长率	1998 年交通行业	1998 年交通行业占总体碳排比重
欧盟	3115	3161	+1.5%	872	27.8%
美国	4826	5665	+17.4%	1771	32.2%
日本	1019	1155	+13.4%	278	24.7%
俄罗斯	1284	1506	+17.3%	219	14.9%
中国	2290	3036	+32.6%	137	4.5%
印度	583	937	+60.7%	n.a.	n.a.
总体	20721	23422	+13.0%		

交通——百万吨 CO_2

欧盟	铁路	道路	航空	内河航运	总体	交通占总体碳排比重
1990	8.9	625	82.2	19.6	735.7	23.90%
1995	8.4	675.6	96.2	20.5	800.7	26.20%
2000	7	762.3	126	15.1	910.5	28.70%

资料来源：EC（2003）

当前，公共政策中最悬而未决的问题是关于达成《京都议定书》（1997）目标的过程是否比结果更重要的讨论。如果各国同意将 5.2%的总体二氧化碳减排量作为主要目标，那么它是可能的。但这不是由39 个发达国家减排来实现的，而是通过赋予美国无限制地购买国际排放额度许可来实现。美国将通过植树造林、从那些已经超额完成指标的国家购买额度和投资他国环保技术来为其国内的减排履行义务。美国并没有朝着《京都议定书》中签订的 7%减排目标前进，其二氧化碳的排放量增加了 17%（1990 ~ 2000 年，表 4.2）。现在要想达到《京都议定书》的目标，美国必须在 2010 年排放量的基础上减少 30%，但这是不可能实现的（Frank Loy，美国全球事务副局长，2000 年 7 月）。

这个问题是海牙气候变化公约会议（2000）讨论的一个主要议题。欧洲希望限制美国只能从其他国家（如俄罗斯）购买不超过 50%的排放额度，否则美国将"逃脱"减排的责任。如果在碳排放额度交易上没有任何限制，交通运输占全球二氧化碳排放量比例将从 37%增加到大约 45%。即使在美国，在行业变革的背景下，现在也有明确的信号显示人们希望采取行动作出改变。由于海牙会议上没有达成什么共识，各国政府试图在波恩（2001）解决碳排放额度交易上的僵局，但也没有达成预期的进展，尤其是当美国前总统布什宣布不会批准《京都协议定书》之后。

在全球层面，有很多人怀疑《京都议定书》的目标是否能实现，特别是在交通运输领域。虽然交通运输可能在减排的众多目标中不那么显眼，但它仍然可以对减排发挥重要作用。似乎只有赋予美国无限制地购买其他国家的可交易额度许可的权利，才有可能实现其"国内"的减排目标。但是，这让每个国家在减排事务上的道义和责任无法体现。这也会导致更少的驾车人有意愿向政府施压实施可持续的交通发展政策。

惟一能替代京都议定书目标的似乎只有 Contraction and Convergence（C&C）（见 2.5.4 节）。这是一个三阶段的过程，其中最初的一步是设定二氧化碳排放量的上限。一旦整体的限制达成共识，就有必要确定排放到大气中各气体的比例，使实现整体目标的减排率能够被估算出来。第三阶段是给每个国家分配最大排放量（Meyer，2001）。但最后的分配过程仍可能充满争议，因为这一数值应该公平地分配到每个国家。解决此潜在问题的方法是设定一个逐渐减排的过渡期，同时也进行各国间排放额度许可的交易。这样的协议将使资本从发达国家流向发展中国家，并且形成强烈推力以提高能源利用效率和减少对化石燃料的依赖。然而，设计这一体系可能只是漫长而艰难过程的第一步。正如我们看到的过去10年发生的事情（从里约到京都，从海牙到波恩），使全球在环境方面达成一致是相当困难的，而寻找更包容的方法的进展也十分缓慢。也许只有地方一级的政府才能对可持续交通发展的公共政策产生较大影响。

4.3　本地视角下的公共政策

我们看到的大部分可持续交通政策是在地方这一层面出现的。但即使如此，其实施过程中也有很多阻碍。这些措施在很大程度上是众所周知的，并且决策者也知道该为可持续交通发展做些什么（至少在原则上）。可用的政策选项基本上可分为三类：技术政策；经济和财政政策；土地利用和发展政策。除了这三种基本类型之外，还需考虑立法方面的内容。在任何情况下，政策的目的都是相同的——最有效地利用现有交通基础设施，并使用最合适的技术以减少对资源的消耗。更详细的内容会在本书第二部分讨论，但在这里，作者希望对可持续发展交通公共政策的影响予以概述。

技术政策的作用

科技和交通是密不可分的，因为技术在改变运输方式、控制现有基础设施、确保车辆运行效率以及提供实时信息等方面起着关键作用。

当前，任何新车辆的成本中都有超过30%与技术有关。这一比例还会持续增加，特别是在发动机管理系统、车辆维护监控系统和新一代导航系统方面（Banister，2000C）。在这些技术的帮助下，出行变得更便利，人们的出行次数也随之提高。

在未来，技术的作用不仅需要体现在提高交通可靠性和效率上，还应最大限度地减少交通出行。创新思想对于简化生产过程中的运输环节是必不可少的（如区域化配电网络可以减少煤炭运输）。相对于在全球各地建厂生产，企业可以将工艺技术输送到当地的生产单元，使生产变得当地化。同样，当就业岗位更多地向以服务和技术为基础的产业转移时，物理上的运输需求就可减少，因为产品（例如计算机）更具有价值，单次运输的成本就会降低。这可能对货运向非物质化的转化有显著影响。

第二个根本的技术变革是不断寻找新的清洁燃料。技术研发为新式运输方式提供了巨大的机遇，主要是基于新的燃料和减少对石油（不可再生的化石燃料）的依赖。这里包括：

- ◆ 电动车辆——必须计算全生命周期的总能耗链，因为污染可能只是从车辆转移到了发电站。
- ◆ 甲醇和乙醇——利用生物质能等可再生能源（如甜菜、油菜含油种子）生产出来。传统发动机作轻微调整即可运行。
- ◆ 氢燃料电池——基于水而产生，所以完全"清洁"，问题在于其存储和生产过程。

到2020年，大部分车辆可能是清洁的（在燃料方面），其中车队车辆、递运车辆和公共交通车辆可能是最先转变的。一个更难解决的问题是城市中的柴油发动机，因为它的氮氧化物和颗粒物的排放水平很高。虽然在其他方面（例如燃料消耗量）柴油是优选的燃料，但技术尚不能清理柴油车辆排放的废气。这种技术可能到2020年左右实现，但在此期间，我们有必要发展混合动力车辆，即城市中行驶由电池供能，城市外行驶由柴油（或汽油）供能。一些汽车厂家，如丰田（普锐斯）已经在市场上有所作为了。

未来似乎不会出现一类特定的理想车辆，而一系列"小众车"将不断涌现。在城市内行驶的，能够私人订制，同时只有传统汽车一半大小的小型汽车已经越来越普及（如戴姆勒—奔驰和斯沃琪合资生产的 Smart 汽车）。但在美国，相反的趋势正在发生，尺寸更大、能耗更高的 SUV（Sport Utility Vehicle）相当流行。

无论未来的道路如何，现在都要行动起来研发需要的技术。在公共政策方面应该给交通行业以明确的信号与投资新技术的激励机制，例如目标可以是零排放车辆在城市新增车辆中的占比。美国加利福尼亚州就提出了所有新增车辆中零排放车（即电动或甲醇）的比例在2004 年前达到 10%（15 万辆）的目标。这个目标在汽车制造商的巨大压力下被推迟了，但依然被重申（现在的目标为 2008 年）。加州还要求给更清洁的车辆（例如混合动力车，不一定是零排放车辆）以积分（credits）。在欧洲，欧盟和汽车制造商之间则有自愿协议，要求新车每公里减少二氧化碳排放量从 185 克（1995）降至 140 克（2008）。这两个例子说明了明确政策指导的必要和建立制造商之间排放额度交易市场的可能。即使有强大的顶层决策，这一过渡阶段可能也要 10年左右，因为需要考虑建立新的整车生产流程和市场的培养时间。

除了政府的政策，企业和个人也应表达愿意和采取行动。例如企业通过在自己的领域促进技术革新，以便在生产过程中减少运输环节，或通过采用最先进的技术的车辆，包括使用电动和混合动力汽车以及新燃料电池技术。促使人们支持环保汽车在城市和企业的配套设施建设也是必要的措施。还可以建立创新基金，在公共交通方面（包括出租车）推广环保技术。在所有行业，出行者都可以最大限度地使用互联网、电子商务和其他形式以尽量减少出行需求，这是提高公司内部生产效率的关键因素。

即使环保汽车搭载氢燃料电池成为现实，我们仍然离可持续交通相去甚远。因为不可再生资源在车辆的结构中被使用（不是车辆所有部分都可被回收），同时氢燃料电池也使用了稀有金属。此外，生产氢燃料的过程中也有实质性的碳排放成本。而且生产出的车辆也需要空间和配套设施建设，这也会造成一些和当前相同的问题，比如道路对环境的影响。技术可以使汽车更环保，但这只是可持续交通解决方案的一部分，因为还有很多其他方面的外部性要考虑。

经济和财政政策的作用

交通拥堵导致大量外部性影响，主要是通过供求矛盾造成的。人们常说交通运输很便宜，而这就是交通需求增加的原因。所有需要做的就是增加出行成本并减少出行需求。经济学的观点认为交通运输的社会成本（主要是拥堵和环境问题）可以通过价格机制来内化解决。大多数政府从燃料上收取了大量税收（表 4.3），典型的税收比例为汽油价格的 63% 和 74%，柴油则略少一些。

事实上英国政府这些年来每年在燃油税上至少增加了 5%。在交通运输领域，这是追求减排目标的主要政策。在 6 年时间里（1994 ~ 2000 年），英国每升燃油的价格从 45 便士增加到了 85 便士，其中 70 便士是税收和关税。如果没有政策的作用，其零售价大约只有 60 便士。而现在有相当大的民愤，尤其是工业方面的，认为这样的油价使英国工业在全球没有竞争力。他们认为英国油价在欧洲是最贵的，也比美国的价格超过了 4 倍（表 4.3）。出于工业发展和其他利益，尤其是农村地区利益的压力，现在的油价有了回落。

Acutt and Dodgson（1998）认为增加燃油税不能把 2000 年的二氧化碳排放量稳定在 1990 年的水平（里约会议的目标）。即使皇家环境污染委员会（1994）出台了更严厉的措施，即燃料价格到 2005 年翻一番（相当于燃油税每年增长 9%），稳定碳排放的目标也只在 2004 年一年里实现。燃油价格的翻番使所有交通方式的出行距离降低了 16%，其中小汽车出行距离降低了 20%。稳定碳排放所需的时间取决于道路交通的增加率、运输周转量和人们对于燃油价格增加的敏感度。现在看来，国家层面的定价策略对它的影响比较有限，因为出行需求相对于价格的弹性更低，同时需求的增长也抵消了碳排放的减少。由于没有充分考虑到实际的成本，设定这些目标时似乎总是会出现问题。

40 年前 Smeed 报告（Smeed Report 1964）中的道路拥堵收费概念一直处于休眠状态，但在现在的城市层面，这一措施被认为是解决拥堵和环境问题的最佳途径。除了新加坡和挪威一些城市的设立警戒线的

国家	无铅汽油		柴油	
奥地利	82	64%	68	57%
比利时	92	69%	68	59%
丹麦	104	70%	86	60%
德国	99	73%	79	66%
芬兰	101	70%	74	57%
法国	96	74%	73	66%
希腊	69	56%	59	55%
爱尔兰	81	64%	73	57%
意大利	99	68%	81	64%
卢森堡	73	59%	60	53%
荷兰	113	68%	74	59%
葡萄牙	83	69%	61	57%
西班牙	77	62%	65	56%
瑞典	96	70%	86	57%
英国	110	77%	113	76%

欧盟的燃油零售价格和税率　　　　　　　　　　　　表 4.3

注释：数字为每百升燃油价格（美元），百分比为税率水平。
资料来源：ONS（2003c）

形式之外，世界各地许多大城市都在考虑这一措施的可能性。2003 年 2 月伦敦市中心实施拥堵收费后（见第七章和第八章）引起了各方的兴趣。燃料价格上涨和道路拥堵收费这两个措施都可能面临情况的反复，因为不想支付高成本的人群可能被接受支付高成本的人群所替代。需求管理可以阻止部分小汽车出行，但间接地也会鼓励一些人使用。

土地利用和发展政策的作用

　　城市政府采取的适合他们的公共战略政策大多数是属于这一类型的政策。表 4.4 总结了一些主要措施——土地使用政策、技术政策和交通政策。其中许多措施与技术和经济政策是重叠的，但给城市和地方各级政府提供了参考。

可持续交通发展的公共政策措施 表 4.4

政策类型	政策措施	政策目标	实施范围
1. 土地利用政策	"无车"型开发	可持续交通可达性	场地项目
	新的开发设计	可持续交通可达性	场地项目
	公共交通站点周边的开发	可持续交通可达性	地区
	混合使用开发	可持续交通可达性	场地项目
	趋向集中的城市开发	可持续交通可达性	区域
2. 技术政策	需求响应交通	公共交通使用	线路 / 车道
	家庭的货物和服务速递	减少小汽车使用	区域
	智能交通	提高运输效率	区域
	远程活动	信息技术替代传统出行	非空间
	远程办公	信息技术替代传统出行	非空间
	交通系统优化	提高运输效率	区域
3. 交通政策	区域限制通行	减少小汽车使用	地区
	高峰拥堵治理	提高运输效率	区域
	小汽车合乘	减少小汽车使用	区域
	小汽车共享	减少小汽车使用	区域
	弹性办公时间	提高运输效率	区域
	自行车优先策略	慢行交通使用	线路 / 车道
	HOV 优先策略	公共交通使用	线路 / 车道
	公共交通优先策略	公共交通使用	线路 / 车道
	媒体宣传	减少小汽车使用	非空间
	价格优惠	公共交通使用	区域
	停车换乘（P+R）	公共交通使用	区域
	停车收费	减少小汽车使用	地区
	停车供给限制	减少小汽车使用	地区
	道路容量限制	减少小汽车使用	线路 / 车道
	道路拥堵收费	减少小汽车使用	区域
	宁静交通	减少小汽车使用	区域
	自行车补贴	慢行交通使用	区域

政策类型	政策措施	政策目标	实施范围
3.交通政策	公共交通设施投资	公共交通使用	区域
	公共交通补贴	公共交通使用	区域

注释：表中的政策目标为每项措施的主要目标，但有些措施可能是多目标的。例如小汽车合乘、价格优惠、HOV 优先策略和停车换乘（P+R）的目标既是减少小汽车使用，也是鼓励公共交通使用。

表中"实施范围"的解释：线路/车道为交通走廊，场地项目为特殊的节点，地区为当地社区层面，区域为城市或乡村层面，非空间则是灵活的定义。

HOV 为高载率交通车道。

资料来源：Banister and Marshall（2000）

在实现可持续交通发展的过程中，有几个政策目标正在得到解决。一些政策希望不断增加自行车和公共交通的使用，一些政策则希望减少小汽车的使用。另一些政策希望提高可持续交通设施的可达性，通过土地利用和设施布局形成新的出行模式，而其他政策则希望改善出行效率。技术发展在此过程中是矛盾的，因为它的"跳闸"效应可能会改变出行方式，但它也可能鼓励新的活动和出行。政策运行的效果往往在组合实施的时候能够最大化，而独立实施的政策则效果欠佳。可持续交通发展的政策具有巨大潜力，但当前进展还比较缓慢。

4.4 实施的障碍

在一定程度上，可持续交通发展的公共政策制定是比较明确的。因为一旦政策确定，它就或多或少被实施，公众也会按照预期作出行为改变。但是当政策效果达不到期望时，民众会承担责任，因为公众一般会拒绝按照决策者的想法行动。一方面是政策措施的假设，另一方面是公众的行为与之相悖，这一情况通常被称为政策——行为背离。Salomon 和 Mokhtarian（1997）指出，对于交通拥堵方面的政策——行为背离，个人出于自身利益，可以有一系列的策略，不按照政府的想法做。

不过，公众"非理性"的行为也可能是由于交通政策执行不力导致的。在政策制定中，不仅要考虑公众行为的预期，也要有实施政策的行动计划。Smith（1973，p.199）在《政策执行时的问题可能比想象更多》一书中认为，如果一个项目是新的、非增量的，那么政策实施的困难就可能显现出来。可以想见，这对于可持续交通发展的政策是适用的。比如通常应对小汽车使用的方式是增加设施供给，但这又会导致对于更高可达性和容量的交通需求的增加。

有一些障碍会阻碍政策按计划实施。他们可以削弱政策的实施潜力，甚至使其不能被实施。这些障碍可分为 6 个主要类别：

1. 资源障碍是显而易见的障碍。要实施一个政策，必须要有足够的财力和物力资源。如果这些资源不能及时提供，政策将被推迟。缺乏资金落实与体制性障碍是密切相关的，当地方、区域和国家政府主管部门不同意某一政策时，他们不可能有提供资金的计划。

2. 涉及不同机构或各级政府之间的协调行动的体制和政策障碍。大量的公共和私立机构会参与到交通运输政策的实施中，这意味着政策执行机构难以实现协调的行动。有时，这也是部门之间文化差异导致的（例如官僚主义与市场自由的对抗）。在其他情况下，政府机构之间法律权力的差异也会影响措施和方案的落实。另外，实施政策的机构本身必须堪当其职。不稳定的行政组织和不合格的执行人员可能会削弱政策的实施效果（Smith，1973）。

3. 来自公众接受度的社会和文化障碍。虽然有些政策措施可能在理论上是有效的，但如果人们不接受它们，其结果将收效甚微。公众的接受程度往往取决于能否提出有效的"推"或"拉"措施（基于限制或鼓励的策略）。总体上说，"拉"的措施往往更受欢迎，例如增加更多可持续的交通模式。另一方面，"推"的措施则经常不受欢迎，比如很多人都不愿意放弃拥有和使用小汽车的自由。社会的接受程度与出行者、当地企业单位和将受到新措施影响的其他机构有关。

4. 法律法规的障碍。很多交通政策和措施需要在法律法规上作出调整，这些法律法规可能与交通领域相关，也可能涉及其他领域。如果法律框架使交通政策的实施变得更困难，甚至不可能，法律法规的障碍就会产生。它们可以分为几个层次。例如设计和发布与交通有关的方案在几乎所有国家都被政府法规和政令限制。虽然许多限制是合理的，但有些也会对创新的解决方案产生阻碍。当执行交通政策需要改变交通领域之外的法律法规时，可以预见人们需要投入更多的精力促成此事。

5. 来自交通措施副作用的障碍。几乎每一项政策措施都有一个或多个副作用（副作用可以是积极的或消极的）。如果执行政策时伴随很大的副作用，这可能会阻碍这个政策，令其实施变得更困难，尽管有些副作用可能只对政策本身产生有限的直接影响。例如宁静交通措施不仅降低了小汽车的速度，同时也造成了公共交通的不便，并且它可能带来交通事故形式的改变。一般很难预料交通政策积极和消极的副作用，例如道路拥堵收费。但这些副作用对于促进措施的实施起到了至关重要的影响。

6. 其他的障碍可以是空间或地形上的限制。例如城市某些郊区没有足够的空间建设停车换乘设施（P+R 设施），而丘陵地形可能使推广自行车出行变得不切实际。

Banister 和 Marshall（2000）对大量已经实施的政策进行了实证调查，并对可持续交通发展公共政策的障碍进行评估。其资料来源于对决策者和执行机构的采访，决策过程中的障碍没有计入这次分析。在一些情况下，我们还能找到类似对政策实施过程的研究。这些研究从交通政策如何得以实施、实施的效果或者政策的成功之处等方面都能给其他城市提供有用的范例信息。

结果发现，61 个调查案例中只有一个没有任何形式的实施障碍（图4.1）。这个案例是奥尔堡（Aalborg，丹麦）的无障碍巴士站改造——一个有代表性的、便宜的"拉"措施的例子。而其他案例不得不面对一个或多个实施障碍，其中有 2 个案例遭遇了所有类型的障碍。这两个案例是布加勒斯特的公交枢纽建设（Bucharest，罗马尼亚）和苏黎世的宁静交通措施（Zürich，瑞士）。

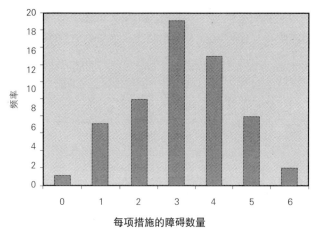

图 4.1 障碍类型频率分布

资料来源：Banister and Marshall（2000）

实施障碍的形式是多种多样的。有时它们的影响有限，但在其他情况下，他们可能会严重阻碍措施推进。对于每一个措施而言，障碍的影响以实施过程中该障碍是否出现作为评价标准（图 4.2）。如果出现了障碍，研究者还阐述了其原因。该直方图以严重性为标准，给出了每一类障碍出现的频率，为我们展现了各种障碍的影响大小。

结果表明，资源障碍发生最为频繁，其次是体制和政策障碍以及社会和文化障碍。交通措施副作用的障碍和空间障碍的比例最小。在障碍的严重性方面，似乎大部分类型都有占比，但它们均被克服了。其中，18％的资源类障碍阻碍了交通措施的良好实施。而措施的副作用几乎不影响实施进程。

列出措施实施过程中的障碍清单似乎很容易，但政府官员必须权衡各方利益并把资金用在"公共利益"上。一个政策聚焦于特定目标，比如可持续发展，可能包含了广泛的行动或配套措施，而交通运输只是其中的一个因素。为了实现可持续发展，我们的视野不能局限于单个部门。Banister（1998b）认为缺乏部门间的相互作用是实现城市可持续发展的主要障碍之一。其次需要提到的障碍是决

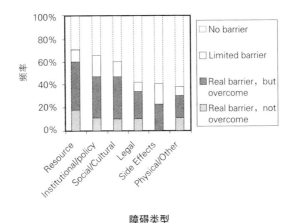

障碍类型

图 4.2　每种障碍的严重水平

资料来源：Banister and Marshall（2000）

策者本身的责任，因为他们似乎并不会真正采取措施来全面和统筹地解决关键问题。

上述几点都能在爱丁堡（Edinburgh, 苏格兰）的案例中得到体现。爱丁堡市议会对于通过转移交通方式减少小汽车出行作出了承诺。小汽车出行的比例从 1991 年的 48% 下降到 2000 年的 46%，并进一步降低到2010年的34%。可持续交通方式的比例要同时增加，到2010年，自行车的比例将占到出行方式的 10%，公共交通占 39%。为了实现这一目标，一系列具体措施得到实施，例如设置公交车道和无车住房到汽车共享计划。虽然其中一些措施促成了很大改观，但 Mittler（1999）认为，总体上，他们还是太零星了。这些措施的影响都太小，因为它们的规模不大，而且只能提供局部的改进。此外，许多项目对于转变交通发展的趋势而言太过缓慢了。

Mittler 还指出爱丁堡市议会致力于推动可持续交通的发展，但同时他们也有对经济增长的承诺。目前的规划政策仍然鼓励交通运输流量的提升。大型外围购物中心和郊区住房仍被规划和建设。爱丁堡市议会的这种"二元"承诺是阻碍交通政策实施的关键。Mittler（1998）

表示："只要市议会对经济增长仍然有明确的声明承诺，可持续发展将不可避免地夸夸其谈，言行终究难以一致……为了消除这种障碍而转变到另一个发展模式，承认增长极限是必要的。"然而，去除政治上的"二元"障碍不是实现可持续交通发展的充分条件。在爱丁堡，有其他 4 个障碍需要被认清（Mittler，1998）：

1. 公众缺乏必要的知识和意识。民意调查显示只有约 10% 的人知道可持续发展的一些事情。这一障碍可被看作是表达意义上的社会障碍——"没人了解它，所以没人喜欢它"。

2. 财务约束和资金安排。这个资源障碍并不涉及资金量的问题，而是资金在政策机构间分布的问题。

3. 市议会仍然停留在一个不允许整体决策的制度框架内。这是一个不同政府部门各自为政的体制障碍的例子。

4. 现有的法律法规还在支持不可持续的做法。

这 4 个障碍表明阻碍可持续交通发展的其实是深入经济和社会体系的制度，这使它们难以被克服。但在实施措施方面，有很多方法可以改善，其中一项建议是提高各方相互认同的意识。

一个显而易见的例子是恩斯赫德（Enschede，荷兰）在市中心实施的汽车限制措施。在 20 世纪 80 年代初，该市将主要的购物街改造成了步行区。直到 1989 年，这一措施并没有减少进入市中心的小汽车数量，而交通警察也无法执法。政府随后提出一项计划是在城市中心（部分）限制小汽车使用。因为受到当地企业家的激烈反抗，该计划被撤回。但很明显，政府需要做些事情以改变状况。因此，在 1990 年该市成立了一个以减少城市中心小汽车使用为课题的研究小组。这个小组包括了各方代表：店主、警察、当地居民、文化机构、残疾人和本市政府的经济部门。

1991 年，该研究小组在一个公开听证会上提出了初步建议。经过一些调整，它被提交给市议会，后者批准了半年的试行期。在此期间，还组织了交通调查以及另一个听证会。调查显示了积极的结果（小汽车使用数量在减少），并且市中心居民和企业对此措施表示接受。到

1992 年年底,市议会决定把这项措施永久化。此案例最有趣的地方是,最后实施的措施所限制小汽车的程度超过了原来的计划,限制的区域和时间比试行期有所增加,而这主要是因为公众参与到项目的制定中(Louw and Maat,1999)。

在荷兰,这种方法被称为交互规划,而在英国,它被称为社区参与(Hathway,1997)。实际上,交互规划不只是政策实施,还包括了政策的制定。无论是政治家还是广大公众都参与到决策和实施过程中。这不是一个传统的公开调查程序,而是通过培养各方意识,听取各方意见达成的。交互规划的目标是弥合政府与公众之间的分歧,是民主化的决策和得到公众的支持。

这使得政策的成功高度依赖于实施效果。如果一个可能成功的政策实施质量不高,就不太可能达到其预期的效果,而不佳的效果可能起到反作用,对政策之外的领域产生消极影响。因此,政策制定者需要注意战略和实施方面可行的替代方案。但即使措施被顺利实施,也收到公众的良好反应,这项措施产生的影响仍可能是非常有限的。

政策制定者应考虑到各种执行上的障碍。当某些障碍不能被克服时,最好还是剔除政策中的特定策略,而不是将其留在政策中影响实施效果,尤其是面临大量制度性、法律法规以及资源方面障碍的时候。当然,大多数情况下,这些障碍是可以被预见和处理的。如果是一个全新的措施,那么最好先试行一段时间,以便其积极的示范作用被公众理解。管理经验是通过实践积累的,而措施是在实施过程以及后续的调整中成型的。

另一种避免实现效果不佳的方法是在引入措施之前培养公众的意识。更好的方法是让公众参与到决策中,以提高他们对政策的接受度。这种方法对涉及个体行为者的措施可能最有价值,而对涉及全社会的政策,其价值就不那么明显了。对于在空间和经济发展上实现重大改变的可持续交通发展政策,政治上的承诺是必不可少的,因为只有这样才能克服体制上的障碍。

4.5 结论

当我们讨论可持续交通发展和公共政策时，很容易得到悲观的结果：即使成功地执行了某个政策，就真的实现了可持续交通发展吗？从本质上说，我们现在没有朝着正确的方向解决问题。正如本章前面所述，我们更应该关注高品质开发，环境的吸引力和城市安全——这些是可持续发展城市的愿景。然后我们再来讨论交通运输对于实现这些愿景所发挥的作用。如果我们只专注于交通运输上的解决方案，我们并不能找到解决问题的根源，而是仅仅停留在问题的表现形式上。城市实现可持续发展的机会有很多，一些欧洲城市已经成功地在可持续交通发展方面提供了示范。苏黎世（Zürich，瑞士）就是一个例子，人们正在放弃城市中使用小汽车的权利，因为他们并不需要它，也因为苏黎世拥有良好的公共交通和无障碍设施（Mägerle and Maggi，1999）。但是这种解决方案是昂贵的，并不适用于所有情况（如郊区和农村地区），即使在瑞士也是如此。

如果我们还想实现可持续交通发展，那么造成这种悲观情绪的问题必须加以处理和解决。目前采取的措施类型和规模还远远不够。要真正实现可持续交通发展就需要减少客运和货运交通量。如果没有减少交通量的支撑，特别是发达国家交通量的减少，全球减排目标就可能没有办法实现（至少在交通运输方面）。如果采取的措施只是整体计划的孤立部分，那么这些措施都无法改变现状。即使一些国家和地区对环境和交通可持续发展作出了有力承诺，该承诺在交通发展和不可再生资源使用方面没有起色的情况下是不可能实现的。但是交通运输行业对于全球经济发展和公众的生活非常重要，所以解决这个问题非常紧迫。此外，即使大量投资被用于可持续技术的研发上，交通需求的增长，特别是长距离出行的增长会抵偿这些技术研发的环境效益。当然还有许多其他的外部因素有待解决（见 4.1 节）。

这章讨论的内容其实很多和政治上的意愿有关，包括上文提到的实施障碍。目前实施的任何政策都会面临一个困境，即来自于大量特殊利益集团的影响，而这往往伴随着复杂和长期的立法过程。公共政策的几个根本的问题——我们对待可持续交通是否严肃认真？我们是否应该接受可持续交通无法实现的假设，并任由交通行业继续不可持续下去？有力的减排行动可以在其他领域实现，那么交通领域是否有必要参与其中？这些问题将在第七章和第十一章继续讨论。

其次，较乐观的根本问题涉及公众愿意的改变。公共政策应通过提升公众的理性诉求，扩大他们的话语权。这反过来也会加强和巩固民主的进程。通过本章的讨论，我们强调了公众参与，提高公众可持续发展意识，并授权他们采取行动的重要性。在交通领域，人们普遍赞同不是所有决策都是基于市场提出的。同时，如果市场没有让交通有效运行的话，那么这一体系并不具有民主性。市场最好在某些明确的客观规定下运作，但他们常常受到来自强大企业和政府机构的影响。所以公共政策的制定应该鼓励其他社区和企业的参与。

为了让可持续交通发展政策意图和结果相契合，克服实施障碍时需要具有互动性和参与性的进程。这意味着个人主义需要被修正，并且在此过程中应该增加集体负责的决策机制。如此，能让趋势向这样的方向发展：公共交通和绿色交通的使用，减少小汽车使用，提高公共交通上座率，增设城市无车区以及强大的媒体和政府支持。

作为价值观和态度变化的一部分，我们应该明确和公开地辩论相关事务，并用积极的行动提供更多选择。交通和环境的可持续发展应该更广泛地考虑个人出行因素和生活方式。这样必能带来公众愿意改变的好处。如果这些重要因素没有被充分考虑的话，那么在民主社会中追求可持续交通发展的政策会变得寸步难行。决策者应该认识到哪些措施是可行的，哪些是不可行的。认为过去几年我们已经在可持续交通发展方面有了重大突破的想法是天真的。但目前也有一些迹象表明，改变将在不久的将来实现。

第 5 章
机构组织问题

5.1 政策视角

通过前面几个章节的讨论，我们认识到，没有任何一种解决方案是适用于所有环境的，不同的政策组合适合于不同的环境，不同文化背景下所制定的政策也不同。表 5.1 列出了欧洲和美国在政策优先级设置上的区别。

欧洲和美国在政策优先级设置上的区别	欧洲	美国
利用税收解决可持续发展问题	密集使用	较少使用
鼓励使用公共交通	高	低
发展铁路客运	大规模	小规模
开放交通市场	慢	快
强调政策制定的公平性或高效性	公平性	高效性
土地使用政策	强	弱

表 5.1

资料来源：Rietveld and Stough（2005）

因此，在推进可持续交通发展的进程中我们必须考虑到所有的可能。第 2 章和第 4 章已经介绍了全球的发展情况。此外，机动车厂商在其中也扮演了主要角色并发挥着积极的作用。美国"新一代轿车"计划就是联邦政府、三大汽车厂商（通用、福特、克莱斯勒）以及它们的支持者们的一次尝试。该计划将制造一种既经济又有吸引力的车，燃油效率是普通车的 3 倍（35m.p.g——12.4 公里每升）。这一足以改变世界的指标让"新一代轿车"成为欧洲国家考虑的重点。2008 年起，欧盟推行了降低新车二氧化碳排放的计划，要求新车每年减少 25% 的二氧化碳排放，相当于提高 35 ~ 50m.p.g（12.4 ~ 17.7km/l）的燃油效率。此外，机动车厂商、电池技术开发以及能源公司之间也结成了多个联盟，例如核能工业正在资助电动汽车的研发项目，石油工业正在积极发展清洁可替代能源以及可再生能源。

多样化的公司发展战略将在减少使用碳基燃料方面取得实质性的进展。从上述案例可以看出，采用新技术提高车辆利用效率以及生产更"清洁"的汽车将拥有巨大的潜在市场。消费者希望为更清洁的环境多做一些贡献的心态将维持并扩大这一潜在市场。

从全球层面看，由于众多能源股票被套，政策制定开始转向鼓励低碳相关技术的研发，例如通过收取碳排放税来鼓励技术创新（参见本书 2.5.5）。目前，一些全球性的制造业大公司（如 BP 和壳牌）正在引领当前的发展。

国际层面的措施主要通过各个国家来完成。政府和地方机构通过税收政策、鼓励制度和发展框架来鼓励可持续发展。然而，行政调控措施需要与市场调节相结合。地方层面越来越关心目标的可行性和成本问题，一些经济发展水平较高的地区，越来越倾向于通过贸易许可的方式，提供贷款和鼓励贸易（例如美国实行了二氧化硫排放限制，智利实行了微粒排放限制）。2.3.6 节介绍了贸易权利和违反贸易许可的处罚方式。

从制造业看，税收政策的实施已经从生产环节转移到消费环节。瑞典对燃料中的硫含量进行收税，降低了 50% 的硫排放，促进了减排技术研发。挪威 1991 年施行了碳排放税，降低了 21% 的排放（The Economist，2001-9-29，p. 104）。

从国家经济来看，需要制定破坏环境行为的经济补偿标准。如果在能源和交通方面没有经济补偿的话，那么消费品的成本就会反映产品的总成本。当然，这里没有考虑社会成本，市场本身不可能维持高效运转，也无法保证每个参与者的公平性。此外，地方消费或生态产品新市场的建立也将为消费者提供更多的产品信息和选择机会。

5.2　改变的机会

当前，我们面临着众多机遇，主要可分为三类：一是技术领域（表5.5）；二是土地利用规划领域（表5.3、表5.4）；三是交通领域（表5.3、表5.4）。这些变化将促进管理、经济投资和决策的创新。除了政策层面，政府还关注预期性和约束性目标的协调以节约能源和减少污染。这方面的研究较为丰富（Banister and Button，1993；OECD/ECMT，1995；Geerlings，1997；Transportation Research Board，1997；UNDP，1997）。

5.2.1　组织架构

本节将对可持续交通发展领域的现象和潜在主题进行列表说明。主要观点是可持续发展的系列措施需要新的技术方法支撑，而现有的组织架构和政策措施存在一定的局限性（表5.2 ~ 表5.4）。表5.2提出了两个重要的结论。

传统的角色和责任　　　　　　　　　　　　　　　　表5.2

政府	制定国家政策、标准和管理制度，为政策执行提供保障，建立财政政策和经济刺激措施，为地方执行层面提供政策框架。
地方部门	具体执行国家政策，提高地方税收，促进标准和制度的实施，决定发展的优先级和执行详细的规划。

首先，非经合组织国家的市场正在增长，尤其是近期的远东、南美和中远期的印度。责任主体主要包括政府和机动车制造者，此外，燃油企业也应生产可替代清洁燃料，为使用可再生能源作必要的基础设施布局。交通行业的供应链非常广泛，需要在各个阶段协调和平衡环境成本和经济利益。其他参与者还包括各类对交通行业感兴趣的组织、运营者、环境保护组织及其他组织（例如开发商、金融机构）。这些组织和个人既是交通系统的直接受益者（用户），又是间接受益

者（产品使用者），同时也可能承担风险和后果。为实现交通的可持续发展，需要所有的利益主体参与其中并承担相应的责任。

其次，单个主体的行动好过多个一般的政策目标或跨部门的行为。个体行为造成的影响往往小于集体行为（Marshall and Banister，2000），但与此同时，我们也要保证行为的整体性。有些行为的结果可能超出我们的想象，例如通过交通与城市规划的紧密联系扩展到与其他参与者建立新的联系。"地方21世纪议程"曾经尝试推动所有参与者更加有效地融合，但由于行业部门间的隔阂以及缺乏有效的动力，这一尝试并未成功。英国2000年制定交通政策的核心在于认为个人或组织之间如果存在利益、目标、时间上的矛盾以及如果不能进行有效的沟通，将无法达成一致或成为合作伙伴（表4.4、表5.3）。

例如停车换乘是一项要求将小汽车停放在城市中心区外围，换乘中心区公共交通以缓解城市中心区拥堵的政策，如果仅简单地施行该政策，可能导致城市中心区道路资源被其他使用者占用，无法带来网络效益，同时还可能造成停车换乘点因换乘人数过多而排队过长（Goodwin，1998）。所以，为了达到缓解城市中心区拥堵的目的，施行停车换乘政策的同时还应相应调整公共交通组织运营，使连接换乘点与中心区的公交车优先通行（合理使用道路资源），并严格控制中心区停车（降低中心区对小汽车使用者的吸引力）。与荷兰的ABC政策类似，好的实施方案将提高公交走廊带的吸引力和活力（Haq，1997）。此外，一些信息（拥堵或天气）可以提供给小汽车驾驶员以促使他们从社会和环境角度考虑将小汽车停在换乘点而非中心区。类似这样的整体方案设计将给小汽车使用者更多的选择，同时，在方案设计层面，将被动的限制措施转换为主动的行为选择。当然，这仅仅在个体选择"可持续的选项"时才能真正实现。

土地利用和交通部门被视为在可持续发展方面需要承担主要责任的公共机构。为了实现可持续发展的目标，还需其他所有相关的公共和私人机构的参与。当前一系列全球会议都体现了这一趋势（Rio，1992；Kyoto，1997；Buenos Aires，1998）。然而，机动车厂商在全球战略中的参与程度与汽车工业涉及的经济利益和社会环境成本还不相匹配。汽车发展在发达国家和不发达国家中是逐层推进的，更高效车辆的生产和现有车辆的回收潜在市场极其庞大。

5.2.2　政策措施

在土地利用和交通领域有众多改变的机会和空间，但正如之前提到的，大部分政策措施都已作过尝试。改变的必要性甚至政策措施的适用范围都已不需再赘述。如何有效地实施才是关键，而这又取决于公众对政策措施的理解和接受程度。OECD/ECMT（1995）对 12 个城市展开了调查，定量分析了政策措施的实行频率和被政策制定者谈论的次数（Dasgupta，1993）。表 5.3 总结了目前已实行的政策措施，表 5.4 列出了这些政策措施的流行程度。

当前使用的政策措施	表 5.3

规划措施
1　土地利用和交通规划战略
2　与区域经济发展相关的地区政策
3　城市中心区控制发展政策
4　采用增长或控制模式设计城市或区域
5　迁移特定的企业或用人机构
6　出行活动聚集区的选址（例如镇中心）
7　通过财政刺激鼓励迁移
8　功能分区（单一用途、混合用途、密度等）
9　设置绿化带
10　废弃区域的再生（城市中心区、区域内部）
11　提高住宅小区质量和设施
12　制定新开发区域停车标准
交通供给措施
1　道路建设
2　轨道建设
3　提升公共交通服务水平，降低票价，提供信息服务
4　交通管理，驾驶员出行信息提供
5　停车换乘
6　行人、非机动车道建设
交通需求管理
1　限制汽车使用 / 道路通行费
2　拥挤收费
3　停车控制

4 限制进入
5 限制货运
6 行人优先
7 自行车优先
8 公共交通优先
9 宁静交通
10 汽车合乘

目标和标准
1 提高交通安全水平，降低噪声和大气污染
2 减少交通量，为特种车辆和小汽车提供停靠
3 减少燃油消耗和二氧化碳排放
4 增加合乘车、公共交通、自行车和步行的使用比例
5 制定车辆噪声、排放控制和安全标准

资料来源：OECD/ECMT（1995），表4.12

政策措施在12个案例城市的流行程度 表5.4

政策措施	都市区（1000万～3000万人）	大城市（150万～500万人）	中等城市（50万～150万人）
规划层面			
1 土地利用和交通规划	◆◆	◆◆◆	◆◆
2 地区政策	◆◆	◆	
3 城市中心区控制发展政策	◆◆	◆	
4 设计区域和城镇发展模式	◆◆◆	◆	◆
5 企业迁移	◆		
6 通过财政刺激鼓励迁移	◆◆		
7 功能分区	◆		
8 设置绿化带	◆		◆
9 城市中心区／区域内部的再生			◆
交通层面			
1 道路建设	◆	◆	◆
2 轨道建设	◆◆◆	◆◆	◆◆
3 提升公共交通服务水平／降低票价	◆	◆◆	◆◆◆
4 交通管理和信息服务	◆◆	◆◆	◆◆
5 停车换乘	◆	◆	◆
6，12+行人优先		◆	◆

续表

政策措施	都市区（1000万～3000万人）	大城市（150万～500万人）	中等城市（50万～150万人）
7　限制汽车使用		◆	
7，8　拥挤收费／道路通行费			
9　停车控制	◆◆	◆◆	◆◆
10　自行车优先		◆	◆
11　公共交通优先	◆	◆◆	◆◆
12　宁静交通		◆	◆
13　汽车合乘			
14　制定噪声和大气污染标准		◆	

注释：本章最后列出了 12 个案例城市的名单。本表格并未包含表 5.3 中列出的所有政策措施，在规划层面还有出行活动聚集区的选址、提高住宅小区质量和设施、制定新开发区域停车标准等，在交通层面还有限制进入和限制货运，在目标和标准层面还有提高交通安全水平，减少交通量、燃油消耗、二氧化碳、噪声和大气污染，鼓励合乘、自行车和步行出行等。

◆到◆◆◆代表了政策措施受欢迎程度的增加。

资料来源：OECD/ECMT（1995），表 4.2

规划层面：

1. 土地利用和交通规划一直坚持提供高品质的公共交通设施。

2. 地区政策对都市化地区较为重要，通常鼓励从一个区域推广到其他区域。这类政策一般用于控制城市中心区的扩张或作为鼓励城市搬迁的辅助性措施。

3. 在都市化地区发展多中心城市空间结构的政策在众多城市化地区和大城市非常流行。这类政策同样用于控制城市中心区扩张，建设新的城镇以及设计特定用途区域。

交通层面：

1. 在都市化地区，尤其是特大城市，流行兴建轨道交通以提高公共交通出行比例，而小城市则主要通过实行公交优先等政策来实现这一目的。中等城市则两者兼而有之。

2. 大部分城市对新建道路热情不高，东京和广岛除外，这两个城市需要扩大道路网规模。斯德哥尔摩曾经宣称要扩大路网规模，后因环境原因而最终未能实行。

3. 停车控制是大部分城市采用的控制性措施。

4. 行人优先、宁静交通以及创造非机动车通行环境等措施较少用于大都市区，个别一两个城市除外（OECD/ECMT，1995，pp77-78）。

在后续研究中，OECD/ECMT（2002）在32个国家的167个城市展开了调查以跟踪观察政策措施的实施对城市可持续发展的影响（案例5.1）。这份报告主要关注了政策措施在执行层面遇到的困难和障碍，认为目前存在的主要问题是在国家政策层面缺乏城市交通可持续发展的内容，使得这些政策措施无法与环境、健康等其他发展目标有效融合。由于在政策整合和协调层面就遇到了问题，以至于无法从整体层面去发现和解决问题，更不用说细化到细部层面了。出现这个问题的部分原因是部门分割，机构和部门间缺乏有效协调，政策制定上缺乏一致性。不同机构在合作上的缺乏和在政策上的不一致还将因为公众以及媒体对可持续交通发展的认识差异而进一步扩大甚至对立。此外，报告还发现存在缺乏法律和制度框架支撑、定价和财政制度薄弱、对财政和资金流导向错误等问题。事实上，这些政策措施并未取得实质上的进展，不仅在可持续交通发展方面如此，在其他交通政策的执行上也是如此。简而言之，报告认为基本问题是缺乏一个长期稳定的机构来跟踪执行交通政策，这个机构需要有稳定的经费来源和一整套清晰的目标。目前，政策执行机构通常是短期设置的，尤其是面对公众的质疑、企业的利益和媒体的对立时。

5.2.3　减少排放

如果将减少交通排放作为主要考虑对象，同样有一系列可供选择的政策措施（表5.5）。我们根据管理、经济等信息对这些政策措施进行了分类。经合组织成员国可以提高现有标准，非经合组织成员国家可设立新标准。然而，这些政策措施的施行都需要花费一定的成本，必要的基础设施（例如车辆检测站）和机构（例如管理机构）是政策措施成功施行的支撑和保障。目前，很多国家承诺对城市设立严格的空气质量控制目标。这意味着在清晰的管理架构下，市场机制（定价）可用于完成目标。然而，技术创新速度和汽车使用趋势是两个不确定因素。

案例5.1　城市发展趋势和政策

发展趋势

1. 城市发展——城市居民郊区化。大城市人口密度在降低，中等城市保持稳定，小城市和城镇在快速下降。CBD地区的就业比例一般保持稳定。

2. 机动车拥有量——持续增长（1990～2000年），欧洲城市平均达到0.41辆每人。日内瓦、欧登塞、魏玛等城市达到0.60辆每人，雅典、塞维利亚、都柏林和阿姆斯特丹等城市为0.30辆每人，丹佛高达1.07辆每人。这些国家机动车拥有量增长了30%。

3. 机动化水平——整体均衡，小汽车使用量上升，步行和公共交通使用比例下降，自行车比例保持稳定。人均日出行次数为3.55。釜山和亚特兰大是仅有的两个小汽车出行比例下降的城市。分方式看，自行车人均日出行0.43次，步行人均日出行0.77次，小汽车人均日出行1.66次，公共交通人均日出行0.69次。小汽车出行距离增长了近20%。

4. 拥堵情况——绝大部分城市拥堵状况加剧，但很难量化评测。

5. 臭氧排放——地方大气污染中最为严重的问题，主要来源于二氧化硫、二氧化氮、可吸入颗粒物和碳氢化合物，少量来自二氧化碳。

措施

1. 城市可持续交通政策，包括以下措施：

（a）将政策措施的责任由中央下放到地方层面，有些时候在缺乏必需的资源和财税增长推动的情况下，协商比指导更有效。

（b）将土地利用与交通相结合以限制重新发展中心城市的力量。

（c）发动所有可能促进政策措施推进的组织团体参与。

（d）通过提高地方财税收入以及保持低票价等手段提高公共交通服务质量。

（e）交通管理措施——主要有停车管理和道路及交叉口公共交通车辆优先。

（f）道路和拥挤收费——仅在伦敦中心区、奥斯陆、卑尔根、特隆赫姆、罗马、博洛尼亚实行。

（g）气候变化措施——燃油税政策，在地方层面缺乏对减少二氧化碳排放的关注。

大部分措施针对交通拥堵、城市扩张和环境污染问题。更多的问题在于如何认定何种程度的拥堵是可接受的以及决策者对限制汽车使用的难度有多大。

2.城市可持续交通战略，可认为是一套措施：

（a）扩大公共交通出行比例。

（b）通过交通和机动化管理减少小汽车使用比例。

（c）通过整合土地利用与交通政策控制城市扩张。

（d）通过提升空气质量、降低燃油消耗、减少二氧化碳排放以及降低噪声污染创造更好的环境。

战略包括所有的政策措施，需要贯彻执行和有效管理。我们已经调查过328个ECMT/OECD城市中的167个，并获得了高质量的数据。这167个城市中，1个在加拿大（总数为12个城市），6个在美国（总数为22个城市），25个在日本（总数为25个城市），10个在土耳其（总数为10个城市）。

资料来源：ECMT/OECD（2002）。

5.2.4 政策组合

新的组织机构需要将政策措施（表5.3）组合在一起，并与企业降低排放措施（表5.5）相结合，才能达到效果。需要克服四个制约因素：一是组织机构限制；二是政策框架和目标的缺失；三是推进公共交通与控制汽车使用政策间的联系；四是城市的可持续发展愿景。

政府需要将政策进行组合，同时考虑土地利用和交通因素。通过限制和价格手段以及提高其他交通方式的吸引力都能减少小汽车的使用，提高城市质量。然而，最重要的是，需要将那些真正能实行的可持续发展政策进行组合。

OECD/ECMT（1995）在他们的城市交通和可持续发展报告中提出了政策组合的三种方法：

1. 将土地利用、交通管理、环境保护和价格机制组合在一起，实现政策措施的最佳实施效果。从OECD/ECMT的报告看，这些政策措施各自或组合效果都不能达到可持续发展的要求。在城市中心区可达性提高的同时，基于小汽车的反中心化和郊区化可能还在继续。公共交通和绿色出行模式受到欢迎的同时，小汽车的拥有和使用可能也在增加。地区性污染物排放减少的同时，二氧化碳排放可能还在继续增加。也就是说，交通量的增长超过了政策措施努力实现的减少。

2. 将土地利用、交通管理领域实施效果最佳的政策措施进行整合。这一类措施属于混合使用类政策，例如新型有轨电车、公共交通导向发展、汽车禁止驶入区域、电子通信技术的推广、通勤规划、新型车辆技术的推进、道路收费、智能卡片技术等，这些大部分来源于可持续城市愿景（参见第十一章）。这一类政策组合将鼓励地方性活动和绿色出行方式的使用。小汽车将在休闲出行中得到更加广泛的使用，但在城市拥堵区，小汽车使用将持续减少，城市质量将得到提高。

3. 可持续城市发展的第三类政策组合是直接以降低二氧化碳排放为目标。以影响生活方式、车辆设计、地址选择、驾驶行为、出行方式选择以及汽车出行距离等方式减少汽车使用、燃油消耗和排放。这

表 5.5

减少交通排放的政策措施

控制领域	规划标准	经济	信息
排气管排放	·传统排放物（一氧化氮、碳氢化合物、氧化氮、颗粒物）和有毒物（铅、1、3-丁二烯、卤化有机物、多环芳香烃、汽油／芳香剂）排放标准 ·装配线检测验证明 ·检测和维修制度强制性标准、防篡改和强制执行项目 ·柴油机排放控制标准 ·耐久性标准	·实施差异化税收政策，鼓励发展减排技术 ·根据排放等级制定车辆购置税 ·奖励和惩罚 ·废旧车辆回收购置措施	·驾驶员教育项目 ·对燃油和车辆种类每年发布排放排名 ·服务行业培训
燃油组成	·汽油质量标准（铅、挥发性、苯、芳香族）和柴油质量标准（挥发性、硫磺、芳香族、十六烷值增进剂、多环芳香烃） ·燃油添加剂限制	·实施差异化税收政策，鼓励发展清洁油	
蒸汽排放	·蒸汽排放标准（密封外壳燃油蒸发排出物）和加油控制 ·燃油挥发标准		·个体服务培训
提高燃油性能	·车辆燃油性能标准 ·比功率最大化 ·限速 ·实施交通管理措施，发挥最佳的发动机性能（减少拥堵措施）	·全国范围内的燃油经济／排放税 ·市场化的燃油经济信用 ·基于燃油经济性的车辆购置税 ·激励措施研究（直接基金、税收抵免、免税）	·燃油效率公开排名 ·提高燃油效率、驾驶行为培训 ·政府资助激励措施研究会议

续表

控制领域	规划标准	经济	信息
可替代能源市场	·更严格的排放标准 ·产品授权 ·加油站等基础设施建造的授权	·实施差异化税收政策，鼓励发展低碳能源 ·市场化的排放信用机制 ·实施差异化税收政策，鼓励可替代能源汽车发展 ·激励措施研究 ·为发展加油站等基础设施提供财政激励	·新型车辆的公开活动 ·政策资助激励措施研究会议
交通需求管理 —方式划分 —增加荷载 —错峰管理 —减少出行需求	·停车控制政策 ·私人汽车拥有限制措施 ·规定专门的人行区域 ·限制小汽车使用 ·相应减少私人交通基础设施供应 ·提高公共交通服务水平（舒适性，频率，成本，安全性） ·划定合乘车辆专用车道（高速公路） ·提高自行车和步行环境 ·停车换乘项目 ·货运交通限制和控制	·全国范围内的燃油/排放税 ·与排放挂钩的车辆购置税 ·道路收费或按行驶里程收费 ·停车收费 ·合乘车鼓励措施 ·按行驶里程评估保险费用 ·通过土地利用和实物规划减少出行和通勤出行，重新划分城市活动区域 ·通过资助更多高效的出行模式重新规划路径	·明确标识有效路径 ·公开路径规划和可替代的出行模式（如电子办公）信息 ·公开推进公共交通 ·对小汽车、公交、自行车、合乘车出行成本进行比较
其他	·规范空气质量检测 ·清理空气污染源头 ·开展空气质量目标和措施的国际合作	·将社会成本转换为交通成本的其他机制	·增强环境保护意识 ·设立横跨环境、交通、能源、经济等政府机构的咨询部门 ·公开发布进展情况 ·测算环境成本总额

注释：SHED—密封外壳燃油蒸发排出物确定试验——作为新车装配线检验的一部分。

　　　PAH—多环芳香径，未完全燃烧的碳氢化合物。

　　　I/M—检测和维修项目。

十六烷值（增进剂——用于提高柴油燃烧效率。

资料来源：OECD（1995），表13。

类政策结合了以上所有的政策措施，同时还考虑了燃油税等税收政策。报告建议将燃油价格提高 4 倍（1995 ～ 2020 年，即每年提高 7%）以完成二氧化碳排放目标（OECD/ECMT，1995，p.155）。这将促使节能车辆的使用、减少汽车出行、发展更高效的货运。同时，将使城市在拥堵、环境、空气质量、安全、宁静等方面的质量得到提升。市场将随之推出更高密度的社区、更多功能混杂的土地使用以及更多的地方性活动。OECD/ECMT 对这一理想化情景的描述主要基于政策整合和有效实施后的可持续发展。本书（参见第十一章）将介绍一种更加复杂的情景分析方法，通过一系列可持续发展目标、未来发展愿景和可操作的政策路径来发展可持续城市。

5.3　结论

越来越多的机构不仅关注政策措施本身，同时也关注如何更加有效地实施这些政策措施。为了更有效地实施可持续交通发展政策，ECMT（2001）给政府提出了一个建议列表：

1. 一个内部与投资、交通量以及需求管理一致，外部与相关领域政策一致的全国性框架。

2. 加强机构间的协调和合作，不管在纵向（不同层级的部门）还是在横向（同级的不同部门）都能作出高效决策。

3. 专注于那些必需的责任和资源，而非可能的责任和资源。这意味着在财政和投资领域需要建立一个综合衔接的工作框架，同时考虑所有出行方式和土地利用情况。

4. 鼓励在政策执行过程中早期已经参与进来的公众组织、企业和社区继续发挥有益的作用。

5. 提供一个法律和制度框架以指导公共部门和部分私人组织的行动。

6. 一个可接受的收费和财政激励设置，既能传递出正确的信息又能协调一致，包括收费收益如何分配和激励基金如何公平使用等。

为了使上面列表中的内容更具可操作性，需要将这些内容转换为地方层面的操作机制，主要包括：

1.将国家和地方目标转化成成果，目标指的是预期的结果（例如空气质量），而执行部门需要了解最终的收益。

2.需要掌握财政资金约束并说明必要的基金设置的意义。

3.政府信息需要透明和一致，使公众能了解到所有的选择信息。

4.政策的执行需要带有灵活性，但这不能成为不执行或弱化执行的借口。

组织机构在可持续城市发展的政策措施执行中具有非常重要的作用，相关部门间的紧密合作是至关重要的（表 5.6）。

中央和地方政府的责任 表 5.6

中央政府	地方政府
1. 建立政策框架——标准和其他支撑	1. 协调地区和城市部门机构
2. 确定公共服务职责	2. 成立专门的公共交通管理机构
3. 协调各相关部门（交通、住建、环境等）	3. 在全区或整个城市对机动化进行管理
4. 以民主为原则，以避免政策措施在地方层面难以获得通过	4. 做好监管的准备
5. 进行讨论和协商（包括与对立方的协商）以获得地方的支持，同时预计可能遇到的困难	5. 提供必要的激励（包括财政方面）
6. 在需要的地方集权，其他领域尽可能分权	6. 政府与私人企业共同合作，参与到市场计划中，并尽可能运用非政府组织的力量

职责分配是政府和公众之间的桥梁，将使得政策措施的制定更加民主，得到更多公众的支持。唤醒公众的意识，让人们了解可持续城市和交通发展的必要性很重要。好的示范将由点及面，获得更多的支持。相应地，差的案例将引发坏的影响，所以成功的案例非常重要。

为实现城市的可持续发展，需要改变的类型和规模比预想的要大得多，目前大部分案例的规模都比较小。公共政策面临的真正问题是我们是否对交通可持续发展足够重视。这里最为关键的是要改变我们对出行和日常活动的认识。为涵盖更大的范围和获取更多的支持，政策讨论的范围需要进一步扩大。并不是所有的决策都是基于市场作出的，对于广大社区和企业，制度化的公共政策更加有效。

规划界提出沟通式规划的理念，鼓励利益相关者更多地参与到规划过程中（Healey，1997）。沟通式规划在解决问题的过程中持有明确的社会性和制度性观点，而不采用系统性方法。政策讨论涵盖了不同的政策群体（利益相关者）、政策网络（利益相关者间的联系）和政策领域（政策讨论涉及的体系）。影响的因素有硬件设施（例如组织架构、法律、补助、税收）和软件设施（例如社会关系、日常网络和专业文化）。将两类因素进行组合，将发生有效的变化。如果只改变组织架构而没有关注专业文化和日常惯例，很难发生真正的改变（Flyvbjerg，1998）。

在交通规划中，同样要对上述理念加以重视，关注软件设施方面的新需求。然而，Voogd（2001）指出，公共规划可能存在一个矛盾，那就是个体的利益必须与集体的利益相一致。这里的问题是是否存在这个一致性（Innes，1995、1999），或是否矛盾其实就是规划过程的一部分。交通规划领域已开展了相关研究（Vigar，2001；Willson，2001），但城市可持续发展领域还没有类似研究。

不同利益团队需要形成合作关系以达成一致。公共参与打破了这一障碍，所有参与者都可以充分表达他们的观点。没有任何一个组织来主导讨论或承担责任，城市可持续发展关系到所有参与者。这一方法试图将目前不同机构和利益相关者间权力和责任的划分整合起来，在LA21（在Rio之后建立）的基础上又增进了一步。LA21成功地将不同利益相关者组合在一起共同关注城市可持续发展，但缺乏推进有效实施的动力和资源。

目前，尚未解决的突出问题是不同的组织有各自的优先级和时间安排，城市可持续发展作为一项有效的措施还没有得到足够的重视。没有哪个组织能担负起领导的责任，而组建新的联盟或者自发性组织在过去的实践中也并未取得很好的效果。也许依靠自发性组织的想法过于简单，只有政府的强制措施和制度才能推动发展。我们建议政府规划系统成为主角，而不是由自发性组织和私人机构担任领导角色。

然而，考虑到政策抵制等风险，即便是政府也不一定能真正大力推行这些政策措施。

总而言之，政策措施的有效实施要求所有相关方面在不同层面作决策时有一个长期的目标和战略框架，也要求制定相互支撑的在多个领域（交通、住建、零售、休闲、商业等）都行之有效的政策组合，以适应不同的环境。一旦某个城市在政策实施上取得了成功，其他城市将根据自己的实际进行效仿，此外，这种"动态的成功"将继续推广。政策措施有效实施的另一个必要条件是城市居民的合作和支持。他们需要理解和接受政策措施的执行将提高城市生活质量，他们获得的整体利益将远远高于个体的某些损失。机构和组织的惯性决定了城市可持续发展的最终实现必然是一个渐进的过程。

注释

东京（3200万），首尔（1800万），伦敦（1200万），巴黎（1100万），柏林（430万），米兰（400万），广岛（160万），斯德哥尔摩（160万），波兰（140万），赫尔辛基（80万），苏黎世（80万），格勒诺布尔（60万）。

第二部分

第6章

交通与城市形态

6.1 简介

本书的第二部分主要从交通方面提出可持续发展的战略政策。一般而言，政策制定主要包括三个方面：技术、经济和制度。这三个方面在交通领域都已得到广泛运用，其中部分政策制定的目的在于提高交通的可持续性，还有部分我们已知的新政策（参见第3章）目的在于创造更宜居的城市。这里需要强调的是，没有任何一种政策措施是适合所有城市的，需要从技术、经济和制度三个方面对政策进行融合，形成相互支持的政策集（参见第11章）。政策实施的关键因素是让所有利益相关者参与到政策的制定过程中，这样，他们作为政策制定的参与者，将更加支持政策的顺利执行。本质上来说，就是让那些将受到政策影响的人群参与到城市和交通可持续发展战略制定过程中。

企业通常通过资本置换来提高资源效率，而这些行为主要由环境约束触发，受到更广泛的社会价值和关注的影响。例如四因子理论（Von Weizsacker et al., 1997）认为一半的资源投入可以带来双倍的效益。技术创新可以带来巨大的经济效益，越多的技术创新可以带来越多的效益，但是需要注意价格的下降和需求的增加将造成政策效果的反弹。这就需要取得公众对可持续发展的重要性的理解和认识，以实现真正的长远的资源节约。

更多悲观的观点认为企业已经实现成本的最小化，任何其他制度都将增加企业的成本和竞争力（Jaffe et al., 1995）。如果企业具有战略眼光的话，他们应该投资技术研发以降低环境影响并增加市场竞争力。这意味着他们对制度和消费者需求的预估将成为他们的竞争优势。

相反，企业也可以不作为，直到被强制要求改变。他们也可以将生产地点搬迁到其他对环境较不关注的地方（海外）。波特假说认为好的环境制度的设计将推动创新，从而抵消掉由此带来的成本（Porter and Van der Linde，1995）。通常我们所认为的经济效益和人员损失实际并不存在，取而代之的是污染控制技术带来的新的机会和潜能。

交通与城市形态的关系是最近研究的热点，主要分为紧凑型城市和非紧凑型城市两类（Breheny，2001）。大部分研究集中在城市密度与出行的关系上，认为高密度的混合用地形式将缩短出行距离，提高活动的强度和多样性。这也是城市复兴主义的核心思想（城市的力量，1999）。

与之前研究的单一情景不同，本章我们将研究更加复杂的情况。以往的分析方法过于简单，数据具有很大的不确定性，结论不明确，因果关系也不清晰（Crane，2000）。我们将从六个方面依次讨论情况的复杂性。通过发掘交通和城市形态的不同维度，会发觉它们之间并不存在明晰的相互关系。如果要更加深入地探寻两者之间的关系，则需要对家庭或公司行为展开调查，获取详细的纵向数据。大部分横向数据只能提供一个维度的信息，重复获取的横向数据能提供网络效益相关信息，但仍然需要对家庭或公司行为进行连续的跟踪调查。

然而，理想的数据一般很少存在，重要的是对数据的细致分析和解读，不同的数据分析可能获得截然不同的结论。关于城市规模、密度和设计的研究已经有超过一百年的历史了（案例 6.1；Hall，2001）。我们必须清楚，即使在 21 世纪，也不存在真正紧缩的城市或者分散的城市，它们都是概念上的城市形态，所有的城市都是在持续不断的发展中。本质上看，城市内部都交织着高密度和低密度区域，但总体上城市形态都是从单中心城市向多中心城市发展的。本章将对这一论断进行阐述。

6.2　城市形态与交通的关键关系

土地利用会影响出行模式，通过影响环境间接影响交通，也可以推动可持续交通的发展。从国家层面看，规划政策将影响新开发区的选址以及其与已有城镇和其他基础设施的关系。从地区层面看，规划政策将影响新开发区的规模、形态和用地，例如居住用地、商业用地、工业用地或者是混合功能用地。从城市层面看，规划政策将影响土地使用的混合程度以及是集聚发展还是分散发展。从社区层面看，规划政策将影响土地使用密度和布局形态。

与模型研究相比，本章更加关注经验性的结论（Owens，1986；Wegener 1994 年发表的众多关于土地利用和交通模型的研究）。任何研究都应注意经济社会特性（尤其是收入和小汽车拥有量）是影响出行模型的关键因素，而这些因素很难定量化。表 6.1 采用矩阵的形式，以土地利用和城市形态为纵轴，以出行特征为横轴，列出了与两者相关的研究成果。通过这种形式，我们可以发现这些研究的共同关注点和区别。下一章节将对研究成果中的不同观点进行阐释。

土地利用主要分为 6 大类：卫星城的规模（取决于人口数和与市中心的距离）；土地利用和社会活动的密度（又分为人口密度和岗位密度）；土地利用的混合程度（用职位比例衡量，即区域的岗位数与当地劳动力的比例）；活动的集散程度（地区性）；交通设施的可达性；停车供应（表 6.1）。出行特征主要有 5 类：出行距离、出行频率、出行方式、出行时长和能源消耗（Banister et al.，1997）。其中，能源消耗与其他 4 个指标相互交叉，出行距离、出行时长、出行频率和方式都对其有影响。能源消耗可以采用空间数据（例如 GIS）进行测量，经验研究与模型分析相结合。

6.2.1　卫星城规模

卫星城的规模决定了区域就业和服务以及公共交通供给。市中心提供大量的就业（休闲、购物及其他功能），对周边居民有巨大的吸引力，如果卫星城规模过大，反而会不经济。卫星城规模与出行模式间并不存在简单的线性关系，出行模式受到众多因素的影响（Owens，1986；ECOTEC，1993；Banister et al.，1997）。

表 6.1

土地利用与出行特征相关研究

土地利用 出行特征	卫星城规模 6.2.1 节 人口规模	卫星城规模 6.2.1 节 家到市中心的距离	土地利用 6.2.2 节 人口利岗位密度	土地利用混合程度 6.2.3 节 岗位率	地区性 6.2.4 节 地方就业、设施和服务	区域可达性 6.2.5 节 公共交通可达性	停车供应 6.2.6 节 居民停车供应
距离 平均出行距离	Banister et al. 1997; Stead, 1996	Spence and Frost, 1995; Gordon et al., 1989a	ECOTEC, 1993; Gordon and Richardson, 1997; Breheny, 1997; Banister, 1996; Fouchier, 1997; Cervero, 1989	CMHC, 1993	Cervero and Landis, 1992; Hanson, 1982; Winter and Farthing, 1997		
小汽车出行距离	Hillman and Whalley, 1983; Stead, 1996	Johnston-Anumonwo, 1992	ECOTEC, 1993; Hillman and Whalley, 1983; Levinson and Kumar, 1997		Cervero and Landis, 1992; Farthing et al., 1997		
总的出行距离（所有出行方式）	ECOTEC, 1993; Hillman and Whalley, 1983; Williams, 1997	Naess et al., 1995; Curtis, 1995; Headicar and Curtis, 1998	ECOTEC, 1993; Hillman and Whalley, 1983; Breheny, 2001; Richardson and Gordon, 2001		Ewing, 1997; Banister, 1997b; Headicar and Curtis, 1998		
频率 活动频率	Curtis, 1995; Prevedouros and Schofer, 1991		ECOTEC, 1993; Ewing et al., 1996; Bornet & Crane, 2001a, b; Handy & Clifton, 2001	Ewing et al., 1996;	Hanson, 1982; ECOTEC, 1993		

续表

土地利用	卫星城规模 6.2.1节		土地利用 6.2.2节	土地利用混合程度 6.2.3节	地区性 6.2.4节	区域可达性 6.2.5节	停车供应 6.2.6节
出行特征	家到市中心的距离	人口规模	人口和岗位密度	岗位率	地方就业、设施和服务	公共交通可达性	居民停车供应
土地利用属性							
小汽车方式出行比例	Curtis, 1995; Naess and Sandberg, 1996	Gordon et al., 1989a, b	ECOTEC, 1993; Newman and Kenworthy, 1989a, b, 1999; Gordon et al., 1989a; Banister, 1997b; Ewing, 1995		Cervero & Landis, 1992; Headicar and Curtis, 1998	Kitamura et al., 1997	Kitamura et al., 1997
公交出行比例			ECOTEC, 1993; Frank and Pivo, 1994; Wood, 1994		Cervero and Landis, 1992	Cervero, 1994	
步行、自行车出行比例	Headicar and Curtis, 1998	Willliams, 1997	ECOTEC, 1993; Kitamura et al., 1997; Frank and Pivo, 1994		Winter and Farthing, 1997		
出行时长		Gordon et al., 1989a, b	Gordon et al., 1989a; Gordon et al., 1991	Giuliano and Small, 1993	Cervero and Landis, 1992		
能源交通能能耗		Naess et al., 1995; Mogridge, 1985; Newman and Kenworthy, 1988; Banister, 1992; Banister et al., 1997	Naess, 1993; Newman and Kenworthy, 1989a, b; Gordon, 1997; Breheny 1995a, b; Banister et al., 1997		Banister, 1997a; Banister et al., 1997	Banister and Banister, 1995	

注释：表格展示的是经验主义的研究，但很多条目可以被放在不止一个格子中。故置基于每一个研究和交通发展的不明确关联。Stead and Marshall（1998）详述了这个表格。证据来自OECD国家，很少一部分来自non-OECD国家（UNDP, 1997）。

　　这里提出了两种衡量卫星城规模的指标，一是人口数，二是卫星城到市中心的距离。根据英国居民出行调查数据（DETR，1997a），规模小的卫星城（人口小于3000）总出行次数最高，大都市区（伦敦除外）的总出行次数最低。伦敦居民的平均出行距离高于其他六个大都市区（西米德兰兹、大曼彻斯特、西约克夏、格拉斯哥、利物浦、纽卡斯尔）。从小汽车平均出行距离看，城市化地区的最低，乡村的最高，即便是在采用各种措施限制小汽车拥有量的情况下也是如此（Banister，1997b）。

　　Gordon等（1989a）的研究表明，城市人口规模与出行方式选择间并没有明显的关联。美国一项关于10个最大的城市化地区通勤出行模式的研究指出，纽约（人口数最多的城市）的小汽车出行比例最低，底特律（第六大城市）最高。然而，由于美国的公共交通出行比例一向很低，所以在公共交通出行方面并无更多的研究。

　　不少研究者基于英国居民出行调查数据计算了不同规模人口城市对应的出行方式的能源消耗情况（Banister，1992；Breheny，1995a，b；Stead，1996）。都市化地区交通能耗最低，比平均值低1/3（伦敦除外），规模小的卫星城（人口小于3000）交通能耗最高，比平均值高1/3。交通能耗计算结果与总出行距离能耗指标非常接近，但与城市规模对应的出行方式选择差异较大。

　　Spence和Frost（1995）描述了英国的伦敦、曼彻斯特、伯明翰三个最大的城市1971～1981年通勤距离的变化情况，发现随着居住地与市中心距离的增加，通勤距离也相应增加。在伦敦，通勤距离与居住地到市中心距离成线性关系。在距离伦敦市中心20km以内，通勤距离随着居住地到市中心距离的增加而增加。在曼彻斯特和伯明翰，情况又有所不同。在曼彻斯特，居住地到市中心7km内，通勤距离随之增加并达到峰值，当居住地到市中心距离大于9km时，通勤距离随距离增加而减少。在伯明翰，通勤距离一开始随着居住地到市中心的距离增加而增加，当距离大于5km时，到达峰值，此后，未显现明显的增加趋势。在1971～1981年间，三大城市基本都呈现出相似的趋势。

Gordon 等（1989a）描述了 1977 ～ 1983 年间美国平均出行距离的变化情况。1977 ～ 1983 年间，不同规模城市内居民的工作和非工作出行距离均低于城市外的居民。

Naess 和他的挪威同事对斯堪的纳维亚地区的城镇和区域开展了针对交通和能源使用的研究，形成了三个独立的研究成果。

第一个成果的研究对象是瑞典的 97 个人口超过 10000 人的城镇和 15 个通勤区域（Naess，1993）。对于单个城镇而言，城市化发展模式越密集，交通能源水平就越低。城市化地区规模与平均能源消耗间存在明显的正相关性（$R=0.47$）。在区域层面（定义范围为区域中心向外扩大至 36km 处），达到一定居住密度后，去中心化的发展模式（聚集度指标）将带来更低的能耗。这里使用的变量是单位面积的交通能耗，与交通模式没有关联。聚集度是从居住地到市中心的平均距离与区域内其他地区到市中心的平均距离的比例。1 表示居住地分布分散，0 表示所有人都居住在市中心。

第二个成果（Naess，Roe and Larsen，1995）研究了大奥斯陆地区 30 个居住区（329 户居民）的私人小汽车和公共汽车使用情况。研究变量采用了到奥斯陆市中心的距离、人口密度、到日常服务设施的距离、停车供给、到公共交通的距离、公共交通的发车频率。因变量为交通能耗和公共交通出行频率。小汽车的低拥有量、公共交通的高使用率、到奥斯陆市中心的近距离、高密度的居住社区、高密度的人口将导致较低的交通能耗。在 4 ～ 12km 之间，居住区到市中心每增加 1km，交通能耗增加 49%。同样，城市化面积在 200 ～ 600m² 之间，每增加 1m²，交通能耗增加 41%。其他变量相关性不明显。

第三个成果（Naess，Larsen and Roe，1995）是对 22 个挪威城镇的交通能耗进行了研究，发现相关变量为城镇中心区高密度人口、制造业的低就业率、建筑和交通活动以及低频率的通勤。这四个变量对交通能耗的贡献占到了 72%。

以上研究通过获取加油站出售的汽油和柴油量以及公共交通燃油和电力的供应量来解决能耗数据难以获取的问题。这类方法适合那些城市化地区呈分散分布，多数出行都在区域内部的地区。英国和其他欧洲国家，由于城市化地区已经非常接近甚至连成一片，不太适合采用这类方法计算交通能耗。

Curtis（1995）对牛津周边的5个新住宅区的出行模式进行了研究，认为平均工作出行距离与居住地到市中心距离存在关联，而非工作出行距离与居住地到市中心距离的关联性并不明显。应重视小汽车出行的影响，大概有15%～20%的居民使用小汽车出行，工作日一个成人的平均出行距离为43km。然而这一变量与可达性和社会经济特征关联性不大，因为只有不到1%的家庭没有车。Headicar和Curtis（1998）发现收入并不是5个地区人们工作出行使用小汽车的主要原因，虽然传统意义上家庭特性（尤其是收入）是影响出行模式的主要原因，但随着可持续的机动化目标得到强化，地区内出行模式的重要性将越来越多地被认识到。

Mogridge（1985）认为居住地到市中心的距离与交通能耗存在着线性关系。这一关系在伦敦和巴黎两个城市表现得非常类似。一般而言，距离市中心15km的交通能耗是距离市中心5km的两倍。Newman和Kenworthy（1988）在珀斯的研究中也发现了相似的关系，认为距离市中心15km的交通能耗比距离市中心5km多20%。

随着长距离出行，尤其是通勤出行的增加，交通能耗也在增加。如果大部分出行都采用公共交通或步行、自行车等方式，将大大降低能源的消耗。Banister等（1997）认为84%的小汽车出行能耗可低于平均水平（15.1MJ）。24%的机动化出行消耗了78%的能源。因此，可持续交通战略应在更广大的地区实施，至少应覆盖工作出行。

总而言之，对卫星城的规模与出行模式的关系已经有大量的研究成果。英国的例子说明大都市地区的出行距离更低、交通能耗更小。美国10个城市化地区的例子说明城市人口规模与出行方式选择之间存在着复杂的关联。其他研究表明，居住地到市中心距离的增加将导致出行距离的增加、小汽车出行比例的提高以及交通能耗的增长。此外，出行频率与居住地到市中心距离不存在明显的关联性。

6.2.2 土地利用强度

土地利用强度一般用人口密度来表示，也可以用岗位密度表示。ECOTEC（1993）给出了人口密度影响出行模式的4个理由：一是高密度的人口为地方性出行和活动提供了更多可能和机会，从而减少了机动化出行；二是高密度的人口使得地方性服务得到了扩展，从而减少了远距离出行的必要；三是高密度的人口缩短了居住地、服务设施、工作地和其他机构间的距离，从而缩短了出行距离；四是高密度的人口提高了公共交通的出行比例，降低了小汽车的出行比例，从而影响了出行方式的选择。随着人口密度的增加，小汽车、公共汽车和轨道交通平均出行距离相应降低，步行距离基本保持不变（ECOTEC，1993；Hillman and Whalley，1983）。全国居民出行调查的结果也验证了上述结论（Stead，1996）。

出行频率与人口密度并没有明显的相关性（1985~1986年）。平均出行频率为14次每人每周，其中，人口密度为1~5人每公顷的地区平均出行频率最高，为14.81次每人每周（比平均值高6个百分点），人口密度为50人每公顷的地区平均出行频率最低，为12.99次每人每周（比平均值低7个百分点）（ECOTEC，1993）。Ewing等（1996）提出出行频率与人口密度间并无统计上的关联。这里可能存在的问题是很多短距离的出行并未统计在内，城市化地区这类出行多于农村地区。此外，还存在一次出行完成多个活动的情况，这类出行也多存在于服务设施和机构相对集中的城市化地区。

随着人口密度的增长，小汽车出行比例降低，公共交通和步行出行比例增加（ECOTEC，1993）。在人口密度低的地区（少于1人每公顷），小汽车出行比例达到了72%，而在人口密度高的地区（大于50人每公顷），小汽车出行比例只有51%。低密度人口地区与高密度人口地区的公共交通出行比例有接近4倍的差异，步行出行比例有近2倍的差异（1989/1991年，Banister，1997b）。随着人口密度的增加，公共交通和步行出行比例相应增加，即便是考虑社会经济属性的不同后，结果也是如此（Banister，1999）。美国的相关研究也得出了类似的结论，购物出行选择公共交通的比例和通勤出行选择步行的比例与人口密度正相关（Frank and Pivo，1994），考虑社会经济属性的不同后，结果也是如此（Kitamura et al.，1997）。

案例 6.1　有关密度的历史情况

美国一般的住宅密度是 18 套每公顷，纽约高达 60 套每公顷。

英国佐治亚地区的建筑密度高达 100～200 套每公顷（伦敦、爱丁堡和巴斯），维多利亚的住宅密度为 40～80 套每公顷，目前平均密度为 23 套每公顷。

图德·沃尔特斯报告（Tudor Walters Report，1918）中推荐的密度为 30 套每公顷，霍华德的花园城市（1898）密度约为 45 套每公顷，《地球之友》（the Friends of the Earth，1999）的可持续城市密度为 69 套每公顷。

目前英国政府建议在城市化地区设计高密度的住宅——约 35～40 套每公顷，某些地区建议高达 50 套每公顷——100 年前几乎没有达到过这样高的密度。

通过提高住宅密度获取的最大边际效益主要体现在从低密度到中等密度这一阶段——40 套每公顷或混合密度（包括设施）达 50 套每公顷可节约 75% 的土地。因此，需要避免低密度的住宅（小于 20 套每公顷），理想目标是达到 40～50 套每公顷。

Wachs（2002）提出如果城市居民密度提高一倍，将减少 15% 的出行，但出行密度随之提高，因此总的出行量还是增加了。他还提出："美国将过多的公共财政花在了公共交通上。"（第 24 页）

其他一些城市的住宅密度非常高，也有一些非常低——以套每公顷为单位——北京 146，东京 130，纽约 90，洛杉矶 40，达拉斯 2。

400 套住宅的土地需求（hm²）						
密度（套每公顷）	节约土地		节约比例（%）		公共设施用地需求	
	节约土地		节约比例（%）		累积比例（%）	
10	40.0		46.3			
20	20.0	20.0	50.0	25.3	21.0	45.4	45.4
30	13.3	6.7	16.7	17.9	7.4	15.9	61.3
40	10.0	3.3	8.3	14.3	3.6	7.8	69.1
50	8.0	2.0	5.0	12.1	2.2	4.8	73.9
60	6.6	1.4	3.5	10.6	1.5	3.2	77.1

"过度拥挤的城镇无法用密度来衡量。需要从环境的角度来设计每一件事情——质量、光线、空间。根据公共空间来设计建筑，确保私人空间和可控的噪声水平，从而创造有吸引力的居住环境，发展更具活力的社区。"（Rogers and Burdett，2001，p.12）

资料来源：Haughton 和 Hunter（1994）；Wachs（2002）；Hall（2001）；DETR（1998a）；Rogers 和 Burdett（2001）

Breheny（2001）指出，在都市化地区，住宅密度与出行存在相关性，而在小城市，随着城市规模和密度的降低，这一相关性变得越来越弱。这一相关性的减弱受到城市的去中心化进程和因家庭单元变小而导致家庭数量增加的影响。因此，需要去除因家庭单元变小而导致住宅密度增加的影响，从而获得住宅密度的真实增长情况（案例6.2）。

案例 6.2　关于紧缩城市的争论

紧缩城市或更高的居住密度有助于城市交通量的减少。这一理念被欧盟（CEC，1992）作为保障城市环境和生活质量的主要手段。Breheny（1992）指出 4 个主要的争论焦点：

1. 交通需求与供给间的差异。个体出行选择行为非常复杂，出行者未必选择离家近的服务设施。无法否认的是，服务设施和居住地之间要具有较高的可达性。

2. 收入、燃油价格等经济因素比城市形态对出行模式的影响更大。

3. 通过规划手段来影响出行行为是较为困难的，通过市场调节来实现城市的去中心化可能性更大。

4. 土地功能变化对交通的影响开始受到更多的关注。在英国，人们认识到很多新增的交通流来自于其他地区。新建住宅区和商业中心将引发新的交通压力（ODPM，2003）。

资料来源：Breheny et al., 1998

从对美国的研究可以看出，通勤出行的小汽车比例与人口密度间并无清晰的关联，然而也有可能是因为计算的是工作地的人口密度而非住宅区的人口密度。Newman 和 Kenworthy（1989a，b）研究了全球 32 个城市人口密度与交通能源消耗间的关系。Naess（1993）在瑞典的研究表明人口密度和交通能源消耗间存在关联（参见 6.2.1 节）。

Newman 和 Kenworthy（1989a，b）在研究中指出，人口密度、岗位密度和城市中心的地位决定了石油的使用。当人口密度小于 29 人每公顷时，石油消耗量急剧上升，因此，他们建议增加城市中心区的集聚力，同时发展卫星城。提高能源利用效率的首要任务是加大对公共交通和步行、非机动车设施的投入。他们对 32 个城市 1980 ~ 1990 年的使用消耗数据进行了跟踪调查。结果表明，在过去 10 年间几乎所有的城市平均每人使用的小汽车公里数都有所上升。只有在中心城市（例如苏黎世和新加坡），公共交通使用有小幅上升。公共交通的新增人群无法确定是从小汽车用户还是步行或非机动车用户转移过来的，抑或是公共交通自身增长的用户。尤其是在那些希望通过加大公共交通投入减少小汽车使用的城市，需要作更全面的评估，而非仅仅计算公共交通出行比例。

与 Newman 和 Kenworthy（1989a）提倡控制发展、提高城市密度、加强公共交通投入相反，Gordon、Kumar 和 Richardson（1989a）则提倡由市场自己决定城市的发展模式和结构。单中心城市将加大能源的消耗，相反，多中心城市将缩短出行距离和时间（以及能源消耗），居民将使用地方服务设施，只有在特殊情况下才会前往市中心（Newman and Kenworthy，1989a）。问题是是否通往市中心的长距离出行消耗的能源就比通往分中心的短途出行多。第 9 章提出，当一周内有 2~3 天采用电子办公模式的话，能缩短总的工作出行距离，居民可以选择住在离工作地更远的地方。

Gordon，Kumar 和 Richardson（1989a）认为跨区域的公司和住宅分布能缩短出行时间，去中心化能缓解城市中心区的拥堵。1985 年美国居民出行调查的平均出行时长在统计意义上小于或等于 1980 年对 20 个都市化地区人口普查的结果（Gordon，Richardson and Jun，1991；Newman and Kenworthy，1999）。对于此，他们的解释是市场会根据能忍受的最长通勤出行时长自动平衡公司和住宅的分布。

这类分析的难点在于数据仅仅包括通勤出行和出行时长。此外，还假定出行者自身没有变化（例如工作时间变化）、设施供给一致（例如没有新的道路出现）、住宅和单位地点可以同时选择（例如一般 5 年左右地点可能发生改变）、通勤时间适合跨区域活动。如果能对这类数据进行超过 5 年的观察（纵向分析）将非常有用，然而跨部门的数据不支持此类比较。

与出行时长相比，出行方式、出行距离和出行频率对能源消耗的影响更加重要。出行时长对能源消耗的影响主要体现在出行速度上。Richardson 和 Gordon（Bae and Richardson，1994）近期的研究表明，郊区化和去中心化并不能减少能源消耗或空气污染。多中心模式发展初期由于短暂的不均衡性，将带来更长距离的出行。虽然随着城市密度的增长，出行距离缩短，但更多的出行需求又将诞生。因此，他们认为规划对减少能源消耗和空气污染的作用不大，发展新型车辆、触媒转换器、高效发动机以及通过技术手段减少排放更为有效。

Newman 和 Kenworthy（1999）始终认为城市密度对城市复兴有很大贡献，他们认为应利用现有的铁路进一步发展公共交通。他们还主张要阻止城市的蔓延，并将城市周边的乡村建设成为郊区。Richardson 和 Gordon（2001）则认为因为土地价格较低，低密度是居民个体的意愿，美国（阿拉斯加除外）仅有不到 5% 的城市化地区。在过去 30 年，美国平均通勤时长从 22 分钟降为 20.7 分钟。其他来自美国的学者（例如：Handy，2002）则倡导城市精明增长，发展对步行更有吸引力的空间和环境。

出行模式与岗位密度间的关联性不强。岗位密度与人口密度一样，与购物和通勤出行中的公共交通比例有关，即使是在考虑经济社会属性的情况下也是如此（Frank and Pivo，1994）。

综上所述，本节讨论了人口密度与出行模式——方式、距离、时长间的关系。惟一欠缺的是人口密度与出行频率的关系。此外，对岗位密度与出行模式的关系研究较少。这有可能是因为研究的重点已经从密度转移到整个城市环境。其他因素还有混合利用、城市安全、社区、开放空间、绿色空间和发展质量。

6.2.3 土地混合利用

土地混合利用影响了出行活动的物理划分，是出行需求的决定性因素。一些研究提出土地混合利用对出行需求的影响不如密度重要（Owens，1986；交通和环境部门，1994，1995）。尽管如此，土地混合利用还是通过去中心化减少岗位配置，提高就业率，进而影响了出行需求。就业率指的是其他区域住户来本区域工作的人数占本区域总岗位数的比例。在英国（Banister et al.，1997），6 个案例中的 1 个（牛津）显示就业率与能源利用间存在明显的关联，其余 5 个都未显示出这一关联性（利物浦、米尔顿凯恩斯、莱斯特、荷兰的阿尔梅勒、班伯里）。如果将土地混合利用与密度关联在一起，将构建紧凑的邻里关系，拥有更多的小商铺和其他设施。

美国的研究表明就业率与出行间只存在微弱的关联。Ewing 等

（1996）观察了土地利用的多个变量，包括住宅与工作的平衡，对出行产生的影响。他们认为住宅与工作的平衡和出行频率之间并不存在明显的关联。Cervero（1989）在对旧金山地区的通勤模式研究中提出，就业率与步行和自行车出行比例间存在弱负相关性——一个地区的岗位数多于住宅数的话，步行和自行车出行比例将下降。政策措施将平衡住宅和工作岗位的分布以鼓励步行和自行车出行。Giuliano 和 Small（1993）对洛杉矶地区的通勤出行研究表明岗位比率与出行模式间存在明显的关联，但对通勤时长的影响较小。他们认为通过改变城市化地区的土地利用来改变通勤出行模式的可能性较小，即便是住宅和工作岗位的分布更加均衡了。

6.2.4　地理位置和去中心化活动

新开发区必须在已有城市附近建设并具有一定的规模（至少大于25000 人，最好超过 50000 人，Banister，1997b）。地方性服务设施将有效减少长距离出行需求，同时增加非机动出行的比例。然而这方面并没有详细的研究，因此地方性服务设施对出行需求的影响并不明确。Winter 和 Farthing（1997）提出地方性设施的提供缩短了平均出行距离，但对步行出行比例无明显影响。此外，该研究还指出地方性设施缩短了小汽车平均出行距离（Farthing et al.，1997）。ECOTEC（1993）指出，到区域中心的距离与区域中心使用频率和平均出行距离有明确的相关关系。Hanson（1982）也有类似的发现，认为考虑到经济社会属性的影响，地方性设施的远近对平均出行距离有积极的影响。Hanson 同时也认为地方性设施的供给将提高出行的频率，虽然其对出行频率增长的影响不如对出行距离缩短明显。英国一系列经验主义的研究试图量化人口数量对地方性设施的需求（Farthing et al.，1997；Williams，2001；表 6.2）。

新开发区的选址是地方规划的主要任务，将对出行的产生和吸引力带来重大影响。地方政策主要应用于各种开发区的选址，也越来越多地应用于已有建筑的翻新和转换（包括改变用途）。规划导向理念

人口数量对地方性服务设施需求的量化分析　　　表 6.2

服务或设施	Farthing et al., 1997	Williams, 2001
学校	2500 ~ 4000	2000
医院	2500 ~ 3000	—
商店	2000 ~ 5000	4000
公共住宅	5000 ~ 7000	1100
商业街	5000 ~ 10000	—
邮局	5000 ~ 10000	—
诊所	—	8000
银行	—	18000
超市	—	10000

越来越得到强调和重视，只有当城镇中心没有合适的开发区域时，才被允许对周边进行开发。这就（PPG6）要求开发者在中心区寻找合适的区域。只有中心区没有合适的区域时，才会考虑城镇周边，而且要保证没有车也能方便地到达这些区域（环境部门，1993）。

新的大型超级市场（交易面积大于 2500m^2）在中心区、中心区边缘、中心区外的选址问题是最好的例子。超级市场在这三类区域都有分布（表 6.3），产生了大量前来购物及送货的交通流。停车位标准并不是一致的，通常用每 100m^2 用地面积 12 个停车位（100m^2 建筑面积 10 个停车位）计算，但中心区（更低）和郊区（更高）有所差异。例如惠特尼的森斯伯瑞商场（英国牛津地区）位于中心区边缘，2617m^2 的交易面积拥有 494 个停车位（每 100m^2 建筑面积有 18 个停车位）。免费的停车空间以及良好的可达性是大型商业中心的主要吸引力。

新的超级市场给交通带来了 4 类变化：

1. 出行频率略微提高，可能在 3% ~ 4% 左右，因为人们对新事物充满了好奇。

2. 在郊区和城镇边缘开发的超级市场出行模式保持小汽车出行为

超级市场的分布　　　　　　　　　　表 6.3

	数量	市中心（%）	市中心边缘（%）	郊区（%）
特易购	348	32	18	50
森斯伯瑞	362	42	16	42
糖果园	600	69	19*	12

注释：* 社区中心。
资料来源：Hillier Parker（1997）

主（超过 90%）。只有在市中心的超级市场小汽车出行比例才能降到
60%，这一指标比城镇的小市场或其他免费停车的地方要高。

3. 出行距离是关键变量，研究显示出行距离在缩短。特易购的研
究（对象为 11 个零售商店）指出，新的超级市场开业后，到超市的
平均出行距离缩短了。每家超市每周缩短的出行距离达到 60000 英里。
其他研究表明，食品店缩短了 9.3% 的出行距离，增加了 3.5% 的出行
频率，降低了 6.2% 的路网流量。对惠特尼（中心边缘）的研究认为
缩短了 41% 的出行距离，增加了 7% 的出行频率，降低了 37% 的路
网流量（Sutcliffe，1996）。对此的解释是：在发展成熟的区域，在适
宜的出行距离内有多种食品商店可供选择，而新的超级市场一般可填
补该区域的空白，将缩短出行距离，客户市场也将重新分配。

4. 在出行距离缩短的同时，出行链或相关活动将增加。在已有设
施附近开设的超级市场将带来这一变化。在市中心，80% 的出行是出
行链行为，在城市边缘，这一指标将为 60%，在郊区，这一指标更低
（20% 左右）。

零售业的新模式正在发展之中，规划者需要把握机会，为这一发
展创造良好的可达性，与此同时，鼓励多目的出行和缩短出行距离。
这是规划决策影响出行模式的案例，类似的还有商业中心、工业园区、
休闲设施（包括多媒体影院）、工业设施的选址。

除了零售业，其他行业也有类似的措施。在新西兰，ABC 选址政
策设定商业中心选址条件以控制机动化发展。商业中心选址时需要符
合区域的可达性要求。ABC 选址政策为：

◆ A：公共交通可达性高且限制停车（任仕达每100个员工仅10个停车位，20个其他人员停车位）；对象包括工作人员和来访者都较多的办公场所和公共服务机构。

◆ B：公共交通和小汽车可达性都高（停车限制较少，任世达每100个员工有约20个停车位，40个其他人员停车位）。

◆ C：小汽车可达性高，公共交通可达性略低，没有停车限制；对象包括需要使用小汽车或货车通行的公司。

所有新的或改良规划必须根据以上分类对发展区域进行分级，同时开发区的机动性又影响它们的选址。在当地政府的一系列目标中，考虑最多的还是公司带来的经济利益，例如就业、土地利用收益和税收。因此，地方政府往往选择B政策作为发展区域的选址政策，以获取最大化的发展效益（Priemus and Maat，1998）。

这类政策在美国和英国等国家也在实施。美国实施TOD（公共交通导向）发展战略，在公交站点周围进行高密度开发以提高公共交通水平。公交站点周围聚集了商业和社会服务设施，使得居民住宅密度达到30套每公顷。然而，这些地区对已有的公共交通用户的吸引力强于小汽车用户（Crane，1996）。因此，美国开始讨论这类规划是否能真正影响人们的出行行为。例如Richardson和Gordon（2001）认为没有政策能在合理的成本控制下将小汽车用户大批量地转移到公共交通上（参见4.1部分）。在英国，对交通引导发展地区（TDAs）的态度更为乐观，通过完善设计、提高密度、市中心及周边混合发展、靠近公共交通等措施鼓励可持续发展（Symonds Group，2002）。有趣的是TDAs和其他工作在密度、设计、可达性和综合利用等方面的发展主要聚集在公共交通发展良好的地区。对于复杂的问题，整体解决方案比单一方案更加有效，因此需要在发展过程中掌握主动权，使得更多可持续的出行模式得到推广和应用。

地方规划中还有一个问题是如何使城市可持续发展与交通发展协调一致。在土地利用中，将网格状网换成环状+末端支路路网可获得更大的使用效益，土地利用率将从网格状的64%提高到末端支路路网的 76%（Grammenos and Tasker Brown，2000）。从交通规划角度看，这将减少从居民区穿越的问题，还能降低车速。但是这一结构并不合理。Southworth 和 Ben-Joseph（1997，pp.120-121）认为末端支路是一种孤立、独立、无规则蔓延以及与机动化世界在社会属性上和物理属性上隔离的结构。相反，网格状路网拥有更好的可达性，提供更多可选择的路径和更加适宜公共交通发展。

如何协调步行者对便捷路径和对公共交通可达性的需求与小汽车用户对便捷路径的需求是个问题。两者的差别在于规模和速度，步行者希望与小汽车进行安全隔离，拥有社会化的和适宜步行的环境。小汽车用户同样希望与步行者进行安全隔离，但希望有明晰的导航（标志标识）以及不拥堵的路况和充足的停车供给。两类人群都认为交叉口容易发生交通事故，因为行人横穿马路时小汽车正好需要转向。

Berman（1996）列出了 11 种在行为改变和环境质量决策中可作为重要考虑因素的新传统发展方式：

1. 以混合利用为核心将步行距离控制在可接受范围内；
2. 在市中心提供就业岗位；
3. 为不同收入人群提供住宅类型；
4. 提高住宅密度，同时缩小地块面积；
5. 考虑本地特色的区域性建筑；
6. 创造一种社区的环境；
7. 创造一种传统的环境；
8. 普及开放的空间；
9. 将道路作为交通设施融入社会空间；
10. 住宅后面设置供步行的小巷；
11. 网格状路网将为驾驶员和步行者提供多种路径选择。

这样一种地方性环境的营造是为鼓励人们步行至地方性设施，在当地就业以及融入当地社区以减少小汽车的使用。这种新传统发展方式因鼓励步行、土地混合利用和提供多种住宅形式而深受规划者和城市设计者的推崇（Calthorpe，1993）。然而，对于家庭式的居民而言，末端式的路网因提供了更加安全和舒适的居住环境而更受欢迎。

6.2.5　交通设施的可达性

交通网络的可达性同样影响了出行模式和交通能源消耗。交通网络（尤其是道路和铁路）的可达性越高，出行速度就越高，在固定时间内能到达的距离也将扩大。交通网络对住宅和岗位的分布有重要影响。交通网络可达性越高，长距离出行和交通能耗就越多。

从家到公交车站和地铁站的距离影响了出行方式的选择（Kitamura et al.，1997）。到公交车站的距离越远，小汽车出行比例越高，非机动化出行比例越低。Cervero（1994）认为轨道出行比例随着到地铁站距离的增加而降低。在加利福尼亚州，居住在离地铁站500英尺（约150m）内的居民轨道出行比例占30%，离地铁站越远，轨道出行比例越低。当居民离地铁站3000英尺（约900m）时，轨道出行比例仅为距离500英尺居民的一半。Cervero对华盛顿、多伦多、埃德蒙顿和加利福尼亚的研究也支持了这一结论，但轨道出行比例本身也比较低。

6.2.6　停车供给

现有的规划政策对出行需求有特殊影响。从短期看，停车政策直接影响了出行方式选择，而从长期看，则对出行次数、方式选择、出行距离等出行需求有持续性的影响（参见6.2.4节）。出行频率和方式选择同样受到停车供给的影响。住宅区停车供给增加，居民平均出行次数随之降低（Kitamuram et al.，1997）。因此，建议住宅区提供更多的停车位以减少小汽车出行次数，同时，居民因缺乏停车位而增加的出行次数通常是短途的非机动化出行。根据经验看，这一论点并不被支持。

停车控制是一种地方政府用来控制出行需求的重要方式。各个城市间的停车供给标准各有差异（参见表6.4）。对地方政府而言，控制的方式有控制停车位供应、停车收费、停车时间控制等形式，并通过划分停车区域来实施。停车控制的局限性在于将导致大量的私人非住宅停车（PNR）。停车控制以及停车换乘、公共交通优先和步行环境被认为是城市交通战略中具有特殊效力的措施。

DTLR（2001）设置了最宽松的停车标准，规划不收取通勤停车费，但可以从停车换乘或路边停车中获取费用。食品零售业的标准现在是每 14m² 配备一个停车位（超过 1000m² 的上限），非食品零售业的标准是每 30m² 配备一个停车位（超过 1500m² 的上限），住宅区是每套 1.5个停车位。WPPL（参见案例 7.5）被一些地方政府（例如诺丁汉）作为提高税收并用于公共交通投资的途径（例如电动车），然而这一措施受到了商家的抵制，因为 WPPL 是一种对缓解拥堵没有贡献的税收（Banister，2002b）。

停车收费对于地方政府而言是一种重要的财政来源，还决定了市中心的吸引力，因而显得非常重要。目前还没有研究证明停车政策以及其他相关措施（例如公共交通优先）实施一段时间后对城镇中心的经济和环境是否存在影响。

英国 16 个城市的停车标准 表 6.4

%	标准	
	办公区	住宅区
私人非住宅停车	43	35	17
公共非路边停车	45	37	18
公共路边停车	12	10	5
		81	40

注释：办公区 = 每 1000 个员工的停车位配套；住宅区 = 每 1000 户的停车位配套。
资料来源：TecnEcon（1996）

补充措施包括将交通和规划结合的措施和考虑个体因素对现有措施的加强，这一类措施同样重要。在传统的交通政策措施集的基础上（例如：步行和自行车优先；交通需求管理；公共交通优先和停车换乘），这里还提出了一系列补充完善的可持续发展措施：

◆ 公司交通规划（一些地方政府和商业机构将此作为城市可持续

发展战略的一部分);

◆ 出行竞争意识和提供有质量的信息；

◆ 学习和其他设施（例如医院和幼儿看护中心）的出行供给，尤
其是那些没有小汽车的人群；

◆ 对出行决策有影响的公共政策——即时物流和供应链，提供高
水平的交通供给，对增加出行距离的地方设施进行合理化布局
或重新选址，将公司由市中心搬迁至郊区。

停车换乘是针对城市中心拥堵和环境恶化在交通和规划方面提出的
一项措施。单独实施这项措施的效果有限，但如果与停车控制和中心区
公共交通优先政策一起实施的话，效果将大幅提高（参见 5.2.1 节）。

在城市层面，采用交通和土地利用相结合的政策以实现区域目标
的案例非常多。必要条件是在政策目标制定时嵌入可持续发展概念。
组合政策中的交通（例如停车、收费、公共交通优先）和土地利用（例
如混合利用、重新选址、密度）措施需要所有参与者的参与以提高城
市环境质量。这些参与者包括公司（通勤出行）、学校和商店（出行
规划）、公众以及提高可持续交通的设想的战略参与者。

6.2.7 社会经济和其他行为因素

表 6.1 列出了相对明确的个体行为因素。然而，很难对所有研究
进行清晰的划分。在这里，类似经济社会属性等因素，并不直接影响
环境。在民主社会，影响选址和行为的因素众多。在对英国的研究
中，Stead（2001b）认为经济社会因素比土地利用因素更加重要，超
过 50% 的变量是经济社会因素（英国有约 8400 个病房）。最重要的经
济社会因素是小汽车拥有、经济社会分组和职业。土地利用属性是出
行的第三个变量。这些因素同样也可能两两间或多个间相互影响。然
而，Stead 也认为土地混合利用、小区规模和地方设施提供对可持续
发展也有影响。

Ewing 和 Cervero（2002）对美国现有的研究进行了交叉分析，认
为建设环境比经济社会属性对出行距离的预测更为重要，但经济社会

属性在预测出行频率和方式划分方面更加重要。在对汽车出行（出行距离、频率和方式的组合）进行预测时，环境再次成为关键因素。土地利用政策通过拉近住宅与设施的距离缩短出行长度，进而减少机动化出行。然而，需要注意的是，在缩短出行长度的同时可能提高出行的频率，从而导致路网整体效益的降低（Handy，2002）。第三个维度是出行者的偏好和态度。Kitamura 等（1997）认为在预测交通行为时，这一维度比建设环境和经济社会因素要重要。居民因为适应某种生活模式而选择地区，而非由环境决定出行模式。在欧洲，人们选择符合他们生活模式的地区生活，而生活模式就包括出行模式和对出行方式的偏好，如机动化水平高的社区。

6.3 案例研究

这里列举了三个采取不同行动的城市的案例，试图将上述章节中提到的因素全部涵盖其中。选取这三个案例不是因为它们是最好的，而是希望说明长期坚持一个全面完整的战略并实施综合性的措施非常重要。

英国牛津（人口数为 134000，位于伦敦西北部 100km，人口密度为 2940 人 /km²）

1993 年

牛津交通发展战略提出：提高市中心环境质量，同时继续保持市中心的经济增长（OCC，2000，p.1）。

这一战略提出后，约 90 项措施被提出，包括：公共汽车信号优先、公共汽车路径优化、提高步行和自行车出行比例、为停车换乘提供 700 多个停车位、美化城镇环境、降低公共交通排放。

同时，市中心的汽车使用也受到更多约束，包括：环路的变更、市中心交通管理和控制。市中心的停车控制也更加严格。

目的在于减少小汽车的使用和提高环境质量。

2002 年

降低市中心交通量（减少 19 个百分点），部分道路降低 60% 交通量。

通过检测带的汽车和出租车量由 1991 年的 54% 减少到 2001 年的 39%。

通过检测带的公共汽车量由 1991 年的 27% 增加到 2001 年的 44%。

通过检测带的出行方式划分变化情况（%）

	1991	1998	2002
小汽车和出租车	65	61	58
公共交通	5	6	6
自行车	18	19	22
其他	12	14	14

注释：市中心外的小汽车 =80% 的机动车。

资料来源：www.oxfordshire.gov.uk/oxford/

德国弗莱堡（人口数 230000，位于德国南部，人口密度 1540 人 /km^2）

20 世纪 50 年代

决定保留历史中心街区，不鼓励使用小汽车。

1969 年

持续发展轨道交通系统。

1973 年

历史街区（50hm^2）禁止机动车通行。

1985 年

7km 的轨道线建成，1994 年建成另一条，形成了连接拥有 12000 人口的发展新区的公共交通系统——最近又对轨道交通进行了新的投资。

1989 年

Gesamtverkehrskonzeption——在整个城市建立了减少小汽车使用和鼓励公共交通、停车换乘、自行车换乘公交和步行出行的理念。机动车仅限于在主干道上通行，过境交通禁止穿越居住区，降低速度限制。

自行车道从 1972 年的 29km 增加到 2002 年的 150km，同时新增了 8600 个自行车停车位，为自行车换乘公交提供综合解决方案。

通过对收取高额停车费来限制居民区停车，同时鼓励停车换乘。

在居住区设置 30km/h 的限速以减少机动车出行。

新建了道路（东街 B31，2002 年 10 月）和穿越居民区及公共地带的隧道。

城市内部出行方式划分（%）

	1982	1989	1999
步行	35	24	24
自行车	15	21	28
公共交通	11	18	18
小汽车驾驶员	30	30	24
小汽车乘客	9	7	6

自行车每天出行次数达：1976 年 =69000，1989 年 =132000，1999 年 =210000。

1999 年弗莱堡小汽车拥有量为每千人 446 辆，低于德国平均水平 494 辆。

弗莱堡地区的 16 家公交公司通过 Umweltticket 实现了月票制。这种月票制占公共交通出行的 43%，有效减少了小汽车使用。

www.freiburg.de

沃邦是邻近弗莱堡的一个原法军基地，拥有高密度的混合开发住宅区，42hm² 的土地上未来将有 5000 名居民居住，居住密度达 119 人 /hm²。该地仅在城市周边提供停车位，内部不允许汽车通行，鼓励公共交通和汽车合乘。在 300 户放弃使用小汽车的家庭中有一半居住在沃邦。这一发展目标将于 2006 年实现。

资料来源：www.forum-vauban.de and Senft（2003）

中国香港（人口达 6946000，面积为 1099km²，人口密度为 6320 人 /km²，每天居民出行次数达 1100 万次，其中 90% 通过公共交通出行）

实行土地利用和交通协调发展策略。

香港的综合交通规划提高了公共交通和道路管理水平——CTS-3（1997）。

◆土地、交通和环境统一规划，在高密度的交通走廊沿线发展新城。

◆优先发展轨道交通，轨道交通到 2016 年将承担 50% 的公共交通出行。

◆整合和提高公共交通服务，重点加强轨道交通与迷你巴士、出租车和公交车的接驳。实现公交卡的一卡通用（八达通卡）。

◆通过回填土地建设战略性通道。

◆利用智能交通系统为公共交通用户、驾驶员、交通控制、电子支付和自动交易提供信息。

◆分离行人与其他交通方式。

◆通过排放控制、设置隔声屏、低噪声路面和可替代能源将交通对环境的影响降低到可接受的程度。

无论从保护已有发展空间（40% 的陆地面积）还是从容纳大量人口来看，香港都是发展可持续交通战略的最佳案例，其在环境治理的同时还需考虑到经济的可持续增长。填海造地、香港国际机场（设计容量为 8000 万乘客，目前已达 4500 万乘客）、青马大桥、九龙航空枢纽等大型项目正是为促进经济发展而建设的。规划的目的是用来控制这些发展措施的优先次序，因为香港的未来依靠其在珠三角中的关键地位。

资料来源: Ng（2004）; Cullinane（2003）

6.4 结论

上述论述和实证缺乏（需要）详细的分析。上述的许多思想也受到传统的约束，因为有倡导者支持通过规划和其他控制方法进行干预，或者鼓励技术手段的解决方案，或者进行更加自由灵活的市场操作。通常现实情况往往更加复杂，需要政策集而非单一的政策，并且这些方法可能并不兼容一致。比如不同的研究者研究各种情况下的交通能耗问题，有些人支持发展地方性设施，有些人则认为需要对通勤问题和郊区化模式进行更详细的研究。然而，值得注意的是，通勤只占到所有出行的 20%，更多的出行需求来自于社交、购物和娱乐等活动。

许多研究受到可用数据质量的制约。大量的研究工作用来建立合理的数据库，并尽量少作关键性假设。这些研究获得的结果不一定非常精确，但是要有指导意义。例如关于交通能耗指标，有人使用主要能源消耗量（MJ——分方式、距离和乘客），有人使用人均用油量，还有人使用市区内汽油销售量。这也是数据制约的表现。不过，能源消耗量是最佳指标。

尽管如此，本书还是可以得出一些结论。比如就交通对土地使用和城市形态的影响而言，它对出行距离、速度和方式选择影响明显，但对出行的频率影响较弱。总体而言，有六条主要结论[1]:

第一，新开发区的选址，尤其是新住宅区，应该具有足够大的规模，并且靠近或者就在现有的居民区内，这样人口总量在 25000 以上，可能接近50000人。提供地方性设施和服务，以鼓励区域出行模式的发展。

第二，开车出行的距离和人口密度相关。人口密度超过15人/hm^2，开车的距离相对固定（12km）。小于这一密度，开车的距离会增加35%。同样，密度增加，开车出行的次数占总出行的比例会从72%下降到51%。高密度区的汽车使用量是最低密度区的一半。

第三，居住区越大，出行距离越短，公共交通出行的比例越高。为了适应大都市的复杂结构，人们的出行距离增加，不经济的规模随之出现了。

第四，开发区应该缩短出行距离，降低对汽车的依赖。尽管本书的研究有限，且重点在通勤出行，但是在住宅区附近发展各种设施和服务是有帮助的。

第五，开发应该靠近交通枢纽和线路，从而可以提供各种高层次的服务。但是这或许会造成更多长距离出行。

最后，停车的便捷性成为决定是否开车的关键。总之，汽车的可用性和其他经济社会变量是确定出行需求和方式选择的两个最重要的因素，占70%~80%的权重，土地使用占20%~30%的权重。

城市层面需要的进一步分析包括：

1. 交通措施对城市和区域经济及环境的影响需要进一步的调查。停车等限制措施可能导致城市中心区的租金下降等不良影响。需要研究交通措施对城市活力和生命力形成的短期和长期的影响，从而判断其到底是提高了发展质量还是带来了颠覆性的影响。

2. 通过提高环境质量建立良好的社区和清晰的区域将提高城市的吸引力。邻近服务设施，大量的机会，通过公共交通、步行和自行车完成短途出行等可持续的生活模式将使城市具有更大的吸引力。

3. 重新划分道路空间，鼓励发展绿色出行模式，为居民出行行为改变提供可行性。通过交通管理和需求管理手段挖掘路网更大的通行能力。协调规划和交通以实现给优先用户群分配道路空间。此外，还可以综合实施停车政策和公共交通优先政策以及设置公交专用道和为步行、自行车用户开辟道路空间。重新划分空间不仅可以在城镇和城

<table>
<tr><td>一些研究成果的总结</td><td align="right">表 6.5</td></tr>
</table>

人口规模：研究人口规模对出行方式选择、出行距离和能源消耗的影响。
- ◆ 美国城市人口规模与出行方式选择间没有明显关联（Gordon et al., 1989a）。
- ◆ 规模大于 25 万人的城市的出行距离和小汽车使用量更低（ECOTEC, 1993）。
- ◆ 人口规模为 2.5 万~10 万或 25 万的城市交通能源利用率较高（Banister, 1997a）。

人口密度：研究提高人口密度对出行方式、出行距离、能源消耗的影响。适宜降低小汽车出行的城市形态较为多样，从紧缩型城市、去中心化城市到低密度郊区地区都有。
- ◆ 提高城市人口密度能减少交通能源消耗（Newman and Kenworthy, 1989a）。
- ◆ 在美国，人口密度与小汽车出行比例间并没有明显的关联（Gordon et al., 1989a）。
- ◆ 人口密度越高，轨道和公共汽车出行比例越高（Banister et al., 1997）。
- ◆ 紧凑型城市因交通拥堵不一定能减少能源消耗，反而是去中心化城市有可能缩短出行距离（Breheny, 1997, 2001；Gordon and Richardson, 1997）。
- ◆ 去中心化城市有助于减少小汽车出行（Jenks et al., 1996）。
- ◆ 人口密度是影响交通能源消耗的关键因素（Banister et al., 1997）。
- ◆ 人口密度高的城市有减少出行的需求，但不一定具备减少出行的条件（Owens, 1986）。
- ◆ 从高密度城市搬迁到低密度城市的居民的小汽车出行会增长，但出行距离会缩短（Hall, 1998）。

服务和设施供给：研究地方性服务和设施供给对出行方式、出行距离和能源消耗的影响。
- ◆ 地方性服务和设施供给并不能影响出行方式选择。个人和家庭特征才是关键因素（Farthing et al., 1997）。
- ◆ 邻近的服务和设施将缩短出行距离，影响方式选择，同时居民也可能去更远的地方使用更好的服务和设施（Banister, 1996）。

地理位置：研究地理位置——与中心区的距离、发展交通网络和绿化带——对出行方式、出行距离和能源消耗的影响。
- ◆ 在建成区外建设居住区、发展交通网络和独立发展将增加出行并影响出行方式选择（Headicar and Curtis, 1998）。
- ◆ 地理位置是影响能源消耗和小汽车使用的关键因素（Banister et al., 1997）。
- ◆ 靠近建成区将减少自我封闭和提高无车居民的可达性（Headicar, 1996）。
- ◆ 城市设计：美国的研究证明城市新区末端支路的路网结构影响了交通行为。Marshall（2001）对英国的研究也证实了这一点。

经济社会属性：研究个人和家庭属性对出行方式、出行距离和能源消耗的影响。同时研究个人和交通属性对交通的影响是否大于土地利用。
- ◆ 出行频率随着家庭规模、收入和小汽车拥有量的增长而增加（Hanson, 1982）。
- ◆ 出行距离、小汽车出行比例和能源消耗随小汽车拥有量的增长而增加（Naess and Sandberg, 1996；Naess et al., 1995）。
- ◆ 双职工家庭：两个不同工作地的位置对居住地和出行模式选择的影响如何，目前尚无相关研究。
- ◆ 周围地区机动化水平：影响了出行方式选择、出行距离和能源消耗等出行行为。美国已有相关研究，英国尚无此类研究。
- ◆ 态度：加州作了态度对出行行为的影响的一些研究，英国尚无此类研究。

资料来源：Hickman and Banister（2002）

市中心实施，还可以在居住区或学校、医院附近实施。这一理念还可以拓展到城市或城镇的放射性主干线上。

4. 协调发展将形成无缝衔接的交通系统。高质量的协调将为居民出行提供无缝衔接，同时为居民提供商业和其他服务设施。办公、商业和服务设施发展与交通的协调可增强吸引力和可达性。货物交换设施也可通过同样的途径以最小的成本获取最大的效益。

5. 在城镇中心区（或居住区）发展安宁交通和慢行交通不仅可提高交通安全水平和降低交通速度，而且它们还是增强地区对居民和商业的吸引力战略的一部分。这意味着社区发展理念要与交通发展理念相结合。

本章的基本论点是：规划在降低出行需求方面的作用被低估了。为了减少对小汽车的依赖和缩短出行距离，规划应该在制定和执行可持续发展原则上发挥作用。虽然交通只是可持续发展中的一个因素，但我们可以从中获得可持续发展的信息或实施有效的措施。此外，我们必须在国家和地区层面实施一系列战略政策以实现土地利用和交通的可持续发展。

注释

1. 最后一个部分用到的数据来源于英国全国出行调查（1989/1991 年）——交通部门（1994），表格来源于：Banister，1997b；Stead，1996；Banister et al.，1997。

第 7 章

公共预算与管制措施

7.1　简介

前一章节关注于能够带来可持续的城市发展的积极举措，它们主要可以协助优化缩短出行距离的策略（Handy，2002）。在这一章，我们转而研究移动限制策略。该策略致力于通过缩短出行距离、降低出行频次或者使用交通的高占有形式（例如公共交通）来减少出行量。众所周知，在可持续问题的讨论中，最基本的争论就是出行者不支付行程的全部费用。这些费用不仅涵盖了使用者的直接成本，还包含了影响到他人的外部成本（包括环境成本；Maddison et al.，1996）。虽然至少在理论上，边际成本定价理论已经被广泛接受，但是无论在技术方面还是政策方面，理论与现实间都存在着难以跨越的鸿沟。

为了精确地检测外部成本，我们必须连续监测系统中的每一部车的排放情况和对拥挤的贡献。现今，对于汽车驾驶员降低环境成本的行为，实际上没有任何的奖励措施。两项主要的税收与车辆的年花费（车辆消费税）和燃料价格中的税收因素有关。在英国，为了给予低污染车辆更多的利益，车辆消费税已经进行过调整（表 7.1）。

然而，自从汽油税[1]在 2000 年被移除后，燃料价格中的税款已经减少。此外，使用替代燃料（例如无硫燃料、生物燃料、煤气和电力）也能够得到奖励（增值税由 17.5/ 分降至 5/ 分），例如使用汽油会比使用液化石油气每分多花 60（基于 2003 年物价，每 100km 分别是 6.89 欧元和 4.28 欧元）。近年来，汽车使用者转而使用低污染车辆和替代能源以减少税收成分，这些举措大都可能会减少国库收入。于是我们需要一个新的税制来维持和增加国库收入，这也是为什么要征收道路

英国新车辆消费税率（英镑）　　　表 7.1

区段	二氧化碳（g/km）	柴油	汽油	可替代能源
AAA	<100	75	65	55
AA	101 ~ 120	85	75	65
A	121 ~ 150	115	105	95
B	151 ~ 165	135	125	115
C	166 ~ 185	155	145	135
D	>185	165	160	155

注释：

过去，最大差异为 70 英镑，现在提高到 110 英镑。

2002 年，英国的柴油汽车登记量提高了 38%，同时二氧化碳排放量更低（但其他污染物排放量更高）。柴油汽车占所有新登记量的 23.5%（2002），高于 1990 年的 5%。

企业汽车税（企业车辆的私人用途造成的税务）也逐渐与二氧化碳相关（2002）。税收与车辆的标价相关，对于高排放车辆，收取标价 15% ~ 35% 的税。

收费和高速公路通行费的原因之一。

　　本章，我们简要地提出几个在交通方面实现可持续城市发展的主要经济争议和举措。正如前文所提到的，这其中非常重要的一点是所有适宜的措施都以相互支持的方式通过减少能耗（和污染）的形式减少出行量。显然，在此过程中价格策略非常重要，特别是与土地使用和发展的互补作用和技术革新相结合时，更是扮演着不可或缺的角色。本章的讨论主要围绕着价格和税收以及交易许可的机会，以便解决对于分配的担忧。此外，本章还会包含一份简短综述，规章措施一方面成功地应用于限制使用，但另一方面在减少容量上又存在较大争议。

7.2　收费

　　虽然在某种层面上，每个人都在支持着包括交通运输在内的所有日用品的边际成本定价，但是实际情况却并非如此。科技还不足以监管交通运输系统的使用、拥堵的发生和每一个出行者的资源使用情况（包括造成的污染），而且把道路收费作为出行成本的举措是否被广泛接受也没有明确的共识。如此看来，税收成为交通运输相关投资的附加货币是边际成本定价有效实施的基础，而在一些挪威城市（奥斯陆、卑尔根、特隆赫姆）和伦敦，它更是必要条件。

然而，实际应用的局限不足以否定边际成本定价最初的公正性，那就是所有的出行者都应该意识到他们应为自己所造成的所有出行成本买单。极端地讲，这意味着任何形式的出行方式都不应该得到补贴。但实际上这样的观点是站不住脚的，由于社会、空间和经济条件的限制，补贴被分配给了那些独立出行者和交通不便的一些特殊区域的住户。现今，正如我们前面提到的，汽车使用的边际成本很低，同时固定成本很高，但是在我们决定是否使用汽车时，这些成本往往不受重视甚至被忽略，而正因为我们已经支付过这些成本，他们甚至可以作为我们使用汽车的理由。作为使用者，我们可以认为使用汽车没有任何成本，我们可以随时随地地使用，并且无需为每一次出行买单。

道路收费的最普遍来源是收费车道、收费路段和桥梁。大多数情况下，这些费用是为了支付建造和维护所用的花销，而不是为了限制使用需求。道路拥有者的目标是最大化税收，以便尽早偿付项目融资所用的贷款和债券，从而使得进一步的收入可以作为盈利支持新收费公路项目的实施。所以，这些举措的主要目的是为了投资（和维护）而筹集资金，而环境因素在其中的作用却是微乎其微。的确，因为这些项目不是在公共投资规划下提出基金和构建方案的，如果环境是主要的考虑因素，就会事与愿违。

在美国，《21 世纪交通权益法案》（the Transportation Equity Act for the 21st Century，1998）提出了一个 5.5 千万美元的规划资助一系列定价项目的发展，包括已收费桥梁与得克萨斯州和加利福尼亚州南部的高收费车道（Handy，2002）。也有一系列的方案被推出，无论是否有对使用的增值收费，都会有持续不断的监管评估（Federal Highway Adminstration，2002a）。

欧洲有许多桥梁隧道和高速公路收费的案例。新基础设施收费是合法的观念似乎已被接受，但却少有人支持那些已经可以"免费"使用的道路进行收费。然而，在城市层面，许多有影响力的机构（例如

CEC，2001a；ECMT，1999）都倡导进行道路收费，以应对拥堵和环境问题。

7.2.1　伦敦拥挤收费计划

伦敦是实行境界线收费（Cordon Pricing）的第一个主要欧洲城市（2003 年 2 月）。每一辆穿过境界线进入市中心的车辆都缴纳固定金额的费用。在境界线收费之前，约有 15% 的通勤工作者驾驶汽车进入市中心（Central London，在高峰时段约有 5 万车辆），这个过程中的大半时间车辆都以平均 15km/h 的速度排队等待或低速行进。《伦敦道路收费选择报告》（The Road Charging Options for London Report，ROCOL，2000）估计每辆车收取 5 欧元能够减少 12% 的运输量，提高车辆速度约 3km/h，并带来每年 1.3 亿欧元的净收益（表 7.2）。

交通影响估计及伦敦中心 5 英镑区域许可带来的经济收益　　表 7.2

影响	伦敦市中心	伦敦内部
交通状况的改变	基于车辆公里数	基于车辆公里数
早高峰（7：00 ~ 10：00）	−0.8m（−10%）	−5.9m（−3%）
14 小时（6：00 ~ 20：00）	−3.6m（−12%）	−25.5m（−3%）
平均交通速度变化	包含交叉口延滞	包含交叉口延滞
早高峰（7：00 ~ 10：00）	15 ~ 18 km/h	21 ~ 22 km/h
14 小时（6：00 ~ 20：00）	16 ~ 18 km/h	22 ~ 23 km/h
每年的经济收益	125 英镑每米到 210 英镑每米；中位数 170 英镑每米	
区域许可年度运营成本	30 英镑每米到 50 英镑每米；中位数 40 英镑每米	
年总收益	95 英镑每米到 160 英镑每米；中位数 130 英镑每米	

资料来源：ROCOL（2002）；www.open.gov.uk/glondon/tranport/rocol.htm

境界线收费计划给伦敦市长提供了一个重要的资金来源，并作为为数不多的资金之一，保证着大伦敦政府的收入基数。由于税收会用来投资进行交通改善，所以似乎该计划拥有着公众的支持（措施实实施前，67% 的伦敦市民支持这项计划，但其中只有 45% 是司机）。这些交通改善会包含优化地铁和地上铁路服务，提升公交服务和降低公交费用以及建造一系列跨越泰晤士河和城市中心东部的新连接（案例 7.1）。

自从 2003 年 2 月引入计划以来，伦敦的拥挤收费已经超过了预期，这展示了一个激进方法的价值和由实践带来的示范效应的力量。虽然现在对其进行完整的评价还太早，但是计划已经带来一些有益的间接影响。现在只有约 5 万辆车会进入收费区域，更多的人转而选择公共交通和不需缴纳境界线费用的出行方式（出租车、自行车、摩托车），或者干脆从收费区域转移出来。现在早高峰期间乘坐公交车进入收费区域的人数比原先多出 1.5 万，他们花在路上的时间更少（在每站的等待时间减少了 30%），并且由于交通延误造成的公里损失减少了60%。只有至多 4000 人会驶入收费区域（TfL，2003）。

案例 7.1 伦敦的拥挤收费

拥挤收费计划目的在于规定伦敦中心交通的优先考量因素——减少拥堵，提升公交服务，增强出行时间的稳定性和提高货运分布的可靠性和效率，同时为伦敦的交通投资募集资金。边界线定在伦敦市中心的内环路，包含了 $21km^2$（占伦敦市总面积 1.3%）。该区域有 174 个出入口，每辆注册车辆每天应缴纳 5 欧元（违规处罚 80 欧元，若两周内缴纳减至 40 欧元，若超过 4 周将增至 120 欧元）。全部预算约有 2 亿欧元，包括 1 亿欧元补贴交通管理。管理成本约每年 8000 万欧元，通信和交易约有 1200 万欧元的预算（Assembly，2002）。

实行 6 个月拥挤收费的影响（2003 年 2 月到 8 月间）

◆收费区域的拥堵情况减轻了 30%，是自 20 世纪 80 年代中叶以来的最低值。但是乘坐出租车出行的次数提高了 20%，货车和卡车行驶次数降低了10%，自行车使用次数提高了30%。

◆在收费时段（周一至周五的 7：00 到 18：30）进入收费区域的机动车数降低了16%，其中，公共汽车、出租车、当地居民的车辆（缴纳拥堵费的10%）等 13 类可以少交或不交。

◆穿过收费区域的汽车出行变得更加快捷和可靠，出行时长降低了14%，可靠性提高了 30%。

◆公共交通正在处理乘客增加带来的问题。

◆由于拥堵状况的减少，公交车服务变得更可靠。

◆区域周围没有发现明显的交通转移。

◆依据现有的数据，区域内的交通事故减少 20%。

◆多层次的付费方式较为有效，呼叫中心的催款次数由每周 167000 次降至 7000 次。

◆处罚通知收费平均每月 106200 次，约 60% 在一月内缴纳罚款。一项最新的提案（2004 年 2 月）会大幅提高处罚和实施力度。

◆公众仍对计划表示支持——50% 的伦敦市民支持，30% 反对。

◆2003 ~ 2004 年 度 平 均 净 收 入 约 为 6800 万 欧 元，2004 ~ 2005 年度将达到约 9000 万欧元。

资料来源：http：//www.tfl.gov.uk/tfl/cc_intro.shtml

对于地方经济更广泛的影响难以量化，但是从零售的"足球指标"（football index）[2] 可以看出，到伦敦中心收费区域的购物者减少了7%。这意味着到伦敦市中心的人数由 180 万减少了70000，但是减少的绝大部分是转而使用公共交通了（85% ~ 90%），拥挤收费在整个降低中的作用可能不足 1%，并且更可靠的交通方式和更有效的运货方式带来的利益足以弥补人数减少带来的损失。虽然 1.3 亿欧元的预估大大超过了实际水平（6800 万），但道路收费无疑增加了大量的税收。这是因为计划比预期的更加成功，有更少的车辆缴纳费用，同时监管的花费也比预期的更高。虽然由交通运输量减少带来的环境质量的提升少有提及，但更多出租车和公交车会增加柴油排放。

道路收费的应用仍存在大量的问题。其中道路收费的公众接受度问题就没有引起足够的重视，特别是当税收（至少其中的一大部分）没有再投资使用于交通运输系统时，问题没有完全解决。同样地，计划对城市生活品质和魅力的影响还不明确，而对商业信心、租赁和土地价格的影响要等到约 3 ~ 5 年后才能够完全了解。虽然社会整体在变得愈加富裕和舒适，但是低收入的汽车拥有者会面临大量增加的汽车使用开销。这些都是在道路收费大规模实行一段时间后才能够明确的公共政策问题。伦敦计划有两个主要目标：减少境界线内的汽车使用量；提高税收并用于投资公共交通。这与挪威不同，在挪威，收取通行费提高的税收用于建造新的道路（和一些公共交通）（Larsen，2000）。还没有一份计划将环境因素纳入考量范围，而那样的计划应涵盖更广泛的区域，并根据环境成本的不同进行差异化收费。公共交通、出租车、居民私家车和摩托车也应被同等对待，以应对他们造成的全部环境成本。

7.2.2 替代定价——理论与实践

迄今为止的定价方法大致都简单地与进入某个区域或使用道路桥梁相关。对于使用者，这样的收费没有反映边际成本，而更像是附加成本。边际社会成本定价的理论情况非常清晰——使用者为他们出行的直接成本和外部成本买单。边际社会成本和边际私人成本应进行不同的征税，但是要达到这种的纯形式，必须加入几个很强的假设（Emmerink et al.，1995）：

◆司机的行为是理性的，他会使效用最大化或成本最小化；

◆我们可以得到道路使用成本的全部信息；

◆时间是标准经济商品且有正值；

◆拥挤收费应用于所有网络相关部分；

◆交易成本很低，使得福利收益应超过实施成本。

即使这些假设都可以接受，正确的收费价格的确定仍有许多其他问题需要考量。理论上的系统是静止的，但是现实是不断变化的并且受随机情况的影响，所以合理价格的制定是非常困难的。我们也没有经验数据可供参考，即使可以得到这样的数据信息，我们是应该基于现有的（或之前的）交通拥堵情况定价还是基于预测出的交通拥堵情况？也许是后者，所以司机应被提前告知收费价格以便在出行之前做好决定。这就需要高质量的信息系统，使得司机在出行之前就能获得所需信息，该系统也应能提供其他可替换的出行方式、时间、目的地和路线。

涵盖拥堵、污染和安全的评估问题也需要处理。其中一些子问题至少可在某种程度上被估量，但是道路收费不一定同时对这些问题起到积极作用。例如行驶速度变快常常导致更高的事故率。广泛使用的"拥堵"一词也很难被定义。它常被定义为平均自由行驶速度和真实速度间的差异。但这样的假设并不真实，我们不能期望出行满足在限速情况下自由移动，所以该定义应理解为拥堵的最大估量。当我们继续考虑环境因素并将影响归因于每一辆车时，更多的并发症就会出现。测量污染物浓度非常困难，分散率依赖于其他交通、街道布局、峡谷效应和气象条件。不同的车辆的年龄、行驶速度、发动机型号和大小以及是否处于启动状态，都会导致它们有不同的污染水平。简言之，不可能基于最佳原则定价，于是我们应转而考虑第二佳（第三佳）原则。Emmerink et al.（1995）建议使用"某种外部因素导致成本的有权平均"。这是协调理论和实践的经典案例。

案例 7.2　可持续发展交通系统的定价策略

1. 对整个经济体施行统一的碳排放税，使得所有经济部门有平等的边际减排成本。

2. 燃油定价是基于其对环境造成的损害。这个定价机制应用于非常规燃料，以便加快它们的导入和市场渗透。

3. 购买税或保有税需要区别对待以反映车辆的排放特性。

4. 监测系统需要建立实时的严重污染和空气质量检查机制，以便实施补救。

5. 类似的系统会监控噪声污染和特定的违规行为。

6. 我们应该引入更广泛的道路定价计划以控制城市拥堵和车辆污染的影响。

7. 由于路面损坏与重量、车轴和行驶距离有关，所以任何收费系统，特别是对于重型车辆，都应该和距离相关。

8. 事故的外部成本可以用某种距离费用补偿，这种距离费用代表影响他人的额外成本。收费会根据道路使用者和事故发生情况的不同而有所区别。

9. 限速需要被"重新审视"以平衡由较低的事故数量和燃料使用节省的成本所带来的优势。

10. 提高生命的价值可以显著减少事故量，也将改变投资上的优先级顺序，放弃那些节省时间和缓解拥堵的计划，转而支持旨在保护生命的方案。

资料来源：Maddison et al.（1996），表 8.7

有两种收费与区域或路线执行条件有明确的相关性。其一是全面电子道路收费计划（Electronic Road Pricing，ERP），例如在新加坡，道路收费与市中心拥挤度和出行里程相关。基于对公共交通运输的大量投资和需求管理（案例 7.3）的交通策略必须包含这项已经实行了30 年的道路收费计划。除道路收费外，通过限制每年的汽车登记数（购买者需要拥车证，Certificate of Entitlement）和高额的拥有成本，也可限制汽车的拥有数（Keong，2002）。

案例 7.3　新加坡道路收费计划改革进程

1972　附加登记费——提高了常规费用，并引入了对所有新型车辆的新税。

1975　区域授权计划——这包括部分中央商业区（限制区——RZ），并需要提前购买许可。1989 年 6 月前，该计划会在工作日实行 2.75 个小时（7：30～10：15），后来又加入了高峰时段（16：30～19：00）的限制；到 1994 年 1 月，时间延长至一整天。免限车辆也在逐步减少，到现在，只剩下公共交通和紧急用车，其他的小汽车、合伙用车、出租车、货车和摩托车都需要缴纳费用。收费为全天 3 美元，不满全天 2 美元。用车需求最初减少了 44%，但随即变化至 31%，这需要与经济增长、收入增加和车辆总数 77% 的提高相平衡。

1995　道路收费计划——在限制区域外三条拥挤的高速公路上的四个点执行。

1998　电子道路收费——包括智能卡和车内仪器在内的技术自 1996～1997 年开始测试，1998 年开始收费，收费与时间和拥挤程度有关。尽管收费降低了 0.50～2.50 美元，但中心商业区的交通量依旧减少了 10%～15%。这部分是由于旧收费系统和新收费系统之间的差异造成的——旧系统按天或部分时段收费，新系统按出行次数收费。所以额外的减少是由在 RZ 内多次进出的车辆贡献的（约占所有出行的 23%）。

参见第九章表 9.8。

正如案例 7.3 所示，新加坡在不同技术的测试和交通策略中心的道路定价方面一直领先。在中心商业区的两条主交叉线构成了 83km 的网络，连接了新城和市中心。一条 2002 年的 20km 线（部分）开放，它建自岛南部的世界贸易中心，穿过中心商业区，直到新城 Hougang、Senkang 和 Pungol。除在交通运输方面的投资外，也有计划要疏散政府机关和私营企业到城郊中心，最初（20 世纪 70 年代）迁移到市中心周围的一圈新城，近期迁移到四个地区中心（Tampines、Jurong East、Woodlands 和 Beletar），所有这些都被大运量快速交通所服务。这些多中心发展模式既符合许多可持续城市发展的原则（第 6 章和第 9 章），也可以保持城市密度（Hall and Pfeiffer，2000）。

第二种收费是燃料税，基于每一升消耗的汽油或柴油收费。燃料税在美国一直很低，并且还有持续压力进一步降低在 1.18 美元每美国加仑纸上 0.41 美元的折扣（0.30 ~ 0.90 欧元每升，2004 年的价格）。这个数字是由联邦贡献的每加仑 0.184 美元和当地税务贡献的每加仑 0.226 美元（国会预算办公室，2004）组成的。燃料税在美国约占总费用的 1/3，但在欧盟，这一数字要高得多——从希腊的 56% 到英国的 77%（表 4.3）。这种计划的优点是让远途旅行者缴纳更多的费用，但它也必须在使用更省油的汽车的可能性和燃料一旦被购买就会被使用的事实中保持平衡。燃料税是政府收入的重要来源，在这里有一个财政部的两难困境，一方面需要以环境为导向，另一方面也需要维护收入流进行基金投资。最理想的情况是同时达到环境效益和收入的最大化，但更多的时候，经济约束要强于对环境的渴望。这意味着维护收入比环境效益最大化更为重要。

一种十分吸引人的可能性是使用基于距离的汽车保险，而不是使用一个根据驾驶记录和居住地点规定的固定的保险（Paul，2002）。在美国，先进汽车保险有一个试点计划，根据在得克萨斯州的 1200 名司机的驾车总时间、时段和驾驶地点收取相应费用（Handy，2002）。荷兰在国家的道路使用收费系统方面似乎是最先进的，他们的大部分成本都转向汽车（或卡车）的使用，降低了固定（所有权）费用。该计划的目的是使税收增减为零（案例 7.4）。

提高燃料税往往比停车收费更受欢迎，特别是当司机已经习惯免费停车时，事实上，在美国，99% 的汽车出行都是免费停车的（Shoup，2002）。但在欧洲，免费停车的情况很少，更多的是传统的停车收费方式。停车的成本经常被用于限制城市通勤者和其他人，而不是那些似乎至少在短期内准备好支付停车费的人。当与其他措施结合来减少司机的可用空间时，这些似乎是最为有效的方式，也为当地政府提供了一个重要的收入来源。

案例 7.4　荷兰的道路使用收费

荷兰运输部的建议是降低车辆所有权的成本，转而着重于提高使用成本。由于用户更清楚自己的成本，同时在使用相关收费上更公平，按公里收费被认为是先进的举措。整体收入水平的提高不会改变，（2006 年之后）收费将与车辆的使用时间和地点相关，并适用于所有在荷兰使用的荷兰机动车。

最初，现有的汽车税收制度、卡车的欧盟印花税、某些汽车购买税（25%）和一部分关税（18%）将被取代——目前这占据 E4.5b 收入。最初，对所有车辆实行相同的收费，但这将会改变，费用将与车辆类型、重量、燃料和排放量以及地方附加费挂钩。

与 2020 年没有按公里收费的情况相比，汽车行驶公里数和排放量将下降约 10%，每 24 小时内交通拥堵时段将减少 25%。每年驾驶私家车少于 18000km 的司机将会过得更好——这包括了超过半数的司机。月度总成本约为每辆车 100 欧元。

所有车辆都必须安装莫比米（mobimeter）以记录行驶公里数，然后自动付款。莫比表也可以用于提供停车车位信息、动态路径规划和故障援助。

资料来源：荷兰交通运输部（2002）和 RAC 基金会（2002）

近年来，在苏黎世免费停车位的数量已经从总数的 75% 左右降低到零，停车费用增加了一倍多。城市里的路边停车位配有停车计时器，允许的最大停车时间在 30 分钟到 2 小时之间。这一措施的目的是减少通勤汽车的数量，鼓励人们使用其他交通方式去工作。于是，长期停车逐渐转向短期停车，相应的出行目的也转向购物和休闲。通过增加短期停车需求，更高的汽车停放流通量带来了更大的空间使用量。实际上，停车容量已经增加，导致了客流量的增长。研究表明，为了阻止额外增加停车场，苏黎世的停车费用应明显提高，但联邦法律禁止更高的停车费用，所以这里存在一个法律障碍。因此，苏黎世当局集中精力减少停车位的数量，并改善公共交通以减少汽车出行（Mäder and Schleiniger，1995）。

现在英国地方政府可以引入一种工作地点停车税（WPPL），对城市内所有私人场所停车收费。它被视为拥挤收费的一种替代方式，使雇主意识到"免费"提供员工停车位给社会带来的额外负担。该成本可能会转嫁给员工，或直接由雇主支付。WPPL 的实现将比拥挤收费更便宜快捷，而且提高的收入可再次投资于交通运输。启动成本和运营成本将大大低于相应的拥挤收费计划。因为它与拥堵情况不相关，也不区分不同类型的职业和工作地点，相比于拥挤收费，这种可能性引起了更多企业的关注，例如诺丁汉（案例7.5）。

案例 7.5　诺丁汉工作地点停车税（WPPL）

> 企业担心 WPPL 将减少在城市中的对内投资，认为还有其他更公平的方法来提高收入，投资于公共交通。WPPL 没有解决市中心的拥堵问题，但其会对所有城市内的业务征税。城市把 WPPL 作为一种手段来减少汽车的使用和提高收入以投资有轨电车系统和其他公共交通计划，目的是在 2003 年公开调查之后以单位面积 150 英镑在 2005 年引入 WPPL，并在七年后提高至 450 英镑以上。
>
> 这一问题激起了大诺丁汉运输伙伴关系的最严峻的挑战，涉及如何形成政策出台以及如何引入的问题。WPPL 拥有相当大的政治支持，免收停车税（STOP）活动由商会发起，并涉及许多在诺丁汉的更大的雇主，包括博姿（Boots）、CBI、帝国烟草、IBM、兰令（Raleigh）、卡尔顿电视和两家医院。
>
> 资料来源：Banister（2002b）

同样的基于距离和使税收增减为零的收费计划使货物运输也受到了审查。该系统将使用卫星技术,监视行驶距离,然后收取相应的费用。虽然英国没有产生具体数据,但对于超过 12 吨的卡车,瑞士的费用约为每公里 20 便士,德国约为每公里 10 便士(案例 7.6)。一段适当的时间之后,该系统可以基于距离和交通拥堵情况进行联合收费。

欧盟正在商讨一份欧盟 15 国大计划,与现有的只应用于超过 12 吨的卡车的计划相比,它将会涵盖所有超过 3.5 吨的卡车,适用于60000km 的战略道路网络。新系统将在 2008 年推出,并会根据不同成员国之间的时间、持续时间、位置和行驶距离的不同而有所区别,提高的收入可用于道路投资(新的道路建设和维护)和有限的铁路投资。环境成本和事故成本也纳入收费范围。这标志着我们朝着向使用者直接收取道路使用的全部成本迈进了实质性的一步,此举措得到了交通流量大的国家的强烈支持(德国和奥地利),同时被较贫穷国家所反对(西班牙和葡萄牙),他们认为更高的收费会威胁到贸易出口。

7.3 伦敦拥挤收费的扩散效应

定价策略是不受欢迎的,由于它使得个人和公司都能更仔细地考虑他们的出行决策,这也许是一个相信它在任何可持续的城市发展战略中都扮演主要角色的很好的理由。尽管弹性很低,但无论是在短期内还是通过改变消费模式在长期内,提高价格确实对需求有影响。定价策略有效实施的困难在基本经济参数之外。它超出了公共问题,也因此超出了大幅提高旅行成本的政治接受度,而提高旅行成本是有效实施的核心阻力。政府试图通过提供必要的立法授权,将实施的这个难题下放到地方,同时注意所有潜在的政治影响。但具有讽刺意味的是,在拥挤收费已成功实行的伦敦市中心,政府只是过程中的一个观察者,在拥挤收费被认为是"成功"之后,他们才开始提供对该计划的支持。政治进程不是可以冒险的生意,在国家层面上,对收费的根本政策变化的必要承诺是不存在的,即使它存在,在一般 5 年以上政治时间尺度内,也没有足够的动力推进行动(Banister,2003)。

案例7.6 英国货车道路使用收费

考虑两个互补计划:

1. 基于时间的计划——卡车在特定的时段内有权使用英国道路。此费用根据卡车重量和轮轴安排不同而变化。

2. 基于距离的计划——使用 GPS 跟踪车辆并根据使用英国道路的时间和使用位置收费。这个计划将在 2005 年或 2006 年应用于所有卡车运营商(无论国籍)和英国所有道路。收费将根据卡车的特点、道路的特点和每天的使用时间而定。

在接下来的 2 年中,立法机关将致力于允许收费并授权政府投资为计划的实施做准备。就运营和管理以及支持系统的采购举行行业研讨会,并在 2006 年的春天计划上线之前,设计,转让供应合同,测试以及供给设备。

然而,德国一个类似的计划出现的问题可能意味着完整的计划直到 2011 年才能实施。该计划将确保所有外国卡车司机都要支付英国道路使用费,国内卡车司机会通过降低的柴油费得到补偿。

资料来源: www.cfit.gov.uk/congestioncharging/factsheets/lorry

第二个关键问题是在空间和社会方面,定价措施的分配效应。如果实施道路收费,有可能边界效应的影响会作为额外的成本强加给区域内的个人和企业。在伦敦拥挤收费实施的前 6 个月,收费区内的零售销售额下降了约 7%(自 2003 年 2 月以来——Bell et al ., 2004)。虽然拥挤收费可能是导致此下降的因素之一,但也包括其他原因:伦敦的游客的减少;伊拉克战争,或者宽泛地说,恐怖主义的影响;经济低迷;中央线的暂时关闭(这个通过伦敦市中心地下网络的关键环节从 2003 年 1 月 25 日关闭至 2003 年 6 月 2 日);收费区内外停车收费标准的改变。下跌的 7% 也可能部分是由于 2002 年有许多与女王加冤相关的活动，导致当年零售量处于较高水平。最佳的估计是下降的7%中大约1%（即减少总额的14%）是由于拥挤收费计划，零售消费方面的边际影响非常小。值得指出的是，只有6%的购物者使用小汽车来到伦敦市中心，他们其中一些也会使用其他交通方式。然而，重要的是，这似乎对中小食品企业和个体小店的影响比大商店或奢侈品售卖店要大。

所有收费变化都影响边缘用户，所以收入的影响也很重要。很明显，来自低收入家庭的边缘汽车用户会比中等收入群体在交通运输方面花费更多（百分比角度上）的可支配收入（Blow and Crawford，1997；Crawford，2000；2.5.4 节）。对所有出行者整体而言，拥挤收费的影响是积极的，但对低收入汽车司机而言却是消极的[3]（Banister，1994）。财政研究所报告的结论（Crawford，2000）展示了对低收入群体的消极影响（但汽车保有水平也很低），对收入水平的积极影响约为50%（约为平均收入水平），进而平均二者（意味着平均收费率大致在相同比例——收入的0.3%～0.4%）。[4] 在伦敦拥有一辆汽车的需求低于英国平均水平（表7.3）。许多道路收费的标准分析都忽略了集中平均福利收益的分配效应。进入伦敦市中心5英镑的日常收费使得高峰需求减少了16%（Transport for London，2002）。但是这些费用对所有收入水平家庭的预算都有实质影响（多达每年1200英镑）。

<table>
<tr><td colspan="3" align="center">不同收入水平的汽车保有量（1997）</td><td>表 7.3</td></tr>
<tr><td>收入</td><td>英国</td><td colspan="2">伦敦</td></tr>
<tr><td>最高的 10%</td><td>98%</td><td colspan="2">94%</td></tr>
<tr><td>最低的 10%</td><td>25%</td><td colspan="2">18%</td></tr>
<tr><td>总计</td><td>70%</td><td colspan="2">60%</td></tr>
</table>

资料来源：Blow and Crawford（1997）

有人提议采取补偿措施，以确保净效应是财政中立的，但这反过来可能会降低措施的有效性。为了公平，收入应该再投资于造福所有伦敦人，特别是那些造福低收入车主的交通项目。与财政部的协议——

十年内计划的所有收入都需再投资于交通（直到 2013 年 1 月）——是计划可接受的一个至关重要的决定因素。如果没有额外的资金用于交通投资这个保证，拥挤收费计划不会实施。伦敦交通局草案中 2003 ~ 2004 年的预算表明，预期净收入的 65%（最初估计为 1.3 亿英镑，现在大幅减少至约 6800 万英镑）将用于改善公交服务，28% 用于道路安全设施，3% 用于公交车上的闭路电视，余下的 4% 用于规划孩子上学的安全线路（House of Commons，2003，第 67 段）。

由于财务成本（5 英镑）不太可能被更快捷或更可靠的出行时间得到收益所抵消，那些费用支付者将成为净失败者。交通水平下降可能提高汽车在拥挤收费区 20% ~ 25% 的出行速度（House of Commons，2003）。这意味着速度将增加到平均每小时 22km。横跨区域的最长行程约 5km，于是行程时长会减少 6 分钟。大部分在拥挤收费区内的行程少于 5km，节省的出行时间也不会超过这个 6 分钟。总的来说，汽车用户支付的标准费用估计将达每年 1.1 亿英镑（Transport for London，2002——由于现实中减少了 6800 万英镑），节省的旅行时间也相当于额外收入 7500 万英镑。我们也可进一步通过增加可靠性和节约车辆运营成本获益，分别为 3500 万英镑和 800 万英镑。这最后一个数字是包括所有汽车用户（不仅包括那些支付标准费用的）和所有道路使用者在内的可靠估计（Transport for London，2002）。

尽管公交服务速度和可靠性的改善意味着公共汽车会更拥挤，但是现有的公交用户仍会受益于拥挤收费计划。运营的公交车总数会增加，现有车辆也会被重新安排，以更频繁的运行班次提供更大的运载能力。这样的改善也使小汽车使用者转换为公交车受益者，但是现在他们采取的是"非首选模式"，因此他们也可以被视为失败者。

真正的赢家是得到折扣或豁免的部分，包括客车运营商、出租车、微型出租车和私人雇佣汽车。他们受益于更通畅的交通，更快速和可靠的出行时间，与此同时，不需支付费用。乘坐出租车的用户可能是主要的受益者，因为他们的花费是基于出行距离和时间的，时间的减少使得花费更低。摩托车和自行车使用者也可以得到类似益处。

在咨询期和在低收入汽车司机群体实行计划之前都有相当大的争论。虽然穷人拥有一辆车的可能性是最小的，但此额外费用可能会成为其在伦敦市中心使用汽车的主要障碍。考虑到主要的低收入工人都在非正常工作时间工作，也可以认为他们需要开车去上班。但由于这些驾驶者都是在拥挤收费时段（07：00～18：30）之外的时间进入伦敦的，他们不应受到此费用的影响。一些公共服务员工（和其他此类志愿部门）的收入也很低，这项额外费用可能会影响员工的招聘和保留。

这里有一个问题是交通是否应不同于其他经济商品，由于需求与价格相关，根据支付能力和意愿的不同，定价机制也会有所区别，所以交通应该没有补贴，当我们真的想拥有一个可持续的交通时，更应如此。如果某个特定群体被认为是弱势群体，那么应该通过税收和福利系统寻求补偿机制，使得这些人可以选择将额外收入花费在拥堵收费上或任何其他经济商品上。

不过，总体来说，这是一项先进的收费机制。开车进入伦敦市中心的人中90%来自社会中富裕人群的前50%（Transport and Environment，2003），收入也被用于促使社会进步的交通计划。系统中的折扣水平和豁免机制可能被认为是不公平的，似乎没有明确的理由来说明为什么某些车辆或使用者可以得到减免。

如果收费与造成的拥堵水平相关，那么摩托车不应被收费，货车和卡车则应缴纳远高于标准税率（就像最初提出的）的费用。如果收费与造成的污染程度相关，那么对于大多数汽油汽车和摩托车应该有一个相似的税率，但柴油车辆应缴纳更高的费用（包括微型出租车和私人雇佣汽车）。替代燃料汽车仍会造成污染，所以也应缴费。如果收费是为了拦截通勤者并使当地居民受益，那么当地居民应享有某种折扣税率。但却没有明确的道理说明为什么将折扣定在90%。交通的改善和污染的降低使得当地居民可能成为拥挤收费计划的主要受益者之一，而且由于只需缴纳更少的费用，他们得以从中获取双重红利。如果可以证明境界线区域内的大约21000户拥有汽车的居民

（Transport for London，2002）来自高收入群体（很有可能），那么这项计划至少在这一方面是不公平的。

市长所面临的困难是获得受影响的各方对于拥挤收费计划的支持，他必须通过折扣减免（至少部分地）来适应每一方的需求。但在超过一半进入伦敦市中心的车辆都有利率降低和豁免的折扣之后，计划的有效性就会降低，这时很难再重新对这些车辆进行收费（Banister，2003）。

总的来说，该计划不歧视低收入汽车使用者。由于公共汽车的服务质量有所提高，并将通过拥挤收费得到的额外投资不断进行改善，所以计划的主要受益者是那些继续使用公共汽车的人。给予特定类型的车辆或特定使用者优惠或豁免是不公平的。但由于拥挤收费计划的目标尚不明确，即使在这里也很难估计不平等的程度，所以我们应尽快根据这些目标重新评估这些优惠和豁免机制。

7.4　管制措施的激励

对某些地区的访问限制和一些资源的最佳利用方法是对定价方法的补充。这些公共监管政策措施为城市提供了有利环境，使得他们能够针对自己的特殊情况采取最适合的策略。主要措施可以归类在三个小标题下——土地利用政策、科技政策和交通政策（表4.4）。我们接下来主要讨论两个重要方面：其一，政策干预历来被视为公共部门的主要责任。但新议程表明，在实现与可持续有关的政策目标的过程中，有必要涉及所有公共和私有部门。这一点正通过一系列全球公约在国际层面上实行[如在里约（1992）、京都（1997）、布宜诺斯艾利斯（1998）和约翰内斯堡（2002）]。然而，在制定将汽车工业中的经济和金融利益同更广泛的环境问题相匹配的全球战略时，汽车制造商尚未完全参与。

责任不只涉及政府和汽车制造商这两个主要部分，还包括石油工业和必要的公共建设——前者提供基于可再生能源的清洁替代燃料，后者为能源的分配和使用服务。运输行业的供应链应多变和宽泛，以便平衡每个阶段的经济收益和环境成本。运输行业的各种利益集团，运营商，环保群体等压力集团和其他人或组织（例如开发商、金融机构）也包含在内。这些参与部分都在交通运输上有不同的既得利益。例如公众是运输系统提升的直接受益者（如交通使用者）和间接受益者（如运输商品的消费者），但他们也承担相应的后果。为了实现有效的可持续交通，责任必须分配到有关各方，各方也必须准备好采取行动。

其次，许多行动的实施仅涉及一个部门，既不是与更一般的政策目标相关，也不是跨部门的。由单个部门实施的行动的影响远远小于将多个措施联合在一起（Marshall and Banister，2000），但确保这些行动间的互补性也是很必要的。在行动实施过程中，系统用户使用创造性的手段延续其旧习惯可能会导致违反直观感觉的结果。这包括交通运输和城市规划部门之间的密切联系以及与其他部门间新的联系。地方21世纪议程尝试建立涉及所有部门的综合方案，但是由于制度障碍和缺乏适当的权力，方案的有效实施变得很困难，至今仍未取得成功。但有更多地方权力并不意味着行动的有效实施，例如德国。作为英国政府综合运输政策白皮书（DETR，1998c）的中心议题，达成共识和合作关系的崇高目标可能根本达不到。这是因为个人和集体在利益、目标和时间尺度上有冲突矛盾，甚至两者间都不存在有效的沟通交流。

与实现可持续交通相关的一系列政策目标列在表4.4中（第3列）。一些政策是针对加强循环和公共交通的利用的，另外一些则旨在减少小汽车的使用。其他政策提高了可持续的可利用性，因此，在土地利用和活动位置的周边可以出现新的旅游模式，同时可以进一步期待通过提高流动效率来提高使用强度。其间，技术的作用是矛盾的，因为它一方面在出行模式被更改，甚至减少时维持了交通的可持续，但另一方面也可能促进新活动的发生。现在有大量实现可持续交通的潜在政策，虽然已有发生改变的迹象，但进展仍然缓慢。瑞士通常被看作政策实施的优秀案例（案例7.7），但有趣的是，在苏黎世，普通人每年398次汽车出行中，大约209次没有受到约束（53%）。这意味着他们可能会选择另一种交通工具——60 次可能被走路替代，166 次使用公共交通，83 次骑自行车（Socialdata，1993）。

案例 7.7 瑞士的新流动文化

在瑞士，大约有 60 万人（9% 的人口）对拼车感兴趣，现在（2000）拼车者达到 3.3 万人。拼车利用了公共交通，并且现在在苏黎世有可以结合公共交通和拼车的车票（Züri mobil）。1998 年，一份被称为"瑞士流动拼车"的国家计划由瑞士铁路和赫兹汽车租赁公司组织建成。到 1999 年，有超过 700 个服务站台。合伙用车减少了汽车使用量，并使我们向无车环境又迈进了一步。

1999 年无车家庭

苏黎世	城市 45%	中心城区 18%
伯尔尼	城市 47%	中心城区 21%
巴塞尔	城市 54%	中心城区 23%

若将老年人排除在外，比例会分别降低 7%（城市）和 4%（中心城区）。

误解	以绿色交通出行为主	以小汽车出行为主
人们声称他们	91%	9%
意见领袖声称他们	94%	6%
意见领袖认为人们	56%	44%
人们认为意见领袖	49%	51%

资料来源：Muheim and Reinhardt（2000）；Socialdata（1993）

7.5 碳排放税

本章的前几部分主要在微观层面上讨论定价问题，目的是让使用者意识到出行的实际成本。有宏观经济的激烈争论意图改变环境税收制度，使得征税对象是消费，而不是生产。历史上，税收似乎总是反常地与劳动和收入相关，使其运转总不能得心应手。[5]向污染税的转变可以提高环境质量和税收效率。这是双重红利假说（Pearce，1991）——是否可以在提高自然环境的质量的同时提高经济的非环境组件（就业和经济福利）。这已经在经济学家中引起了相当大的争论。虽然争论没有明确的解决方案，但似乎有可能会对收入分配造成反影响，低收入群体将支付比现在更高的税。所以我们不应专注于在环境税制改革中发展无公害分红，而应转而重视由清洁环境带来的福利改进（de Mooij，1999）。

7.6　空运

虽然严格说来空运不在本书的讨论范围内，但我们最好还是不要忽略这个巨大的排放源。它不像汽车问题那么令人担忧，但它是英国排放扩张的主要增长部分，约为每年 3.5%。这个数字看似小于最近的增长水平（大约每年 6%），但仍足以每 20 年加倍一次需求量。更严重的是，空运排放不被任何国际协议所限制，也明确地排除在《京都议定书》之外。在英国，目前（2002）空运排放水平是每年 8MtC（若包括国内航空，为 9MtC，道路运输的对应数字为 35 MtC），预计到 2020 年将增加到 14 ~ 16MtC（DfT，2003）。到 2050 年，英国航空碳排放将超过道路运输排放量，并将占英国总碳排放量的 40%。

空运的实际污染状况还不为人所知。排放二氧化碳和氮氧化物（影响臭氧的形成）都会导致全球变暖，若我们能够精确得知每吨碳排放带来的成本，那么就可以估计实际污染状况。现有的国际研究估计每吨碳价值 70 英镑（考虑到世界上不同地区间的收入差距，将 2000 个价格进行平均——Government Economic Service，2002）。这个数字以每年每吨 1 英镑的速度不断增加。次要影响也值得关注，对流层臭氧、凝结尾形成（水蒸气[6]）和平流层臭氧耗竭的影响都在不断增加。考虑到"辐射驱动力"，航空排放的气候变化的全部影响源于 2.7 倍的二氧化碳排放（HM Treasury and DfT，2003）。2000 年，英国空运造成的全球变暖成本为 14 亿英镑，若不加以任何限制，到 2020 年会增至

36 亿英镑。

除对全球变暖的影响外，空运还有其他两个主要环境成本。飞机噪声会对机场周围生活和工作的人造成干扰。起飞时，噪声水平达到 140dB（A），即使离飞机 300m 远，噪声也有 80 ~ 100dB（A）。噪声打扰夜间的生活，但即使在白天，许多家庭（伦敦希思罗机场附近）仍要忍受高于 57dB（A）Leq[7] 的噪声。2000 年，英国全部机场的成本估计为 2500 万英镑（HM Treasury and DfT，2003）。第二部分成本与当地空气质量下降有关，这是由起飞和降落连同其他相关地面运动的排放造成的。两个主要的地面污染物是二氧化氮和 PM_{10}，两者分别于 2010 年和 2005/2010 年受到欧盟新的强制性限制。英国所有乘客的总成本约为 1.8 亿英镑（HM Treasury and DfT，2003）。

虽然空气污染，特别是高层大气污染的科学理论还不是很清楚，但这已经足够严重，需要我们采用预防原则去寻找使成本内在化的方法（RCEP，2002a）。由于国际机场和航空公司受益于免税购物设施，在税收方面，空运一直享有特权。更重要的是空运有能力提供廉价机票，并且国际航班的煤油消费税是零税率的。这些优势为英国带来每年约 100 亿英镑的损失，其中 57 亿由于没有航空燃料税，40 亿来自航空燃料和机票增值税，4 亿源于消费品的消费税（案例 7.8）。除去约 9 亿的乘客税收（航空旅客责任），留下了一个 92 亿的缺口。目前，还没有改正来自空运外部的财政刺激。只有少数国家开始收取国内机票的增值税，但收取的比率也较低（例如德国的 19% 和法国的 5.5%）。

这些异常情况与历来承受沉重的税收的其他交通运输部门形成鲜明对比。航空业对价格十分敏感，但作预估时好像对需求没有限制。事实上，假设真正的价格降低，英国的航空乘客数量预计将从 1.8 亿（2000 年）增加到 5 亿（2050 年）（DfT，2002）。若空运不包含在内，它甚至不可能达到《京都议定书》对二氧化碳减少制定的适当目标，更不用说最近英国政府同意到 2050 年要达到的 60% 的目标（DTI，2003）。

案例 7.8 空运定价异常点总结

> 预估到 2030 年英国约有 5 亿名空运乘客，比 2000 年增加275%（1.8 亿人次）。由于没有国际燃料税或增值税，只有对国内燃料的增值税，这会导致 100 亿英镑的免税额。航空公司为每一升燃料支付约 18 便士。如果以同样的税率对汽油征税，那么收入将提高 57 亿英镑。没有对机票、飞机的购买和维护、飞机餐或行李处理收取增值税又进一步导致 40 亿英镑的收入损失。带出欧盟免税商品导致 40 亿英镑的收入损失。每年，英国机场管理局分别从免税品和卸货费中得到 4.12 亿和 6.9 亿英镑（DfT，2002）。
>
> 空运并不包含在《京都议定书》之中。航空乘客的责任于1993 年被引入，并提高了 9 亿英镑的收入。协助在二战后（1945）发展工业的《芝加哥公约》导致了空气的异常状况。
>
> 据估计，英国人口的 4.5% 的年收入超过 30000 英镑，占据约44% 的航班。每 10 个"富裕"航班对应每一个"贫困"航班（Bishop and Grayling，2003）。

下议院的环境审计委员会（EAC）的报告（2003）为其对当前航空政策的批评而受到谴责，它对英国政府的环境政策和大规模扩大机场容量的深层缘由的一致性表示严重担忧。报告的六点主要结论是：

1. 讨论假设 30 年以内，乘客数量以每年 3.5% 的速度增长，同期票价将降低 40%。

2. 政府似乎反对任何空运的定价策略，EAC 强烈主张通过使用财政和其他政策工具分离空运发展与经济增长。

3. 没有对机场建议的系统的和综合战略的评估，这导致不同程度扩张的整体利益难以被评估。

4. 证据并不支持空运的经济效益。例如空运存在较大的负平衡，价值 150 亿英镑的旅游账户表明从英国飞往海外度假的旅客比乘飞机到英国的更多。乘客的增长大部分来自英国枢纽机场不同路线的联运，这使得给英国经济带来的好处达到最小。

5. 空运排放的净现值与成本的增加总计为负 180 亿英镑。这个金额将完全推翻扩建跑道的经济案例，并导致几乎所有交通部门提出的方案出现大量净赤字（第 49 段）。

6. 环保主义者认为，航空业通过不收取燃料税和机票增值税，正在接受超过 90 亿英镑的补贴。

EAC 主要建议用所有航班征收的碳排放费取代当前乘客的责任。最初，每年收费的总体水平应为 15 亿英镑，并以某商定好的比率逐年增加。此外，应该考虑引入国内航班的机票增值税。这意味着除增值税外，平均机票成本还将增加约 9 英镑。虽然这看似是一个非常温和的变化，也可能不会对需求产生太大影响，但关键是每吨碳 70 英镑的费用被认为是对成本的合理估价（相当于每吨二氧化碳 19 英镑[8]）。这意味着，平衡不同运输形式的税收待遇会带来潜在成本。Bishop 和 Grayling（2003）估计，空运业所享有的免税金额约为每一张票 35 英镑。基于环境成本和建立可持续发展良好基础的需求，碳排放税会回到合理的轨道上。

7.7 交通费与美国

无论各种可持续交通政策在欧盟有多大的政治接受度，它们中的大多数在美国的可接受度肯定会更低。根据近年来的观察，在采取措施节约能源和缓解全球变暖方面，美国已经远远落后于其他经合组织国家。在克林顿政府时期，美国国会就拒绝签署《京都议定书》，到了布什政府时期，协议则完全被忽略（国家能源政策发展小组，2001）。现在，在美国，交通排放导致的全球变暖以约 3% 的比例逐年加重，来自于住宅和商业区的排放拥有更大的增加速度（橡树岭国家实验室，2002）。

所以在结束本章对于定价和监管的讨论之前，我们有必要提及美国的情况。现在，交通运输排放的温室气体（GHG）总量已经仅次于发电，其增长速度也非常快（Greene and Schafer，2003）。当前交通运输33%的份额到2020年将会增加到36%。作为污染的主要源头国家，美国必须发挥其主导作用实施减排策略，它现在在提高能源效率、探索潜在的新型燃料、提高系统效率，甚至减少运输活动方面已经做了很多。

迄今为止，美国在能源效率和污染控制方面所有的进展都是科技进步的结果，其成本大部分不直接展现给消费者，小汽车司机也会得到直接的利益，如用更省油的汽车来减少汽油花销。但近年来技术革新有些停滞不前。虽然从1975～1990年，新车的平均燃油效率增加了一倍，但这之后，几乎没有新的增长（橡树岭国家实验室，2002）。美国联邦环境保护署轿车燃油效率标准（CAFE标准——共同平均燃油经济性）自1990年以来就没有过变化，轻型卡车的标准也只增加了4%。同样地，从1975～1995年，汽车尾气排放量有显著减少，但此后进展要缓慢得多。自1998年以来，由于SUV（运动型多功能车）销售量的增加，总平均值有所下降。此外，为执行机动车检验项目，布什政府最近（2003）在各州放松和推迟了《清洁空气法案》的标准和推出时间。

随着美国国内汽车出行里程的持续快速增长，能源消耗总量和温室气体的排放总量也出现增加的态势（橡树岭国家实验室，2002；Wilson，2002；联邦高速公路管理局，2002b）。从1980～2000年，大多数美国大城市的空气质量都有明显改善，但由科技带来的每公里污染减少量已逐渐趋于稳定，并可能很快就会被汽车出行里程的快速增长所抵消（美国环境保护署，2002）。

然而，该战略却最小限度地使用定价机制作为关键要素。正如前面所述，美国的燃料价格约为欧盟的1/3，车辆效能也较低（约为欧盟所有车辆的60%）。尽管针对"油老虎"推行了新税法，对行驶里程不超过22.5m.p.g和12.5m.p.g的新车分别收取1000美元和7000美元，但是占据购买量超过50%（2001）的轻型卡车却不受此限制（Pucher and Renne，2003）。

政府也鼓励使用替代燃料（包括乙醇）、电动汽车和混合动力汽车。同样地，根据出行里程确定保险费用的试验有助于将成本与实际使用关联起来。关于使用碳综合税制的讨论也给我们以希望，即以提高低效能汽车的税收来减少高效能车辆使用者的成本。这样积极的政策可有效地促使制造商在生产中充分利用燃料效率技术来降低纳税水平和获得优惠，并且消费者会得到明确的定价信息。相比于其他税制，碳综合税制的主要目标是改变消费者的购买模式，因此，它可以使税收增减为零。

根据有影响力的皮尤全球气候变化中心的结论（Greene and Schafer，2003），若以目前的能源效率、石油依赖和交通增长的趋势延续下去，到 2015 年，与美国运输相关的碳排放量可以减少20% ~ 45%，到 2030 年可以减少 45% ~ 50%（p.55）。他们还认为政策需要考虑到一系列的可能性，技术的进步是关键要素。这种适度减少不是绝对的，与需求的预期增长相关。但如果包括明确的价格信号在内的强力行动都没有被实施，可能连相对减少的目标都很难达到。

皮尤中心报告的作者对其结论有着更乐观的态度，他们认为随着最佳可行技术的应用，强力行动会逐渐被实施，进而汽车的能源效率会有提高，对石油的依赖也会降低。但美国的温室气体排放占全球的25%，其运输系统不仅是最大的，还是其温室气体排放来源中增长最快的部分。这个亟待解决的问题具有可怕的影响规模，甚至微量的价格提高都会导致政治反对派和公众的愤怒（交通研究委员会，2001）。汽车的使用限制在美国城市中是较为罕见的，如步行街、车辆减速措施和停车限制。1990 年的《清洁空气法案》要求公司想办法说服其员工拼车、走路、骑自行车或乘坐公共交通工具上班。这个项目非常不受企业和员工的欢迎，起初是不被执行，而后由联邦政府完全废除。同样地，克林顿政府也建议过减少现有对工作场所的免费停车的补贴，但随后该提议也被放弃。事实上，任何企图改变美国人出行行为的措施都犯了大忌，政治家为了其职业生涯定会让此类措施搁浅。

如果不可能在美国大幅提高运输成本，那么高额投资科技替代品就必须提上日程，例如高效能车辆、新燃料和氢或混合动力汽车（第八章）。"新流动性"（Salon et al., 1999）指通过整体考量私人公司和个人用户，用前面提到的技术提供环境影响更小的出行选择。这包括公司汽车共享计划、社区电动汽车和"智能"辅助客运系统（Handy, 2002）。新都市主义争论强调社区的重要性，其着眼点是为没有汽车的人口提供更个体本位的服务（CTA, 2001）。也许这些计划可以覆盖社区内的所有成员？

美国人反对大多数可持续交通政策的主要原因是：美国城市极度依赖汽车。庞大的郊区发展使得住宅区之间以及住宅和几乎所有其他类型的土地之间都有很长的距离，于是汽车变得十分必要。因为绝大多数的美国人认为没有其他出行方式好到足以替代他们的汽车，并且他们已经习惯了小汽车所带来的高水平的流动性、舒适性和便捷性，他们强烈反对任何迫使他们离开或限制使用汽车的政策。免费公路、免费停车、廉价的汽油和普遍、廉价的驾照都被视为他们的自然权利。

任何限制驾驶或加重其成本的可持续交通政策在美国都是行不通的。只有当危机事件迫在眉睫之时，美国人才会愿意牺牲他们在出行中的汽车使用。能源利用和空气污染根本没有被视为一种危机，对于拥堵的关注也只是集中在少数一些问题特别严重的大都市地区。因此，目前在美国惟一可行的可持续交通政策是那些可以通过科技措施改善交通而不影响民众出行行为或生活方式的政策。这让可选的政策范围远小于欧盟。在欧盟，历来汽车拥有和使用的成本就很高，并且城市中也有许多对汽车使用的限制。

7.8 公共预算与管制措施的评论

在经济学文献中有强有力的论据，可以确保所有的出行者都充分意识到自己造成的外部成本。理想情况下，这些成本应该内部化，并作为出行总成本中的一大部分。它们应该依据具体的情况和使用的出行方式的不同而变化，从而反映出拥堵情况、使用模式的环境特征和其他因素（如入住率和负载因素）。但现实世界中还有重要的社会、分配和道德问题需要解决，并不是所有的成本都可以估价和内部化。

一些环境经济学家（Daly and Cobb，1989）坚持认为不可替代的环境系统不能被视为可交易商品（3.1节）。虽然我们可能可以间接地估计成本，但这并不意味着研发的估值系统可以投入到实际使用中。它应该用来指导政策的制定，不仅限于定价方面，还应应用在那些能消费或不能消费的商品上。气候稳定性就是这样的一个系统，它很难被量化，即使可以，也不能够交易。其他类似系统包括卫生、空气质量、水质、和平和安静。因此，大气部门选择每吨碳 70 英镑的价值作为问题规模的量化指导是有用的，但它不应被用作个人航空出行应付价格的决定因素（Clarkson and Deyes，2002）。除了有关社会正义的因素，这个数字没有将长期的不确定性、科学的不精确性以及对不同国家的不同影响纳入考量。我们需要跟紧走过这个独木桥，去平衡价值产生的便利性，这样成本才能够内部化，并在谋求可持续发展的道路上，提供一致和公平战略的更广泛的政策目标。

即使为了实现外部效应的完全内部化，使价格水平制定得过高（至少在政治上），许多人仍认为定价是惟一确保决策合理性的办法。伦敦最近的证据表明，至少在密集的城市地区有可替代的其他形式的公共交通工具，所以价格弹性很高。通过这样一个相对"原始"的定价形式，一个城市中心可以在非常短的时间内改变。也有许多其他的定价案例，但是在每种情况下都有可替代的出行方式。这就是为什么在美国很难找到一个合适的解决方案，他们没有使用公共交通的传统，只有对汽车强大的文化忠诚。因此，美国和欧盟之间存在着根本区别，一方有一个稳定（但缓慢）的技术革新刺激，另一方则采取更为直接的行动（同样缓慢）——向造成拥堵和污染的使用者收费。如此看来，欧盟有一片真正的沃土可以将规划措施（第6 章）同定价、监管措施（第 7 章）和科技创优（第 8 章）结合起来，以实现城市可持续发展。但在美国，只有技术方面是可以达到的，甚至连这个方面也有巨大的实施障碍。这表明，虽然定价在欧盟是一个关键元素，并且得到了来自欧盟、国家和地方政府支持，但在美国却不是这样。虽然它看上去在政治上很难被引入，但我们仍然需要慎重考量提高运输的成本的需求。

除了大西洋两岸的意见分歧，中国作为一个新的全球力量，有高水平的增长速度，没有优先考虑可持续发展，它的崛起会带来潜在问题。发展进步需要世界上所有主要的经济中心朝着相同的可持续性目标共同努力，尽管他们的起点、方式和时间长短各有不同。可持续城市发展不能完全依赖未来科技或者定价，而是这两者的结合，并且需要各国政府和其他利益相关者积极参与这个发展过程。接下来，我们的讨论转移到未来科技方面。

注释

1. 燃油印花税首先被保守党政府引进，1993 年为 3 个百分点，随后 1994 年涨到 4 个百分点。工党政府一直延续并在 1997 年再次将其提高到 6 个百分点。它在一系列的抗议之后于 2000 年被废除。燃油税阶梯价格每年实际增加 3 个、4 个或 6 个百分点的税收（约为零售价格的一半）。这是英国政府寻求实现交通运输部门的《京都议定书》目标的主要手段。

2. 踏步指数通过信用卡交易估计购物活动量，可以用来比较位置，识别客户从哪里来，总结所采购商品的类型（www.caci.co.uk/retailfootprint.htm）。

3. 统一费率收费是递减的，因为它不与支付能力关联。

4. 应注意：这涉及平均而不是个人，是负债而不是实际上的选择。

5. 庇古在他 1947 年经典的书中表明，污染税可以内化与污染活动相关的不利的外部性。最优情况下，污染税等于边际环境损害污染——这就是庇税。

6. 水蒸气在一两个星期内重新变成雨雪，但是如果它是对流层发出的，就需要更长的时间，二氧化碳可以在高层大气中保持 100 年。硫酸盐和烟尘气溶胶（空气中）也被认为可促进云的形成。

7. L_{eq} 是等效连续声级。这是概念上的稳态噪声水平，在一定期限内给予相同的能量作为实际的间歇性噪声。$57L_{eq}$ 是轻度干扰，$69L_{eq}$ 是高干扰，$72L_{eq}$ 是相当大的扰动。dB（A）是表示噪声的分贝，用来测量对数尺度的声压和能量的平方成比例。增加 3dB 相当于增加一倍能量或两倍的发声活动。A 是一个称量范围，用来反映在噪声频谱的不同频率（Carpenter，1994）。

8. 每吨二氧化碳排放和碳值的排放之间的转换因子为 3.67。

第 8 章
技术与交通

8.1 简介

技术对于推动城市可持续发展有着重要的作用，而且政府和汽车生产商对于低碳交通的发展也有很大的兴趣。低碳交通的发展被认为是交通为达到减少温室气体排放目标的主要贡献方式，而且也不影响人类活动的发生。然而，交通拥堵的问题却没有得到解决。实际上，它反而可能引发更多的出行。从政治的角度上看，技术的更新可以使燃料来源多样化，从而降低对进口原油的依赖。

然而，在短时间内，技术改进后的轻型汽车的使用却是最昂贵的降低石油消耗的方式（IEA，2001）。截止到 2010 年，利用目前最好的汽油和柴油技术，平均油耗可以降低 25%～30%，在美国这样油价较低的地区，降低 20% 的目标是可以实现的。

此外，各个国家也可以采用一些可行的技术来解决其他排放，主要是加大一些催化性的转化技术的研究。如果这个技术能够实现，到 2030 年为止，一氧化碳，氮氧化物，挥发性有机化合物和 PM 等气体将会大幅度减少（OECD，2002a）。但是，二氧化碳的排放问题仍然没有解决。目前预期的来自交通的二氧化碳增长量是非常惊人的，无论是在经合组织（OECD）国家（60% 的增长量），还是非经合组织国家（3.5 倍的增长量）。这样一个增长量要求交通不仅要脱节于经济增长，更要降低交通行业的能源消耗（第 3 章）。

因此，我们期待更加有效的技术来为发动机设定界限，使得输出的最大距离取决于给定的能源输入。同时，我们也要致力于其他可替代燃料的发展，以降低交通部门对于石油的依赖（表 8.1）。

原油产量和消费量——2001 年 12 月　　　表 8.1

国家	原油储存（亿万桶）	产量（百万桶/天）	消费国	消费量（百万桶/天）
沙特阿拉伯	261.8	8.768	美国	19.633（26%）
伊拉克	112.5	2.414	日本	5.427（7.2%）
阿拉伯联合酋长国	97.8		中国	5.041（6.7%）
科威特	96.5		德国	2.804（3.7%）
伊朗	89.7	3.688	俄罗斯	2.456（3.2%）
委内瑞拉	77.7	3.418	韩国	2.072（2.7%）
俄罗斯	48.6	7.056	印度	2.072（2.7%）
美国	30.4	7.171	法国	2.032（2.7%）
利比亚	29.5		意大利	1.946（2.6%）
墨西哥	26.9	3.560	加拿大	1.941（2.6%）
其他生产国	178.71	28.167	其他	30.192（40%）
总计	1050.11	76.230		75.779

注释: 其他生产国及其产量如下: 挪威 =3.414 百万桶/天, 中国 =3.308 百万桶/天, 加拿大 =2.763 百万桶/天, 英国 =2.503 百万桶/天。数据来源于世界能源统计年鉴(2002 年 6 月）。

　　OECD（经济合作与发展组织）报告（2012a）不仅强调了小汽车出行需求的增长率之高是非常惊人的，同时也指出，要将库存汽车以及技术进行转换的周期也是非常长的。库存汽车的十年转换周期意味着那些正在生产以及将要生产的汽车只能用到 2015 年，或者最晚到 2020 年。更糟糕的是，这个假设并没有包括航空业，就目前来讲，航空业占据了交通部门 12% 的能源使用，也是未来能源消耗的重要增长点。

8.2　技术

　　目前，许多国家都已展开可替代能源的研究，以降低交通部门对于石油的依赖，同时降低排放水平。氢能源汽车是技术研发的目标，但从案例 8.1 可以看出，目前这项技术非常昂贵，而且也面临着如何储存氢能源以及原材料价格高昂等问题。储存和安全运输氢能源的基础设施建设花费巨大。如何从可再生能源中获取小汽车所需的氢能源，也许是氢能源汽车技术研发的终极目标，但在目前，氢能源的商业应用还不成熟。

同时，通过车载转换器，我们可以从甲醛中获取氢气。作为另外一种选择，混合能源汽车目前已经实现，而且在短期内，我们也可以通过制定更加严格的能源经济标准来达到减排目标。混合能源汽车的环保性介于燃油汽车和氢能源汽车之间，是从燃油汽车向氢能源汽车转换的中间技术。它的好处是可以鼓励技术的转化发展，并促进燃料电池汽车的大规模生产，使得将来的转化更为简单。例如 NECAR5 型小汽车（Daimler/Benz）载有甲醛转换器，可产生 50kW 的燃料电池储备。很多的技术争论主要集中在十年后，而不是现在更容易达到什么程度。

案例 8.1　燃料电池汽车

日本丰田汽车公司和美国通用汽车公司（共占全球 25% 的市场份额）已经决定生产混合动力汽车（汽油＋电能）和燃料电池汽车。

戴姆勒 - 奔驰 / 克莱斯勒和福特公司（共占全球 25% 的市场份额）和巴拉德动力系统（加拿大的公司）已经决定生产燃料电池汽车——在美国萨克拉门托进行试验。

局限性：

1. 汽车启动和产生牵引力需要花费一定的时间。

2. 将甲醛转化为氢气的压缩器会产生噪声。

3. 提供燃料的设施。

氢气是可爆炸的，可以由甲醛来生成，因为甲醛在室温状态下是液态的。壳牌，德士古和大西洋里奇菲尔德三大公司正在萨克拉门托进行实验，试图在加油站提供甲醛。

燃料电池通过使氢气和氧气发生化学反应，为汽车提供牵引力。水是重要的废物。对于加利福尼亚10%的"零排放"目标，燃料电池汽车似乎是最好的机会。甲醛也会带来一氧化碳和二氧化碳的排放。氢能源汽车的总能源效率是27%，燃油汽车为17%。甲醛燃料电池汽车相当于0.6个真正的零排放汽车。

4. 制作一个燃料电池发动机，每千瓦需花费4000美元，传统的燃油汽车每千瓦需花费40美元。生产规模的扩大会降低制造成本，但是价格仍然会比传统的燃油汽车高很多。

5. 氢能源汽车的材料非常昂贵，尤其是铂。制作汽车的总费用正在不断降低。用于传输氢气和氧气流的石墨金属凹槽也价格不菲，但是新的碳化合物的使用也许会降低成本。如果能够使用更便宜的材料，且大规模生产（250000辆以上），氢能源汽车每千瓦时的成本能被降到20美元。

6. 甲醇需要通过化学反应才能产生氢气。这也需要一个高效且便宜的电子发动机。这个化学反应器体积庞大而且昂贵，如果减小体积，则会产生更多的一氧化碳，而一氧化碳反过来会腐蚀铂金属板。这个电子发动机拥有一个由价格昂贵的钼和钛制作而成的磁铁，并且它需要复杂的半导体闸流系统来控制工作，该电子控制系统的简化是个问题。

萨克拉门托的试验在45辆小汽车和大巴上测试系统的可靠性。温哥华、斯图加特、芝加哥和伦敦也进行了燃料电池大巴的试验，联邦快递和UPS公司也拥有燃料电池配送车。

为了解决氢能源汽车基础设施建设问题，相关人士建议将燃料站与天然气网络相连接。利用一站式转换器能够从天然气中提取氢气，和之前的加油方式几乎没有区别。本田公司和Plus Power公司（美国的一个燃料电池公司）已经发明了这样一个"能源站"，它可以从天然气中获取氢气，同时产生的热能和水也可以用于日常生活。

资料来源：Economist, 1999-4-24, 2003-11-6

期望新技术能够得到非常多的资金投入是不太可能的，因为有大量的资金被套牢在现有技术的研发中。如果我们能够明确汽车行业以及燃料科技发展的方向，就有可能在未来 20 年内完成从碳燃料向非碳燃料的转换。同时，也需要一个公众运动来告诉消费者们他们能从这项新技术中获得的利益，即使这将使他们花费更多（至少在最开始的时候是这样）。甚至在加利福尼亚，在来自汽车生产商和高昂的推广成本的压力之下，零排放规则被延迟实行。同样还有一个问题就是，这项改革是具体支持一项特殊的技术（例如电子汽车）还是只设定目标，由汽车生产商自行决定采取何种措施。

在英国，汽车改革运动吸引了超过 400 个公司和组织的参与。其中约 1/3 的公司在试验低碳汽车技术，包括新的动力链，先进的电子设备、材料和结构（DTI，2003，p. 65）。低碳汽车联盟（LowCVP）是一个倡导组织，推动着英国相关政策的改变，并鼓励相关技术的创新和推广。该组织期望到 2012 年为止，至少有 10% 的新汽车的二氧化碳排放水平在 100g/km 以下，超过 20% 的新大巴也能控制在低排放水平（DfT et al.，2002）。这相当于 75m.p.g 柴油（26km/l 柴油）。该目标高于欧盟自愿达成的协议（欧洲、日本和韩国自动达成的长期减排目标）中规定的能源效率标准。除了推广特殊技术之外，该组织还设定了碳排放目标水平以及生产商可自主设定的浮动范围，来保证技术的经济性，其中一个案例就是 Toyota Prius。截至 2008 年，平均每辆新车的二氧化碳排放量会从 190 g/km 降低到 140 g/km，降低约 25%（DTI，2003）。据估计，截至 2020 年，英国在交通方面碳利用率将提高 10 个百分点（DTI，2003，p. 70）。在 20 世纪 90 年代，美国也有相似的改革运动，叫 "Car Talk"，最后，该运动转变成仅仅是一种合作福利的形式。再次，对于零排放车辆的推广，我们必须要在设定标准以及用最佳方式达到标准之间取得平衡。

科技与交通紧密相关，科技在交通运输、交通运行以及交通信息等方面都有重要作用。所有新型车辆的推出都有 30% 的成本来源于科技研发，而且该比重还将继续提高，尤其是在发动机控制系统、车辆故障诊断与维护系统和新一代的路线导航系统的研发上。科技让我们的出行更加方便，某种程度上也促进了更多的出行。

　　未来，交通科技的发展目标不仅仅是要提高交通系统的可靠性和效率，更要着眼于降低交通需求。我们需要更多的创新思维来降低生产过程中的交通运输需求，例如可以通过生产配送区域化来实现。从过去的总公司直接为全球市场提供产品，转变为总公司向各个区域分公司提供生产技术，由分公司为当地市场提供产品来减少产品运输引发的交通量。同样地，随着服务行业和知识型产业的不断发展，传统的实物运输会减少，这样一个非物质化的过程能够显著降低货物运输量（第十一章）。与此相反，全球总产量的增加加速了消费需求的增长，尤其是在中国等国家，而这引发的增长效应会大大超过非物质化所减少的产品运输量。

　　第二个非常重要的技术进步就是新能源的研发（案例8.1）。技术的发展推动的交通方式的进步，尤其是基于新能源（案例8.2）和降低石油依赖的交通技术，具体如下：

◆ 电子和混合动力汽车——我们必须要重视整个能源链的碳排放情况，因为该技术可能仅仅是将污染从车辆转移到能源站。

◆ 甲醇和乙醇汽车——该类车辆的能源来自于一些自然资源（例如甜菜和油菜）。传统的发动机只要稍作调整，就能够靠这类能源驱动。

◆ LPG 和天然气汽车——现在大约有 1000 个天然气加气站，而且使用该类环保小汽车能够享受税收优惠。

◆ 氢能源燃料电池汽车——该类汽车需要消耗水，所以非常清洁，但是面临着储存及驱动过程中的安全问题（案例8.1）。

　　如果我们能够逐渐使用上述几类清洁能源汽车，以 fleet vehicles、货物配送车和公共汽车作为尝试，到 2020 年为止，大部分车辆都能使用清洁能源。当然，还有一个更加棘手的问题就是城市中的柴油发动机，它会排除大量的氮氧化合物和细小微粒物。由于柴油动力大，我们很难完全用清洁能源汽车替代它（案例8.3）。该技术将在 2020 年实现，但同时，我们也有必要开发混合动力汽车，即通过配备可再生电力为电池充电，使得汽车在城市内部用电池供电，在城市外部用柴油供能。

未来，似乎没有一种理想的车辆能够满足所有的需求，而一系列的"小众汽车"（niche vehicles）将会出现。小型的城市汽车将更加常见，它大约只有传统汽车的一半大小，并且可以根据个性化需求进行定制（例如戴姆勒 - 奔驰和斯沃琪合资生产的智能车）。但在美国，我们却看到一种相反的趋势，大体积、高能耗的运动型越野车（也被称为"城市越野车"）正在流行。

无论未来的道路是否是明确的选择，现在的行动是必需的。

案例 8.2　英国的替代燃料发展情况

（1）混合动力汽车

混合动力汽车是将传统的发动机和电能电池动力相结合。它通过制动系统实现了能量回收，并消除了停车过程中的发动机怠速。它能够在城市中实现零排放——高效率、低能源消耗和低二氧化碳排放量。

在交通能源计划的资助和低 VED 目标下，能获得 1000 英镑的补助。

英国有三混合动力汽车，例如丰田的普锐斯——家庭小汽车，二氧化碳排放量为 120 g/km；本田的 Insight——双座小汽车，二氧化碳排放量为 80 g/km；本田思域混合动力——家庭小汽车，二氧化碳排放量为 116 g/km。

英国的李嘉图工程咨询公司生产的 i-MoGen 汽车——具有示范效应的柴油混合动力车。

（2）液化石油气和天然气汽车

英国现在有大约 75000 辆液化石油气汽车，液化石油气现在在超过 1000 个加油站都可获得。目前有 8 家厂商生产该类车辆模型。

购买该类汽车可以从交通能源协会获得补助，而且燃油税率较低。

天然气主要用于重型车辆，可以降低排放量，而且能减少 2/3 的噪声。交通能源协会会给使用天然气的客车、客车和越野车相应的补助。

我非常支持欧盟出台的促进燃料来源多样化的政策，这样可以使得交通部门的能源安全性更加持续。

新汽车技术基金会鼓励创新发展其他混合动力汽车。混合动力汽车的电力牵引控制系统有可能成为燃料电池汽车的关键部件。

（3）交通系统的生物燃料

生物燃料主要是指从生物原料中获得的能量，可以享受燃料税的优惠。例如每升生物柴油的燃油税率比标准柴油低 20 便士。它可以与普通柴油混合（5%）。到 2020 年，生物柴油将占英国所有燃料销量的 5%。

同样地，生物乙醇也可以享受税费的减免，它可以与其他燃料混合使用，最大混合比可达 85%。

生物燃料主要是指粮食作物，在将来，农场废物、林业废弃物、矮林作物和生活垃圾也很有可能成为生物燃料。最近的研究（Delucchi，2004）表明，土壤中固定的氮物质的增加表明生物燃料会导致温室气体的总排放量增加。

氢能源——这是未来的能源载体。氢能源的使用可实现汽车尾气的零排放，只排出少量的水蒸气和微量的噪声。

氢能源最早可能从大巴、越野车和仓库运输车开始，因为这些车的燃料储存量更大且能储存在仓库。氢能源大巴目前正在伦敦测试。

美国已经花了 10 年时间研发氢能源汽车，包括它的配套生产、配送和储存技术。但这个目标似乎也越来越高。

注释：交通能源协会已被政府批准为节能信托的一部分，来管理清洁能源补助。
资料来源：DTI（2003）

案例 8.3　柴油机的问题

柴油发动机比汽油发动机更节约燃料，但一氧化碳（CO）、碳氢化合物（HC）、氮氧化物（NOx）和颗粒物（PM_{10}）的排放量更高。

两类氧化催化剂可用于减少一氧化碳和碳氢化合物的排放。为了满足更严格的欧盟新标准（第三阶段），微粒捕集器必须安装在排气管上，但目前的设计太笨重，不适合小型车辆。此外，发动机往往工作不够充分，较难保持尾气温度足够高以燃烧收集到的颗粒物。相反，对于那些高温度下燃烧的发动机（如大巴和卡车），颗粒物（和碳氢化合物）的总量是最小的，但产生的氮氧化物在增加。这是一个非常经典的需要权衡的利弊。

由 PSA 集团（标致和雪铁龙）提出的想法是在排气系统燃烧额外的燃料，以使温度能够达到颗粒物燃点。颗粒物燃烧所需的温度是 550℃，但可通过在燃料中添加氧化铈，将所需温度降低到 450℃。当氧化催化剂的温度达到 250℃阈值时，注入额外的燃料使排气温度提高到 450℃。PSA 实验系统需要复杂的控制系统，同时需要柴油喷射系统技术的应用。

对于一个新产业的发展，我们不仅要有加大投资发展新技术的决心，也要给企业一定的指引和信号，例如我们要致力于提高城市零排放车辆的比例。在加利福尼亚，人们提出，到 2004 年，新生产车辆（150000 辆）的 10% 是零排放车辆（如电能或甲醇，见案例 8.1）。汽车生产商的施压使得该目标被迫延迟实行，但在更长的一段时间内逐渐被恢复。这说明了需要明确的政策导向，以及提供厂商之间的排放信用额度交易市场的可能性（第 2 章）。即使在有明确的市场指引的情况下，我们仍然需要 10 年的过渡期来建立新的汽车生产线，并为市场渗透提供时间。

除了政府出台政策，企业和个人也应当采取一些行动：

◆ 推动技术变革，尽可能减少生产过程中的交通运输。

◆ 支持电动和混合动力汽车的使用以及新兴的燃料电池技术的应用。

◆ 在城市内推动清洁车辆基础设施的建设，为清洁能源汽车提供优先权。

◆ 建立基金会，推动城市公共交通（包括出租车）的清洁技术应用。

◆ 最大限度地利用互联网，电子商务和其他形式的通信，减少出行需求。

◆ 确保员工意识到交通运输的环境成本——鼓励员工使用自行车，减少单人使用的小汽车出行，在工作地点实施收费停车，或者对不使用小汽车通勤的员工发放交通补助。

8.3 货运

大多数的货物运输是通过公路实现的，其发展趋势和客运部门类似，货物的总重量是相对恒定的（类似出行次数），但是平均运距却在逐渐增长（类似出行距离）。例如在英国，82% 的货物通过公路运输，虽然吨位一直保持相对稳定（1970 ~ 2002 年），但平均运距增加了一倍，目前约 100km（表 8.2）。

正如第三章所说（表 3.4 ~ 表 3.6），如果欧盟的交通政策得到有效实施，用于衡量 GDP 的货运强度指标在未来有可能下降。英国的历史发展告诉我们，从 1965 年到 1985 年，货运交通（包括重型货车和轻型货车）在以一个比经济增长慢的速度增长，但在 1985 ~ 1995 年间形势逆转，尤其是轻型货车（表 3.6）。

货运增长取决于多种因素，其中每一个都可能有正面的或负面的影响（RAC 基金会，2002）。货运增长依赖于以下因素：

1. 产品价值密度（产品价值与重量之比）；

2. 模式划分，包括每种模式的价格和服务质量；

3. 运输要素，包括从原产国到最终消费地的产品运输量；

4. 平均运距，包括生产和消费的方式、物流以及从全球到各地的供应链模式；

5. 负荷因素，受批量和车辆大小以及调度效率的影响；

6. 空载率，包括平衡流和专业化的运输车辆。

2002 年英国国内货运交通量　　　　　　　表 8.2

	总重量（百万吨）	亿万吨 / 公里	平均运距（km）
公路	1708	15	92
铁路	87	20	223
水运 / 管道	278	70	252
总计	2073	247	119

资料来源：ONS（2003a），基于表 9.5。

两个最主要的影响因素是运输成本和工业组织实施方式。在过去，交通运输非常廉价，所以位置的选择只考虑原材料供应商、市场、劳动力、政府奖励、地点可达性等因素。随着运输成本的上升以及竞争的加剧，交通运输成本逐渐成为企业选址的重要考虑因素，并且距离和供应链的可靠性是目前生产过程中的一个组成部分。企业会使货车有更高的使用率，尽量减少空载运行。还有一些创新的举措，包括在线货运交换以及货运容量的网上交易（案例 9.3）。这些问题将在第九章进一步讨论，即信息通信技术（信息和通信技术）对生产的影响。

8.4　技术的极限

正如人们一致认为的那样，技术对可持续交通的发展有着决定性的作用，但它本身却不是解决方案。技术必须要放在更大的视野里面考虑，并与本书第六章和第七章中提到的其他策略相结合。对许多人来说，技术修复是真的，因为它只需很小的改变，就可延续当下的所有活动。这本身并不一定是坏事，但技术应该被视为一个机会，给我们一点时间去寻找一些新的方法，至少让我们的一些活动能够进行。一个问题是：如果技术被看作是惟一的解决方案，那么政府和行业的决策者就不会那么努力地寻找其他发展方向。

随着"清洁汽车"概念的不断推广，公众可能会越来越意识到没有其他需要采取的行动。我们需要明白，没有任何一种交通方式是完全清洁的（除了步行和自行车），所有的交通在其使用、制造、报废、回收、基础设施建设和维护的整个过程中都需要耗费资源。资源消耗和污染可以减少但不能被消除。在谈论资源耗费、排放状况和相关配套设施时，我们需要注意汽车的整个生命周期，从生产、使用到报废和循环利用的过程。这似乎是任何一个系统研究中都没有涉及的。这也将有助于回答一个话题，那就是我们是不断用目前可利用的最好科技来更新车辆，实现一个较短的车辆生命周期，还是用更超前的技术来制造车辆，维持更长的生命周期？技术创新的速度在增加，但这就意味着车辆的平均寿命要从 12 年降到一半吗？

即使我们有可能生产出无污染的车辆，这将是可取的吗？这将是大讨论（亚当斯，2001），发明一种完全无污染汽车的发明，通过技术可以达到一种逻辑上的理论，尽管根据物理学定律它永远不可能实现。基于这种车辆，我们有可能发展智能运输系统（ITS），它可极大地提高各类交通方式的运输能力，并认定互联网可以广泛地应用，且免费。

这种假设的结果就是机动性将会大大增加，由于出行成本低且无污染，出行将不受约束。额外的道路容量将会充分被利用，出行会更多地使用电能。位置和距离将不再是问题，随着各种交通方式的发展，城市之间的长距离廉价出行会越来越多。

在高度流动的社会里，老式的地理社区被空间利益共同体取代。一部分学者认为（亚当斯，2001），社会的地理空间将更加分散，呈现社会多极化发展，富人和穷人之间的差距更大，有车和无车的人的差距也将更大。社会将有更强的匿名性和更多的不愉快，因为邻里间的社交活动在减少，这会降低儿童友好性和社会文化多样性。那些没有小汽车的人在社会中将面临更大的危险，人们的运动量在减少，随着犯罪率的增加，社会凝聚力在降低。闭路电视监控系统会在社区大量采集人们活动的信息来观察居民生活。这甚至可能导致民主的崩溃，因为个体的自主决策权较低，权力集中在高层政治集团或者是不负责任的机构。

在美国，很多人怀疑到2030年是否能够实现氢能源汽车，因为燃料电池并没有油电混合动力车辆那么有效。两个主要的局限性已经凸显：一是技术的成本，据估计（案例8.1），即使在可预见的未来，氢能源的成本至少是汽油的4倍，且氢能源的储存仍需技术突破。目前的研究结论显示，到2030年，氢能源汽车的市场份额能达到5%（Romm，2004）。第二个问题是在氢气是否一定是清洁的，这取决于我们利用哪种能源。最便宜的氢来自天然气,其中含有一个碳元素，只有当使用的是可再生能源时,燃料才是清洁的。这两个问题都表明，我们需要提高现行技术的效率和清洁性，而不是追求昂贵的和未经考验的新技术。技术有严格的限制，尤其是在新兴的研发成本较高的领域。

第 9 章

信息通信技术对交通的影响

9.1　简介

20 世纪末期见证了第二次经济转型（Castells，1990）。首先，从农业生产向工业生产模式的转变带动了交通运输、高流动性以及小汽车社会的发展。其次，从工业生产模式过渡到知识化信息化模式。这种戏剧性的变化加剧了劳动力在空间上的分工，将各个专业化的生产过程在空间上分离，使得在位置选择上更加灵活，并产生了信息"热点"。对于某些活动，空间变得越来越分散，由于城市在不断蔓延，许多日常的信息功能都集中在城市外围、低成本和低密度的地方，有一些甚至分散在海外。一些高科技活动集聚而成的新中心成为经济增长的核心（Hall，1988）。正是在这里，全球的发展实力正在转移，只有掌握科技，才能有持续的发展动力（Toffler，1991）。

这些"大趋势"形成了新的全球经济发展框架，资本经济将会运行，包括全球所有的主要贸易国。计划经济会逐渐向市场经济过渡。正是在这个时候，我们必须明确认识到经济增长和交通需求之间的关联性以及货币经济和交通市场之间的关联性（Banister and Berechman，2000）。

技术变革将从根本上影响经济发展的布局以及城市形态与功能。计算与通信的融合将会为许多交易、信息乃至企业和社会活动提供用户友好的界面。但同样地，信息和技术会引发社会分层，因为不是每个人都掌握相关知识和能力，获得高品质的宽带通信系统的初始成本是昂贵的，而且这些系统的控制权可能只由少数跨国公司掌握。在全球范围内，经济发展动力可能集聚在当前的网络信息交换中心，也有可能在少数的世界城市，这里有飞速的创新能力，高水平服务的竞争也非常激烈，而那些周边地区以及二级城市将成为低需求和低创新力的发展点。

我们也可以从交通领域看到类似的发展过程。欧洲的经济发展中心往往位于高速铁路网中或者是毗邻国际机场，尤其是公路与铁路的转运点，或者是公路、铁路和航空之间的转运点。国际化节点城市也往往拥有全球航空的枢纽换乘点，并且在对内交通和对外交通之间有良好的连接——技术增长极。慢慢地，这些节点城市也会成为国际信息网络中心——物流平台。

历史已经证明，在工业革命过程中，技术革命有力推动着集聚化发展，而且是在全球范围内并非全国范围内。传统的规模经济和规模报酬递减理论正在被规模报酬递增理论所取代（Krugman，1994）。除了生产的经济因素，两个新的变量已经进入学术讨论中。人力资本（包括劳动力的技术和学习能力）、创新对生产的作用都表明，经济增长最有活力的地方由此三个因素共同起作用（经济、人力资本和创新力）。伴随着这些变化的是交通运输在数量、范围和质量上的增长。这些变革已经在经济全球化、向市场经济转变以及贸易壁垒的拆除过程中被预言。它还取决于信息和通信技术网络（ICT´，information and communications technologies）的容量和质量以及是否能够获得廉价且可靠的交通运输。

通过打破贸易和技术壁垒，富国和穷国之间的差异可能会被缩小，因为一些与国民生活相关的产品都可以外包到全球范围内其他成本更低的地方进行生产，国家间的迁移将会发生。甚至有一些发达国家（如美国）采用保护主义，限制把产品生产外包到低工资的国家。尽管这样一种经济形式正在某些国家兴起，但它也可能给技术不发达的国家带来发展障碍。经济财富固然重要，但科技和创新能力同样重要。从个体层面来讲，随着发展的极化，尤其是经济稳定、技术发达的国家与其他国家之间会形成政治和社会的不稳定。这种趋势已经出现，就业市场对工人的技术要求更高，劳动力流动性更强，工作变动强度也更大。

各种各样的技术已经成为解决交通问题的重要关注点（Banister，2002a）。可以将信息技术对交通的影响归为三类观点：

1.信息的发展会带来更多的交通出行，因为提供了更多的出行机会；

2.信息的发展会减少出行，因为一些交通出行可以由远程网络代替；

3.信息会对传统的出行进行改进，通过交通与信息的融合改变出行方式。

这样一个相当简单的理论却在很多文献中被批评（例如：HOP Associates，2002），因为它并没有考虑到技术是如何发展并重塑社会的（表9.1）。这些早期的研究都认为技术会给社会带来巨大的改变，但实际上这个变化不太明显，甚至非常微弱。变化的大小取决于技术的质量（包括其可靠性）、它的使用便利性和成本的高低。它也需要被嵌入到更广泛的社会变革当中，无论是在交通领域还是更普遍的社会领域。尽管一部分交通出行（如通勤交通）可能会减少，但也有可能引发其他交通出行的增长，因为此时小汽车可以用于其他目的的出行（如购物或者社交）或者给其他人使用。这样一些效应可能会给个体行为带来非常大的变化（Lyons，2002）。

更一般地讲，随着经济发展的离心化，城市在不断向外扩张。信息和通信技术的创新，如交通，可能是促进这一过程的一个（重要的）因素。带来的影响是，人们每周的通勤出行次数会减少，但是通勤出行距离却在增长，所以总的通勤距离在增加。这就是一个典型的替代和刺激作用同时发生的例子（参见 Mokhtarian，2003）。

在 20 世纪 90 年代，人们对技术的发展和影响力非常乐观，有着广泛的接受度。现在看来，每一个成功的技术，都要经历至少 10 个不成功的过程。互联网革命标志着"泡沫"的顶峰，新现实主义代替了过去的盲目乐观心态。然而，技术一直（现在仍然是）对交通有着巨大的影响力，也许这就是它的主要作用，即影响交通系统的运行，提供车辆监控系统，并向交通系统的所有用户提供信息。

塑造未来新技术作用的关键要素	表 9.1

目前的问题和期待
人们对未来的看法更多地取决于目前的问题以及对未来的期待。

新的技术轨道
技术创新和产品开发的途径会显著改变，为技术和社会发展引入新的可能性。

新老替换
新技术往往是逐步替代旧技术的，实际上，新老技术往往是并存的，服务于不同的市场或用途。

社会实践的中立性
人们常常错误地认为，社会实践和需求是不变的，技术会代替一定的社会实践。但实际上，社会实践需求是不断增加的。

狭隘的功能性思维
如果只考虑功能性，人们会认为技术能够实现任何活动，但这却忽略了其他社会和心理层面的因素。

社会推广
一项新技术要在社会上广泛推广，这一过程看似没有问题，但实际上，这需要很多社会和制度的调整，并非那么简单，而且需要花费一定时间来实现。

有希望的新技术
一个新兴的技术推动者可以有很高的甚至是不切实际的期望。这会创造一个"呼吸空间"，让技术得到投资和发展。它忽略了技术和社会共同演化的作用以及实际推广过程中的困难。

资料来源：Lyons（2002）；Geels and Smit（2000）

　　信息通信技术和运输变得更加敏感，他们所创造的机会正在以不同的方式使用，从而使分析更加困难。例如电话会议是商务旅行的替代这个逻辑是基于固定数量的社会联系的假设，电话会议可以添加一个额外社会联系的模式，联系人总数被认为是不会增加的（Geels and Smit，2000，p. 873）。类似的例子可以通过信息通信技术得到所有预期的变化。

　　目前的理论已经从简单的因果型关系向新老技术之间的共存和互补转变。网上购物提供了一个很好的例子，突破了把购物仅仅作为一种功能性活动的传统认知。虽然在家就可以通过互联网购买，还有各种各样的新鲜产品的客户可能希望在购买之前能够看到。购物的其他特性也包括和朋友会面、满足走出家门的需求。美国和其他地方的证据显示（例如布卢沃特，英国的密尔顿·凯恩斯和瑟罗克，迪拜的德伊勒购物中心），逛商场有一个社会以及功能的理论基础。所有这些过程都需要时间来产生新的活动模式。除了系统建立的问题，例如网上购物是否通过当地的超市出口或通过区域配送中心完成，还有用户界面和传递窗的问题，以及对基本概念的接受。需要摆脱对技术需求的主流观念和正在发生的文化内容变化（Geels and Smit，2000）。

可以根据这两者的一般趋势和信息通信技术对运输的传统的影响进行解释，实际的影响是多种多样的和复杂的。他们需要理解改变的内容（表9.2）。这些全球化趋势意味着更多的长距离旅行所需的物品、服务和会议。工作性质上的变化（从制造业向服务和信息）和劳动力的改变（更多的妇女和兼职劳动）可降低出行频率，也鼓励更长的距离和替代效应。集中生产的传统观点已经被更灵活的定位模式所取代，一些地方的劳动力便宜，而另一些地方重要的是凝聚力和短的供应链。再次，对旅游的影响随着距离和远程办公的增加而变化，也与面对面接触的需要有关。这些变化因全国范围内不断扩展的24小时的经济

总体发展趋势　　　　　　　　　　　　　　　表9.2

趋势	信息通信技术的作用	对交通领域的影响
全球市场	增强交流，有利于全球营销	商品和服务需要经历更长距离的运输；除了网上会议之外，商业会议的召开也需要与会成员经历更长的路程。
工作本质的变化——生产向服务和信息化转变，更多的女性参加工作	在工作、生活和地区中心都需要更强的信息通信技术使用能力	出行频率降低，但是可能出行距离更长，也会有一些替代活动
劳动力市场的灵活性	技术的发展允许有更加灵活的工作方式，如远程工作	出行频率降低，但可能出行距离增加（当个体居住在离工作地点更远的地方），也可能存在一些其他活动替代工作出行（如工作出行的减少会增加空余时间）
自由产业	技术的发展使得产业可以位于距离客户很远的地方	除非通过电子通信完成，否则客户的商务出行距离也会增加
24小时经济	实现自动交易和实时交易	减少了很多交易出行需求，但需要更多的人在工作时间内从事户外工作，引发交通方式的转变

活动而增强，（通过轮班工作），而且在全球范围内市场展开，市场对伦敦、东京和纽约中至少有一个开放。全球商务需要全时段的维护和支持，这反过来又影响运输方式及供应链。

正是在这种背景下，信息技术对交通的影响必须关注。它不是一个简单的因果问题，但部分更丰富的变化创造了不同条件下的不同反应。随着富裕水平的提高，信息通信技术的发展旅行的数量平行发展，因为贸易壁垒拆除了，休闲时间增加了。旅行的费用一直保持在低水平，旅行的机会也大大提高。在本章的影响已分为3种类型：生产、生活和工作。这种全面的方法既产生了直接的影响，也产生了间接的影响，但划分为三种类型有其弱点，同样的信息技术解决方案可能会影响一个以上的地区（如电视购物影响所有3个区域），但是这再次强调技术创新的复杂性。

这也体现了争论的社会维度。在2003年，英国的14岁人41%不是互联网用户，但这应被视为一种生活方式的选择，而不是一种社会剥夺。一些非用户（22%）让其他人帮他们使用互联网，44%的人是了解互联网的。剩下的34%是真正的非用户，一半的人并不反感互联网而另一半是反对技术的。互联网使用模式结论表明，在英国，相比于英国的成本、技能或知识，其潜在的利益缺乏是一个更大的障碍。正如预期的那样，正是高收入群体占有了更多的渠道，年龄和教育水平是影响使用的重要因素（案例9.5）。互联网的可用性和效用与新的活动形式增长的灵活性和潜力相关，往往更复杂——这是信息通信技术提供运输互补。

9.2 交通产生

未来交通领域的发展可以从以下三方面得到启示：电子商务、准时制生产（系统）、通过物流和货运配送开展网络营销和宣传（表9.3）。

制造系统进行了重组，给公司节省了大量的成本，降低了产品的生命周期和增加附加值。影响制造系统的两个主要方面：一个涉及

信息通信技术和生产：对交通领域的启示 表9.3

启示	信息通信技术的作用	对交通产生的影响
电子商务和一切事物的电子化	互联网、短信和电子邮件等	在某种情况下会降低商品运输量，例如音乐可以从网上下载，订单可以从网上完成
准时制生产	实现库存控制、定制生产	更加频繁的货物配送：货运量减小——运输速度提升——更多的航空运输
物流和货运配送	实时远程导航、实时跟踪技术——最优化配送车辆和路线	节省出行时间，但是会增加出行距离。对出行链、货物匹配和车辆路线选择进行优化
电子营销和宣传	互联网、电子邮件、短信等	减少非电子宣传材料的产生。电子营销会作为传统营销的补充而非替代

注释：垃圾邮件还会降低 ITC 的效率，由此减少对它的使用。

资料来源：Benister and Stead（2004）

对互联网上的货物和服务的直接销售（电子商务——案例9.1，可企业或商家对客户），另一个涉及生产的变化过程（主要业务，如准时制生产——案例9.2）。信息通信技术的主要优点是：它通过数据交换为降低成本、提高效率（20%～30%）提供可能，因为可使用计算机辅助制造和电子数据交换。基于 ICT，制造过程中的几乎所有方面都是相互关联的（Saxena and Sahay，2000），甚至是虚拟制造（Hsieh et al.，2002）。

生产计划可以每周根据需求模式的变化作出改变，供应商正日益成为零售商。这样的发展，带来了运输需求的减少，现在从供应货物到给客户开具发票都已电子化。但随着要求越来越苛刻，小量、有交付期限的生产越来越多。随着客户需求的日益个性化，生产线正在转化为个体的要求。（伴随着计算机和汽车而发生的），供应链可能变得更加长，因为采购是国际性的，但它也可能导致集群和强大的集聚经济，因为供应商会寻求降低他们的风险并选择位于装配厂周围（Banister and Berechman，2000）。

案例 9.1　电子商务

英国企业 2002 年在互联网上的销售额达 233 亿英镑，比上年增加 39%（168 亿英镑），这是总销售额的 1.2%。其中 64 亿英镑（27%）被卖给了家庭，相比于 2001 年的 40 亿英镑，增长了58%。

在英国企业互联网销售中商品类占最大份额，为 66%（2002年为 154 亿英镑），和在线服务的销售为 68 亿英镑（2002 年占29%），绝大部分在线销售集中在批发、零售、餐饮、旅行和通信部分。

此外，英国企业（不含金融服务）2002 年在线购买了 229 亿英镑，相比于 2001 年增加了 14%（201 亿英镑）。

接收到的非互联网（通过 EDI、电子邮件传真和电话自动进入）订单价值是：2002 年 1690 亿英镑，2001 年下降 6%。

资料来源：ONS（2003a）

值得注意的是，电子商务是一种确认订单的手段，不是支付或交付渠道。

资料来源：Banister and Stead（2004）

案例 9.2　准时制生产

磁盘驱动器制造商迈拓，电脑公司如戴尔、康柏和惠普，通常在 48 小时内生产。供应链由 Exel（一个世界领先的纯物流公司，由一个航运和公路承运人合并而成）管理和优化，越来越多像 Exel 这样的专业公司正在从传统的供应链管理转向定制服务和更加有效的管理生产（The Economist，2002-12-7，p. 94）。

在汽车行业，用 10 天的时间来组装一辆车，公司现在针对特定车辆订单在 5 天甚至 3 天内作出回应。随着信息技术的支持，客户将能够根据自己的喜好在线定制他们的新车而无需等待数周交货。这就要求汽车生产商（和供应商）在整个订单提供、生产和交付零件的过程中作出巨大的改变。需要以及时有序地将零配件组装成整车，是导致供应商村各汽车装配厂周围形成的原因。这意味着更短的物资运输距离，这可能导致交通量的减少。高效的企业资源规划系统以及客户管理系统是实现组装时间缩短目标的前提。

资料来源：Banister and Stead（2004）

信息和通信技术的使用已经彻底改变了物流和货运配送。这也许是信息通信技术对交通的最大的影响。供应链的结构随着生产位置和规模、加工和仓储地点的变化已经适应了新的技术。这影响了生产与库存行为的空间集中，新集散地和转运系统的发展，卫星中心网络。随着国际贸易在枢纽港口和机场的集中，供应基地的合理化，生产的垂直解体，更广泛的地域采购物资，定制和直接交付的增加，供应链也在改变。许多趋势已经被注意到了，其他的变化也在发生。产品流调度已通过时间压缩原理的使用，供应链零售商的控制增加，和物流调度的创造性使用而重组。

这种变化也反映在公路货运车辆使用的增加上，它们更容易适应新的物流。通过改进设计、集装箱的使用和增加船舶飞机货运量，进一步降低运输成本。在配送中心、机场和港口，更加模块化和更少包装的自动化货物处理都有助于改变货运系统。通信系统在信息交流工具中起到了跟踪和追踪的作用，引入生产和服务的新概念，减少周转时间，确定装运尺寸（案例 9.3、案例 9.4）。

案例9.3 物流

运输供给是通过在线货物交易（OFE）优化。这些交流的门户网站旨在连接可用负荷可用货运空间在动态的基础上防止货车空车返程。总体而言，这可能会导致更少的旅行，可能会影响到中介机构的作用和供应链运输成本的减少。在线货物交易的未来仍然是不清楚的。一些研究是乐观的，但其他人指出，大部分的在线货物交易不赚钱，即使成功了，也是因为有一个主要角色在控制这个交易（Visser and Nemoto，2002；Peters and Wilkinson，2000）。

在英国，28%的卡车运行距离是空载运行，通过货运交流已经减少20%（Mansell，2001）。

资料来源：Banister and Stead（2004）

案例9.4 货物配送

制造商需要定制设计输送系统。这是通过第三方物流市场实现的，正确的货物按时运到正确的地方。集合是零散货运行业正在发生的变化，比如跨国公司联邦快递、UPS和德国邮政就担任着"整合者"或"集成者"的角色（Deutsche Post World Net）。

提供的服务确保实物、信息和融资三者并存与互补。美国总的物流市场价值约1万亿美元，每年增加4%。第三方市场价值500亿美元一年，但发展速度每年超过15%。

最大程度利用物流的企业集中于电子元件、电子消费品、医药、服装和汽车领域。每辆车由购自世界各地的超过10000个零件构成，使用覆盖更广的物流显得很重要。例如TPG（一个主要运输整合器），在多伦多的福特工厂，每天从300个供应商那里完成 800 次交付，生产 1500 辆 Windstar 小型货车。货物要在 10 分钟内到达预先安排好的 12 个不同地点。所有的货物在卡车内以一个特定的顺序保证各部分连续流动。这些车辆归所有者使用，但在 TPG 与福特的 7 年的合同意味着 TPG 需要每年下降 2% 的价格（The Economist，7 December，2002，p. 93–94）。

资料来源：Banister and Stead（2004）

网络营销和网络宣传为企业提供了一套新的途径企业可以直接推销他们的产品给他们的客户或通过第三方作为他们的网站的一部分（例如亚马逊和谷歌）。原则上，它可以取代传统形式的在报纸上作广告或直接邮寄广告的市场营销，但它更可能提供一个互补形式的营销。因为它是一个相对低成本的促销手段，收益不高，但目的是提高产品的市场占有率和市场渗透。伴随着一些额外的交付，对运输的影响可能很小。

总之，大多数情况下生产过程的变化是商业上的原因和提高生产力的必要。投资信息通信技术是一种提高生产力的主要手段，它也可以为交通运输大量节省成本。在公司内部，更具灵活性的工作和生产过程的创新经常会有冲突，公司外部，外包和垂直分离也会涉及越来越多的生产。然而，为保持质量和成本目标，适当的控制仍是需要的。在交通运输方面，这有 LED 长期采购供应链，但也为群维护采购可靠性参数。企业往往只占直接成本（私人），而不是更广泛的社会成本或转移到用户的成本。例如随着书籍的电子转移，杂志和报纸印刷的成本转嫁到最终用户。然而，如果所有费用（包括运输成本）都包括在内，电子版的总成本相对更低。运输成本通常只占总成本的一小部分，特别是在新的服务经济商品有高附加值的重量比。交通枢纽和卫星网络的发展允许更大的单位进入运输的主要路线，频率更高，但距离增大。

9.3 居住与出行

同样，信息通信技术对居住的主要影响可分为三大类。公共交通和私人交通规划与交通的影响而不是运输。在这两种情况下，目的是提高系统的可靠性，从而维持或增加模态份额。对于公共交通，这是特别重要的，当系统需要被看作是一组集成的运输的不同形式之间轻松传输的多模态的选择。这种要求不仅包括服务提供，还有信息、时间表和票务。技术允许一个"无缝"运输系统提供用户界面所涵盖的是在这里与其他操作相结合给公共交通系统内部优先权的规定。

对于车辆，现在有许多系统可以为驾驶员推荐路线，以减少延误和提供危险预警。再次，这些系统可用来提供直接的利益驱动与特殊的信息，有偿使用可使旅程时间减少。但有可能使旅行距离增加，因为第二好的途径可能在时间和空间上比首选路线长。两个主要的影响包括：电子化和使用互联网对旅游和其他活动作决定的能力（表 9.4）。

信息通信技术和居住——对交通领域的启示　　　　表 9.4

应用	信息通信技术的作用	对交通领域的影响
公共交通规划	一体化公共交通规划信息	公共交通比例增加，不同方式间换乘等待时间缩短——服务质量提高
个体交通规划	实时路线导航，行驶危险提示	减少拥堵和出行时间，但也有可能增加出行距离
电子化：购物、医疗、教育、银行、娱乐、聊天室、互联网游戏等	互联网、短信、邮件、互动数字电视等	减少了个体的多方面出行需求，但是这些服务的存在需要更多的人在单位之外上班。同时，也会引起额外的出行，来代替原本没有电子化活动时的必需出行，或者说会产生一些社交网络丰富化后的新的出行需求
"最后一分钟"交易：货运、旅馆、假期旅行等	互联网、短信、邮件等	帮助公司提高满载率和收益——引发其他出行

电子化需要在家里上网。现在欧盟超过一半的家庭拥有家用电脑，他们当中的 70% 接入了互联网。尽管大多数互联网上的流量是与商务

相关的,但"家用"日益增加。购物具有比纯功能性使用更广泛的作用,因为它是一种社交和家庭活动发生的主要手段(案例9.5、案例9.6)。购物往往会成为扩大活动范围的借口,因此越来越重视休闲购物(即使商店都关门了,还可以浏览商店橱窗)。

案例9.5　网上购物

2003 年的感恩节到新年期间,美国的网络商品销售量预期提高 20%,达 16.9 亿美元,购物者将达到 0.63 亿(相比于 2002 年的 0.537 亿)——平均每人消费 265 美元。

资料来源: http://news.zdnet.co.uk/internet/ecommercial/0,39020372,39117661,00.html

英国互联网使用者已由 1998/1999 年的 10% 增长到 2001/2002 的 40%,再到 2002 年 10 月的 45%。截至 2003 年 2 月,大约 67% 的成年人(15 岁以上)至少接触互联网 1 次,12.2% 的人正在网上购物。2002 年,购物出行占所有出行的 20%,且这其中约 13% 的出行距离(或者 80% 的出行)都是由小汽车完成的,因此,网上购物的出现将会给出行模式带来巨大的改变。

从 MORI 在 2002 年进行的调查中发现,26% 的人在网上购买过商品或服务。最重要的四类是:书籍(34% 的互联网用户)、酒店和旅行(34%),活动的门票(30%),音乐或 CD(30%)。互联网的用户都来自较高的社会阶层(67% 是 A 等或 B 等阶层)、高收入群体(收入超过 30000 英镑的人中,75% 是互联网用户;收入在 17500 ~ 30000 英镑之间的人中,54% 为互联网用户)、年轻群体(15 ~ 24 岁组有 56% 的互联网使用者,25 ~ 34 岁组有 63% 的互联网使用者,35 ~ 44 岁组有 58% 的互联网使用者,45 ~ 54 岁组有 50% 的互联网使用者)。

来源: ONS(2003b)and DTI(2002)

资料来源: Banister and Stead(2004)

一种新的区位模式正在出现。人们可以住在欧洲的偏远地区，在居住地周边出行为主，偶尔到市中心出行。

其他活动将通过网络进行，所以传统的农村地区可达性低或被隔离等问题会被解决。然而，关于社会互动的重要性，我们仍有很多问题。出行不只是为出行目的本身（如购物和工作），它更是一种建立社交网络的工具（Putnam，2000）。

在城市，随着公共交通质量的提升，排放限制更加严格，小汽车拥有的需求会降低。汽车共享和创新的租赁形式可能会降低城市汽车保有量。网上预订和记账系统可以与嵌入式智能化个人数字助理相结合，以确保有高质量的方案来满足出行需求（Hoogma et al.，2002）。城市汽车保有量的减少将对运输系统的效率产生重大影响，因为停车的空间需求会降低（尤其是路边），城市生活质量也会随着可达性的提高而提高。

案例 9.6　电子商务

在 B2C 网络交易上，有以下发展趋势：

企业—客户（商对客）：会导致小型企业的增加。

B2C 引发的交通将集中在郊区。

B2C 产生更多的快递和包裹运输。

B2C 会使城市各分区间的交通均匀化，同时也会更好地巩固长途交通。

存储的概念，配送和采集的交通也必须相适应。

车辆配送的回程会产生额外的交通。

一些购物出行会被物品配送过程代替。

运用物流规划理念可以优化运送效率（减少单独运输）。即刻配送当然要求客户支付更高的价钱，也会带来更多的街道交通。

以下是未来快递行业的发展趋势（当前的趋势，同时也伴随着日益增长的网络购物）：

　　CEP 的服务将需要更多的小型车；

　　旅游的总人数将增加；

　　CEP 的交通将主要影响郊区（住宅区）；

　　配送站（采集站）将设在城市外围居住区；

　　随着小型货物运输量的增加，其他交通将会被替代；

　　专业运输（如杂货销售）仍然是一个小众市场。

资料来源：BMVBW（2001），p.28

　　最后一分钟的交易已经变得越来越重要，因为互联网的灵活性已被用来出售过剩的产能，特别是机票、酒店和度假。更普遍的是，互联网提供了一种手段，企业通过与客户和供应商之间的直接接触，降低营销成本。除了节约成本，公司可以通过市场配置使他们的产品满足顾客可感知的要求。铁路公司和航空公司、超市和节日包装公司建立相应的数据库，将新产品直接销售给客户。

　　这样，最直接的影响是为航空、铁路和酒店带来了更高的入住率，因为其价格只是略高于边际成本。从长远来看，新的市场正在产生，能更好地符合需求预期。出行增长的潜力是巨大的，因为人们需要更多的海外假期和廉价的旅行去看朋友、观光等。在欧美的阳光地带，这还促进了第二家园模式，人们可以在周末定期地到第二家园居住。

　　总之，信息通信技术的发展会对传统出行产生替代作用，它会直接或间接地减少出行，但有两个重要的条件：一是随着时间的推移，信息通信技术可能会鼓励人们参与其他更高级的出行活动，这需要经常地长距离出行。其次，越来越多的人会参与到电子活动当中，促进更多的人际交往和出行的。这些活动彼此之间似乎有很强的互补性，如果某些活动是远程执行的，可能人们会有更多的时间从事其他目的的出行。例如居家娱乐系统在晚上可能较少被使用，但它可能会鼓励人们更多地参与其他相关活动，而这些都需要出行来实现（例如参观迪士尼乐园或好莱坞）。

最后一分钟交易挖掘了巨大的额外出行潜力，因为人们会抓住航空公司和酒店提供的打折促销机会。在某些层面，这可能只是利用了过剩的产能，所以几乎没有额外出行，但从长远来看，它可能会产生被人为策划的额外出行，因为新的市场潜力会不断被开发。在这种情况下，长距离出行的增长可能是巨大的。技术发展的间接影响是人们可以自由选择家庭住址和投资机会。信息通信技术带来了城市布局的分散，同时可达性也在逐渐提高。此外，信息通信技术的发展也会为农村发展带来希望，通过社交网络和网上购物等，农村分散式的生活方式能得到改善。也许令人惊讶的是，几乎没有详细的实证资料能够证明其实际影响有多大，但很多实际发生的速度是非常乐观的，尤其是网上购物的巨大发展潜力。

9.4 工作

信息技术的三大应用是电子办公、电子会议和电子信息。在电子办公方面，很多争论都集中在是否能够在家办公以及家庭与单位之间的分工（表 9.5）。来自英国的最新数据（ONS，2002）表明，在 2001 年，约有 220 万人（占就业总人口的 7.4%）是远程工作者，该数据相比 1997 年增长了 65%。正是电子邮件的发明，使得大多数人（82%）能在家实现高效办公。这里引用的英国统计数据包括一周至少在家工作一天的所有人。一周在家办公一天的人大约占所有远程工作者的 50%（ONS，2002）。

和购物一样，在工作中，除了工作范围内的事情之外，我们有更多的事情要做。与同事在工作中的互动是工作满意度的关键因素，所以新的工作模式正在发展，将办公室工作和家庭工作相结合。远程工作的形式主要产生于个体户，但是发展到现在，有超过 55% 的远程工作者是雇佣的员工（ONS，2002）。我们逐渐认识到，在工作地点之

信息通信技术和工作——对交通发展的启示　　　　表 9.5

应用	信息通信技术的作用	对交通的影响
电子办公	互联网、电子邮件、移动通信、可携带电脑等	出行频率降低，出行距离增加，其他出行代替工作出行而增加（因为通勤出行减少，提供了更多的空余时间），也有可能出现更多在长距离出行过程中移动办公的情况
电子会议	视频会议	使得出行距离缩短，但在应用上可能比较有限——很多面对面的会议会更加有效，电话并不能降低会议需求，同时，由于会议出行减少，新增的空余时间会引发其他出行的增加
电子信息	电子邮件、传真、外联网等	可能带来会议需求的增长，来交换日常消息

资料来源：Banister and Stead（2004）

外办公的员工相比于在单位工作的有更高的生产力水平。这些新的在家工作者主要是熟练工人和一些更高级的员工。

未来的出行特征较难估计，因为家庭办公有着巨大的潜力来减少距离较长的通勤出行。例如在英国，平均出行距离已经从 11.5km 增加到 13.4km（1991～2001 年）。在家工作者的通勤出行距离和其他工作者的对比数据较难获得，但是 Sloman 的研究数据（2003——Mitchell and Trodd，1994）认为，远程办公人员的平均通勤距离为 33.6km，相对地，小汽车平均通勤距离为 24km。在美国（1995），远程办公人员的平均通勤距离为 25.6km，而非远程办公人员的平均通勤距离为 20.5km（Tayyaran and Khan，2003）。应该指出的是，这些数字可能仅仅反映了社会经济层面进行远程办公的个体的出行习惯。更一般的结论需要更加详细的关于远程工作者出行的时间序列数据。

总出行量的减少为在家工作者节省了时间，同时也为其他工作者带来了间接效应，因为道路和公共交通不再那么拥挤。有趣的是（案例 9.7），似乎平均通勤时间和远程工作的员工比例之间存在一定关系。在家工作的主要益处是灵活性提高，反过来促进了更强大的潜在产出和贸易。在全球和地方工作当中又产生了一种新的依存关系。

案例 9.7　远程工作

虽然远程工作人员的数量增加了，但增长幅度却比预期的要慢得多。在 1999 年，欧洲（EU-11）有 800 万（约占总数的 6%）的员工以某种形式从事远程工作（如定期远程办公者、偶尔远程办公者、居家办公者和移动办公者等，ECaTT，2000，p. 24）。

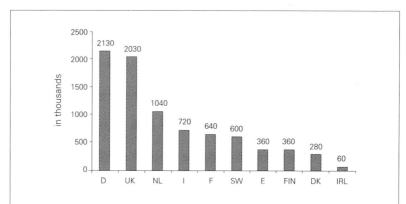

国家	潜在的远程工作者比例	实际远程工作者比例	EcaTT 统计的远程工作者比例（2005）	平均通勤比例（1996）
芬兰	18.9	16.8	29.4	41
瑞典	20.4	15.2	24.3	40
荷兰	22.4	14.5	25.2	44
丹麦	19.9	10.5	19.4	45
奥地利	16.4	10.1	*	36
英国	22.6	7.6	11.7	46
欧洲平均	*	6.1	10.8	38
德国	20.0	6.0	12.6	45
爱尔兰	*	4.5	7.7	40
意大利	17.5	3.6	7.1	23
法国	16.3	2.9	4.8	36
西班牙	13.5	2.8	5.4	33

资料来源：EcaTT（2000）and CflT（2001）

企业正在分散各项生产活动，自主的市场导向的经营单位则最接近他们的客户群（Reichwald et al.，2002）。

我们可以从远程服务当中找到类似的联系，因为日常业务功能和维护可以通过网络或自我诊断实现，这样就减少了出行。更具挑战性的是，我们可以为个人用户设计产品（如报纸），根据个人要求来设计适当的内容组合，并按其要求排版印刷。推广而言，银行、化工行业、商业都可以实现个人定制。

网络会议是面对面接触与远程会面的另一个维度的冲突。视频会议允许视觉接触和语言接触，但却缺乏面对面的"感觉"，因此，面对面会议仍然非常重要。这意味着可能产生一些替代效应，但重要的会议仍然需要面对面召开，这样就会引发更长距离的出行，因为企业已经遍布全球。视频会议的市场渗透率仍然较低，这表明该项技术并不是非常有效，或者说使用成本和技术要求较高。然而，常规的信息还是无需接触，即可通过网络知晓，减少了人们的出行和传统的邮件量（被电子消息取代）。

因此，在家远程工作对传统的通勤出行有很大的替代潜力，但潜力还没有完全被挖掘出来。工作灵活性的增加带来了很多自由职业者，这也体现在面对面会议的需求当中。新的分散工作模式可能会得到发展，因为人们仍然会生活在离他们的工作地点很远的地方，公司也会分散他们的生产活动(国际和国内）。最直接的结果是通勤出行会减少，但是出行距离会增加。再次，大部分的证据是有限的，我们需要在欧洲范围内有一个比较系统的标准信息采集，无论是在关键时间点还是一个时间段内。纵向的数据可以用来发现新的复杂性和灵活性，包括实际变化和要记录的净变化。

9.5　结论

在高科技的新时代，社会可能刚刚开始认识到科技的巨大潜力。本文引用的很多例子都是较为前沿的，人们对于科技的看法分为乐观主义和悲观主义两类。乐观主义者希望能够在生产、生活和工作的方方面面都有新科技的产生，而且人们可以以非常低的成本（甚至零成本）享受科技。悲观主义者则认为我们要更加谨慎地对待科技，而且科技会造成社会分层，掌握高新科技和资源的人与那些不拥有高科技的人之间会有较大的差距。本文试图从介于两种观点之间的中间立场出发，提出了一些重要的观点，讨论信息技术对交通的影响。

关于交通需求，有三个关键问题需要注意：

1. 减少出行需求。从传统角度来看，我们似乎不需要对出行需求加以限制。每年 5% ~ 6% 的增长率意味着每 12 年交通需求会翻一番。即使增长率稍微低一些，出行需求在每 20 年仍然会翻一番。在过去，每一项技术创新都是在增加而非降低出行需求。现在的问题是，信息技术的诞生是会逆转该趋势，还是会加速出行需求的增加。本章的例证表明，信息技术可能会降低部分的出行需求，如通勤出行，但同时也会引发其他长距离出行，例如休闲出行。尽管越来越多的人期待信息技术的发展能够降低不可再生资源的消耗，从而有利于环境与身体健康，但是信息技术本身并不能够改变目前的不可持续交通系统发展的趋势。

2. 并非所有的交通出行都是派生需求。传统意义上的交通出行是由于人们在目的地的获益大于其此次出行的成本，而这种概念已经不再普遍适用了（Mokhtarian and Salomon，2001）。大量的文娱出行的产生都只为其出行本身，而且出行的过程也受到人们的重视。这个结论对于交通分析有巨大的价值，因为传统的分析都是基于将出行距离和出行时间降到最低的前提假设。随着工作相关的出行变得不再那么重要以及休闲出行的增长，传统的交通"智慧"需要重新评估。信息和通信技术为人们提供了更多关于休闲出行的选择和信息。信息和通信技术的应用不仅会拓宽人们在互联网上的交际圈，也会促使面对面接触需求的增加。新的出行需求是由技术而产生的。那么显然，以下问题需要解决：如何评价不同类型的出行？哪些交通出行被人们认为是滋扰，因此原则上讲可以被信息技术所替代？又有哪些交通出行是为其本身而产生的？

3. 潜在需求的问题。信息和通信技术的应用对交通领域所产生的替代和互补效应之间的平衡一直是过去十年科学争论的主要话题，它是基于对潜在需求的作用的不同假设。如果远程工作或任何其他基于信息通信技术的活动替代了传统出行，那么有可能其他人会进行额外的出行。其他的道路使用者可以利用被"释放"出来的道路空间，家庭成员可能会进行更多的出行，远程工作者也会利用小汽车进行休闲出行。此外，交通方式之间的平衡也会受影响，因为远程工作者出于之前的习惯，仍然会使用小汽车而非公共交通进行其他出行。从长期来看，选址决策可能会改变，因为人们更愿意住在离他们工作地点更远的地方，通勤出行次数更少，但是出行距离更长。这些问题的回答对评估信息通信技术对交通的影响是至关重要的。

另一种观点是互联网会提高使用者的可达性和生活品质，互联网的使用会替代一部分额外出行。更加乐观的是，这也有可能让一些个体不再需要小汽车，即有利于无车生活方式的推广。这也有可能会提高汽车俱乐部的发展潜力，来迎合那些希望偶尔能使用小汽车的人群。虚拟的移动取代了现实交通出行的增长（Lyons and Kenyon，2003），因此更加敏感的时间利用研究有必要更多地关注自然与现实的平衡。

我们提出了三个关键问题，有关信息通信技术应用在交通领域的新机遇以及固定的出行时间预算概念（Banister，2005）：

1. 我们有必要从多式联运的角度看待交通。似乎有很大的潜力可以在欧洲范围内借助信息技术的应用实现多模式出行。例如我们可以通过航空和铁路网络的连接来减少短距离的航空出行，这在查尔斯·戴高乐机场和法兰克福机场已经实现。借助信息技术实现创新的交通枢纽方案，我们就有可能最大化航空空间和铁路运输系统的价值。这项应用既适用于客运，也适用于贵重物品的货运，但重要的是，我们不能过分强调信息和通信技术的潜在作用，因为这项改变的基本驱动力来源于多式联运后的经济效益。

2. 可持续的供应链。人们越来越意识到在世界范围内将货物送到最终用户手上所需的交通成本。航空出行最主要的增长领域一直是货运部门，很多高价值的货物需要进行长距离的运输来满足常年需求。如果运输活动需要支付所有的环境成本，那么运输成本将是一个更具决定性的因素，优化运输成本的需求将会出现。外部成本内部化能够有力推动信息与通信技术在交通运输上的应用，因为供应链的巨大潜力能够让可持续性与效率同时实现。

3.科技与灵活性的影响。信息与通信技术的发展为人们提供了大量的机会，使其可以采用多种方式实现各种各样的活动。它还提供了具有重要新机遇的公司来实现生产过程。人们的视野在拓展，这会带来更多的出行，但更重要的是权力将会从生产者转向消费者。用户掌握自己的生活，更加明白自己想要什么（以什么样的价格），所以生产过程也要去迎合消费者的新要求。这种灵活性，又反过来要求整个供应链当中都要广泛应用信息和通信技术，但我们也很难了解到这可能带来的后果，或者说对于交通需求的复合影响。

任何旨在解决这些关键问题和机遇的研究工作都需要基于一个健全的实证基础。现有的文献和实证分析表明，关于新型信息技术在交通系统的应用以及它可能给交通带来的影响，这两者间的依赖关系的实证研究仍处于起步阶段。即使在有更好的通信条件（如远程工作和电子商务）的情况下，大多数的研究仍集中在对出行频率和距离的直接影响上，而不考虑二阶效应。我们非常需要额外的实证研究工作，将其影响细分为信息技术的直接应用和子维度的间接影响。

最后，本文给出了一些想法和案例来反映信息通信技术和交通之间的关系的复杂性。信息交流和信息使用的影响意味着可能有新旧产品之间的共存，如纸质产品与电子产品相匹配。虽然可能存在一些替代现象，但新的市场也会发展（例如出版）。购物是信息交换的一个例子，客户们可以观看、比较、选择、购买等。部分或者全部的这些活动都已远程进行，有些可能需要额外的出行，而其他的则需要较少的出行。

同时也有虚拟出行的影响，电子邮件和互联网的使用更加频繁，为人们带来了新的可达性，无论是在家、在工作地点还是越来越多地在移动过程中。这反映了技术与社会的共同进步，正如各类远程活动（工作和休闲为主）所反映的那样，而这又会产生更新和替代效应。实时信息的重要性是另一个例子，移动技术的应用让人们在出行中拥有更大的灵活性和活动参与度。能够进行日常活动并保证业务有效运行的功能要求，需要与个人和雇主的社会需求相平衡。不同的要求体现在响应速度的复杂性和创新的速度上，因为期望总是高于实际使用。

我们对可达性的本质需要有个新的认识，因为身体和社会约束是由虚拟约束相匹配的。这反过来需要在交通分析中得以反映，传统的概念认为一次出行只为单一出行目的，而新的概念则提出人们会有更加复杂的虚拟出行以及多目的的出行链。

注释

1. 信息和通信技术包括互联网、电子数据交换、电子邮件、基于个人电脑的传真和电话自动输入（例如语音信箱）。
2. 以上信息来自于ICM进行的一项调查，由牛津大学网络学院对超过2000人（14岁以上）进行调查（www.oii.ox.ac.uk）。

第三部分

第 10 章
低机动化城市的启迪

10.1 简介

这个章节看上去有点离题，但事实上不是这样的。它阐释了从发展中国家吸取的经验教训。特别是那些快速成长的城市，这些城市人口每年增加 2% ~ 3%，有些甚至达到 6%。虽然在资源消耗上这些城市远低于发达国家城市，但需求是以指数形式增长的。就如本书引言中所述，小汽车拥有水平的增长带来了和过去西方城市相同的效果。道路空间被分配给小汽车，优先于其他过去被分配的方式。这些城市的街道用于人们步行、交易和居住，但是现在发生了变化。小汽车和其他机动化交通方式开始起支配作用，行人和骑自行车的人在街上活动变得更为困难和不安全。这并不是说不好，但在城市可持续发展的前提下，这一变化应该被解决。

发展中国家的城市经济的迅速提升，常常是以牺牲脱贫和环境改善为代价的。经济的重要性远高于相关的社会和环境问题。这并不奇怪，但鉴于城市可持续发展的约束，需要找到二者的平衡。然而，正如世界银行（2001）所说，城市交通的地位似乎存在一个基本矛盾——"城市交通可以通过对城市经济的影响间接促进经济增长，也可以直接通过对穷人的日常需求的影响促进减贫"（p.8）。不同证据显示，经济集聚使人和活动集中在城市。这导致收入的进一步增长和更高的消费水平集中在城市。这些变化发生的速率高于城市空间移动的可达性，结果导致街道的交通阻塞和低水平的环境质量。除此之外，由于土地价值的升高，中心地区对穷人来说价格过高，他们不得不在周边地区重新安家，这经常导致更长距离的通勤。机动化使增长成为可能，但也可能使人们的环境和安全更为糟糕。在以下引文中将给出全部案例。

> 在许多发展中国家，城市人口以超过 6% 的速度扩张。超过 1000 万人口的超大城市数量将在未来 30 年翻番。超过一半的发展中国家人口和其中一半的穷人将会住在城市中。人均车辆拥有和使用在一些国家将继续保持每年 15%～20% 的增长。交通拥挤和空气污染继续增长。私家车使用的增加导致公共交通需求的下降，间接导致服务水平的下降。蔓延的城市使通勤距离过长，对穷人来说花费昂贵。城市出行的安全是新出现的问题，尤其是在南非（世界银行，2001，p.7）

Gwilliam（2003）总结了问题包含四个要素：过早到来的交通拥堵在一些城市，平均速度低于 10km/h，恶化的环境中有高浓度的微粒和一氧化碳；发展中国家的 120 万起道路死亡事故（2000），引起对安全问题的担心；穷人交通方式设置的衰退。

值得花一点时间考虑发展中国家的车辆增长的绝对尺度，尽管重复了第二章的部分信息（表 10.1）。

小汽车和交通工具拥有的增长 表 10.1

以千计	1995 年		2020 年		2030 年	
	小汽车	交通工具	小汽车	交通工具	小汽车	交通工具
经济合作与发展组织	383329	536174	574241	782361	621091	842257
其他地区	111255	340357	283349	580288	391755	781130
总计	494584	776531	857590	1362649	10012846	1623387

资料来源：经济合作与发展组织（1995）

◆ 1995 年，有 5 亿辆小汽车，其中 77% 来自经合组织国家，有 7.5 亿交通工具，69% 来自经济合作与发展组织国家。

◆ 到 2030 年，将会有超过 10 亿辆小汽车，62% 将来自经合组织国家，有 16 亿交通工具，51% 将来自经合组织国家。

◆ 这相当于在 35 年时间内翻一番或者说以每年 2% 的增长率增长，但是在非经济合作与发展组织国家小汽车和交通工具的增长率为 3.5%。

◆ 到 2005 年，世界上将有 10 亿交通工具。

◆ 在中国和印度，两轮车和四轮车拥有的增长率现在已经超过每年 10 个百分点。

在这一节中，重点关注了可持续发展影响发展中国家城市的三个关键方面。交通对公平性有重要影响，它严重影响城市贫困人口。空气污染和交通阻塞对健康、时间和经济增长会造成实际损害。但是这些代价的分配是不统一的（世界银行，2001）。第二个问题是创新，许多新奇的想法已经率先在这些新兴城市开展，包括道路收费，快速公交。第三点，制度和组织的结构已经建成。许多城市没有强制的城市管理的传统。税收计划和管理的落地会使整个社会受益，虽然一些个体会受损。城市可持续发展依靠政策和有效的策略以及公平一致的态度使人口可接受。

10.2　公平

在发展中国家，很多交通政策的考虑是不平等的，它们更倾向于中产阶级和富人而以忽视穷人为代价（Satterthwaite，1995；Vasconcellos，2001）。最重要的不同是在发展中国家城市可持续发展首先被视为一个社会架构，与发达国家的环境架构相反——"集中注意力在生态可持续性上，关注维持资源基础和限制人类破坏生态循环的行为，往往会忽略贫困问题的维度"（Mitlin and Satterthwaite，1996，p. 27）。这种差异是基本的，关注重点不是资源使用、本地和全球污染水平、技术选择、成本的内化，而是可达性水平、非机动化的交通形式、家和工作地的位置、高事故率。

世界银行（1975）认识到了这个基本的不同。因主要政策关注的资源有限，所以他们的政策声明很难达到基本服务水平。土地使用和交通及减少出行距离的需求之间的联系都被考虑了，还有交通设施的理性使用、对体系协调作用的认识、交通经营者的全程参与。这个方法标志着一个从资本密集型向最优使用设备的清晰转变。它讲的是新形式道路空间使用的收费，但在现实中交通管理和公共交通正操纵着议程。

一个更基础的关于世界银行交通政策（1996）的综述，议程的中心是可持续发展。虽然经济可持续与社会和环境可持续配对，但给人的印象是经济问题"受新自由主义私有化和放松管制的影响"是最重要的（Vasconcellos，2001，p. 232）。看来，世界银行看待可持续发展的角度相当狭隘，而实际的贷款行为并不总是遵循官方的既定政策。除了强调利用经济结构的使用和市场机制及私人部门的参与，似乎已经没有希望将可持续发展的三个要素都整合起来（虽然这个政策是重要的），重点没有放在支持行动上，包括制度变迁和新颖的解决方案。

新政策需要解决贫困的问题，因为财富的分布很不平衡。大量向城市的内部迁移加剧了这种情况，人口社会空间隔离，大部分的工作位于中心，大部分的穷人都位于外围。公平的可接受的解决办法是鼓励步行和骑行去工作，但是城市太大、通勤距离太长，导致这种办法不可行。例如20%的墨西哥城的工人花费超过3个小时上下班，还有10%花费超过5小时（Schwela and Zali，1999）。再加上，公共服务设施的分布非常不平衡（学校、医院、公共交通等），这使得出行距离更长了。管理决策没有解决它，反而加剧了不平等。投资道路导致了更长的出行距离和对机动化交通更大的依赖。这个结构性的问题反映在政治领域，即游说集团、工业和外部力量控制着脆弱的民主（Vasconcellos，2001，p. 212）。

这一尺度的问题在里约热内卢的案例里重现。在1989年，一个有限的调查证明了社会空间的不均衡，包括出行格局和大都会区公交服务的供给（案例10.1；Camara and Banister，1993）。

案例 10.1　里约热内卢的社会和空间不均衡性

出行格局

- ◆ 周边地区居民步行时间比中心地区居民多 70%。
- ◆ 75% 的人需要一次换乘，所有需要两次换乘的人都居住在周边地区。
- ◆ 87% 单程通勤时间超过 75 分钟的人是住在周边地区的。
- ◆ 对住在中心地区的人来说，71% 的人能够每天花费 2 元车费，意味着不需要立交桥。
- ◆ 65% 的住在周边地区的人不得不花费至少 6 元车费通过立交桥。

巴士服务水平

- ◆ 周边地区平均等待时间是 19 分钟，而核心地区为 6 分钟。
- ◆ 66% 的旅行者从周边地区到核心地区能够有座位，与此同时核心地区这一数字为 80%。
- ◆ 中心地区高的发车频率意味着虽然巴士很拥挤，但在一部分行程时间内还是能找到座位。

资料来源：Camara and Banister（1993）

　　穷人的问题位于外围地区，经常在非正式的最少服务设施和安全保障的居住条件下，被土地投机禁锢，所有权有纠纷，规划体系薄弱。这一社会群体是"收入和社会角色不同的、最穷困的边远层面"（Vasconcellos，2001，p. 212）。以上产生的净效应是空间分异，强化了较富裕的人口的利益，这部分人看到了基于个体机动交通工具的未来。

　　决策者应优先考虑社会的贫困群体，来减少不平衡。这意味着人行道应该更安全、更利于舒适行走，道路空间应该优先考虑骑自行车的人（和骑摩托的人）和公共交通（Vasconcellos，2001，p. 213）。但在许多发展中国家，小汽车被给予优先权。世界银行的悖论没有被处理。还有一个问题是摩托车是否应该被视作一个解决办法，它产生污染并有噪声。但在许多发展中城市，它提供人口和货物运输，在这些地方它是经济的。在社会方面，它提供了一个解决办法，但在环境问题上没有。在公共交通上资助穷人是另一个可能的替代方法，但世界银行（1996）表明，单把穷人作为目标是困难的。公共交通对他们来说依旧很贵，补贴会导致高的报酬和低的服务水平，从而损失效率。还有通过税金和福利系统的直接补贴，但问题是很多穷人都不在正式的经济体系中。直接补贴公交运营者是另一个办法，但受益的是所有出行者而不是穷人，还排除了一些非正式的交通方式。关于这一主题的讨论，变化发生得太快以致反应不足。短期的反应是重要的，但也必须讨论城市形式和服务设施坐落的位置，保持在步行和骑自行车的可达距离内，还要靠近主要廊道，能提供高密度的公共交通线路。这个问题将在 10.3 节再次讨论，关于创意和需要强健的体系。

尽管有良好的意愿，但似乎更多的决策是使经济状况好的人受益而非穷人。在所有的城市，穷人出行都不能像富人那样远，因为他们采用步行或是最便宜的可达的交通工具。基本问题是提高穷人的机动性选择权，但同时限制在绝大多数高速城市化的城市中固有的交通混乱（案例 10.2）。例如很多新系统被引进，如吉隆坡的 Star and Putra 轻轨系统、KLIA（吉隆坡国际机场）机场快线和单轨线（这些方案中的两个破产了，没有被国有化）。但关注的仍然是谁是投资计划的受益者。

案例 10.2 曼谷的交通

曼谷从第八个交通规划期（1997-2001）进入到了第九个交通规划期（2002-2006）。曼谷大城市地区占泰国 GDP 的 56%，有

1400万人口。每天有2200万人次出行,400万辆卡车出行。有大约57%是私人出行,即使乘坐大运量快速交通。远期投资计划为1000km道路和260km公共交通路线。小汽车被视为财富的象征(Rujopakarn,2003)。

曼谷每年在空气污染和水污染方面的花费超过20亿美元。曼谷平均每年有44天在交通阻塞中。交通延误带来的损失占城市产值的1/3左右,相当于一天400万美元。高峰时间出行节约10%,每年将减少4亿美元损失。过高的铅含量主要来自交通工具,造成200000~400000例高血压和每年400多人死亡。粗略的估计表明,过高的铅含量能引起7岁儿童损失4个点或更多的智商。

城市平均速度为10km/h,在高峰时下降到5km/h,饱和率为0.7(2001)。拥挤造成的时间延误每年使城市损失15亿美元,水污染和空气污染额外增加10亿美元。当地所有与交通相关的空气污染物排放在1991~2001年间增长了一倍,城市空间分配给道路的比例很低(11%,欧洲城市为20%~25%)。摩托车拥有率每年上升33%,小汽车每年上升13%(在20世纪90年代早期,2002年又开始上升)。当地制造的交通工具和外国车辆进口税的减免,鼓励了这种增长。拥挤是非常糟糕的,走路经常比使用交通工具快。

虽然城市中心交通可达性良好,但其他地方是糟糕的,也没有结合1999年曼谷土地使用规划在中心城周围提升一系列的独立的子中心。经济的发展和土地市场的活跃以及价格的快速上升导致政府兼并土地进行建设是困难的。在1997年,亚洲金融危机有所缓解,但增长模式被重新确立。

私下资助的"大型项目研究"增强了道路容量,帮助开发了大运量快速公交系统(和空中列车),但是霍普维尔铁路和道路工程却取消了。复杂的解释包括:

◆ 缺少制度安排来提供适当的战略和结构框架是中心问题。

> ◆ 缺少基础设施规划加重了交通循环空间提供的不足。
> ◆ 交通政策在一些部门之间责任分散，通盘战略瘫痪。
> ◆ 没有强有力的内核或是专业人员，以至于很容易发生政治干预，还会减少对私营部门的吸引力。
> ◆ 因为对通行费率的争论，二级高速公路建成后并未投入使用。
>
> 高风险的私营部门参与意味着不得不以更安全的投资获得回报——这意味着低廉的基于公交的替代方式可能提供更好的回报。

城市贫民需要其他兼顾可达性和可支付性的交通方式。在正规的部门，包括有专有路权的公交系统，以大量可获得的非正式交通系统作为补充（Cervero，1997）。巴西的库里蒂巴是基于公交系统的最好的例子（案例 10.3）。然而，在非正规部门，为穷人提供可持续交通的双重目标可以实现。还包括孟加拉国的黄包车（Gallagher，1992），非洲的迷你巴士和自行车（Hook，1995；世界银行，1994；联合国开发计划署，1997）（案例 10.4）。参与和帮助非正式部门是重要的，但波哥大、库里蒂巴和基多都能够不依靠非正式的部门而从根本上提升他们的公交系统。这不是单一的解决方案，但方案的成本和满足城市贫困人口的需要是所有城市需要考虑的两个核心问题。

案例 10.3　库里蒂巴（巴西）的交通

> 库里蒂巴是一个有 160 万人口的巴西城市。75% 的通勤使用公共交通，尽管小汽车拥有水平高于圣保罗（1999 年库里蒂巴有 655000 辆机动车）。从 1974 年开始，虽然人口翻倍了，但交通水平下降了 30%，专用公交网的建设花费大约为每公里 200000 美元。

有 340 条线路和 1902 辆公交车。270 客运量双边铰接车和 150 客运量的红色巴士在 65km 长的专用道（13 条线路）上运营，涵盖 5 条路径。它们连接 340km 长的来自换乘站的支线（橙色巴士运营）。有 25 个换乘站和 221 个地铁站允许预付费上车，它们连接 185km 跨区的环线（绿色巴士运营），允许通过快速线路，不进入城市中心。一些补充服务被运营，包括银色快捷巴士连接主区和库里蒂巴市区周边和公交站，黄线在主要的射线上（不是公交专用道），城市环线是白色迷你巴士。

城市超过 90% 的部分能被公交网络覆盖，整个网络长度为 1100km。

单一票制允许免费换乘——2003 年开始试用智慧卡。每天运送将近 200 万人（2003）。

资料来源：Meirelles（2000）and Horizon International（2003）

库里蒂巴的公交系统是一个在经济上自给自足的项目。通过一个综合方法，包括变化分区系统，多样化的公共交通服务，集中住宅开发，建立专门的道路设施，引入创新的"加载管"，公共和私营部门之间的特殊关系的演变，它实现了当地社区团体参与规划的过程。

系统有三个基本水平。小巴士在低密度区域运营，它的作用相当于在高速高运量公交专用道网络廊道运营的线路的喂食器。跨区线路不通过城市中心联系快车线路，它支撑着快速巴士和支线网络。在快速巴士廊道周围允许高密度建设，密度随着远离公交专用道而下降。

1990 年的《住宅法》允许开发商支付附加费来在限高之上再建造两层，使得公交网络可以更好地服务。库里蒂巴城市住宅代理商购买了公交专用道沿线的土地并建造了 17000 套高等和中等密度的保障性住房，从而增加总线网络的生存能力。系统建成后的第一个五年公交专用廊道周围的人口增长了98%，城市总体为26%。为了减少上下公交车的时间，库里蒂巴引进了"加载管"，乘客可以付费进入管状的等候区域，能够同时在所有入口上车来节约时间。

库里蒂巴的公共交通系统过去20年间每年增加2.36%的赞助。系统没有收到补贴，运营已经外包给私人部门，让他们赚取利润，并保持低票价水平和在低收入社区提供高质量。

库里蒂巴综合交通网络和客运量的演变

年份	乘客总量	每天常规运量	综合交通网络	按线路类型划分综合交通网络范围（km）		
				快车	支线	跨区
1974	677	623	54	19.9	45	0
1992	1028	398	630	41.0	266	166
2000	976	276	700	65.0	340	185

资料来源：Rabinovitch and Hoehn（1995），p.17；Wright（2001）

综合交通网络由一系列的高速公共汽车线路（现代巴士汽车）和低流量的支线支持着。高流量的线路在高密度区域多数经济活动坐落的地方。但补充网络是同样重要的，他们连接城市中心低密度的社区和其他社区。

在库里蒂巴，土地使用和交通相得益彰。在城市中心区，土地使用控制有限的高密度地区的增长（机动车禁驶）。新的增长集中在交通廊道（被称为结构化的分区），这里有大容量快速直达公交，在干线公路上使用独有的中心线路服务。在发展这些廊道之前，城市取得毗邻的土地，开发低收入住房。土地使用控制与公共交通密度有关，结构化的分区的容积率增加了6倍。

资料来源：Stickland（1993）；UNDP（1994）；Rabinovitch and Leitman（1996）；Gallagher（1992）；World Bank（1994，1996）；Koerner（1998）；Hall and Pfeiffer（2000）；Replogle（1992）

社会层面的城市可持续发展不应该被看轻，就像在城市，似乎满足城市贫困人口的交通需求未被给予优先权。它不应该仅仅被视为交通供给，还应是住房和工作地的安置，还包括服务设施。穷人无法理解的问题是，他们不仅仅是一个物理个体，还是经济体，因为他们支付不起出行。在能使用最适合的交通方式的地方他们的使用（自行车）被限制了，这些空间被重新分配给机动化的交通方式。小汽车拥有的增长和新的道路的建设及现有空间的再分配，都意味着穷人已经被"排挤出去"了。除此之外，他们还承受着高意外伤害率、噪声的增长和高污染水平。他们的生活质量在恶化。

案例 10.4 孟加拉国的黄包车和非洲的自行车

世界上现在有超过 400 万辆手推车和人力三轮车，大部分在亚洲。在孟加拉国，达卡可能有超过 500000 辆黄包车，占到所有交通工具的 50% 以上，每天有 700 万次的出行，或者说 70% 的乘客出行和 43% 的乘客出行公里数——但只有 100000 份许可被颁发。超过 125 万人受雇于这项业务，有超过 500 万穷人直接以黄包车为生计。

黄包车的所有权主要是富人高价出租给穷人以确保好的回报率（在斋浦尔和那格浦尔），试图限制多人共有黄包车或是让驾驶者负担更少的经费，但都没有成功。限制牌照，鼓励更换机动化工具。在贫困的国家，限制黄包车数量的行动会失败，会导致系统性的腐败，收入由经营者转让给警察。此外，由拥有者经营和支付费用会倾向于产生更大更富有的经营者。人力三轮车可提供低成本、无排放的服务。

达卡和世界银行协作，开始在主干路上消除人力三轮车，从而使他们的业务难以维持。

1992 年，在乌干达一辆自行车花费一个人 7 个月的平均收入，在马拉维和坦桑尼亚是 10 个月,在埃塞俄比亚是 36 个月。在亚洲,一辆自行车的花费为 25 ~ 100 美元或是 6 个月的收入。一些国家(布基纳法索、印度、津巴布韦)利用政府财政整合乡村发展项目,给穷人提供贷款买自行车。私营部分的资金(孟加拉国、斯里兰卡)发展自行车贷款计划。基本要素是高度分散化、非政府组织参与管理。社会和亲属团体的角色也是重要的,以至于正式的归还贷款的责任能够被建立。但是盗窃是主要问题,不得不被列入风险评估中。在非洲只有 3.5% 的人使用自行车,但在亚洲有 40% 的人拥有自行车——在中国的一些地区每 1000 人有 700 辆自行车。

资料来源:Stickland(1993);联合国开发计划署(1994);Rabinovitch and Leitman(1996);Gallagher(1992);世界银行(1994 and 1996);Replogle(1992)

然而,正是在这些城市,通过委托和投资新型公共交通,创新思维和领导力得以发展。非正式的交通和新型高速公共交通服务现在已经开始在郊区为穷人服务了,这改变了一些城市的可达性。正是由于这些积极的创新,我们现在转变了。

10.3 创意

在富有的国家,规程的使用能够有效地提高汽车保有量和减少排放。但在贫困的城市,这些方法则不太有效,特别是增加出行成本。政治上不太愿意严格执行管理条例,如果做了的话,执行中也会产生相关问题。更为简单的办法是鼓励使用最佳可行技术,如清洁的新型小汽车。清洁生产工艺,比如催化转化器需要高质量的无铅汽油和更好的维护。交通工具替换也将造成第二个问题,如庞大、老旧、低劣的交通工具交易市场,这些车辆将继续进行污染。在车辆需求居高不下的情况下,很难加速扭转车辆总数的问题。这个论点提出了一个相当悲观的、几乎没有机会短期改善的前景,但许多创新都来自较贫穷的国家。可持续发展是全球问题,各方都应该相互学习。

然而，在公共交通方面的创新，发展中国家似乎独领风潮。传统思维使得对公交系统的需求水平较低（每个方向每小时 25000 人 / 次），轨道交通的需求量较高（有轨电车，轻轨快速交通，地铁和重轨系统）。但仍有问题，有轨电车和轻轨的容量为每个方向每小时 12000 人 / 次，只有快速公交 BRT 的一半左右。

一个清晰的等级制度已经逐步形成，世界银行对城市交通系统的大部分投资都遵循这一模式（Fouracre et al., 2003；表 10.2）。基于轨道的系统高资本和运营成本提高了这些贷款债务偿还的担忧和对城市贫困人口的影响。他们通常与铁路系统有一定距离并且买不起票。新的想法是促进更灵活的公共交通系统的发展（主要是公交专用道和快速公交的使用）。他们的运营成本更低，更灵活，能深入到穷人居住的地区。容量可以在一定阈值内提升，比如在波哥大，加拉加斯大街上每个方向每小时运量 36000 人次。

发展中国家大运量公交系统案例　　　　　　表 10.2

城市（2000 年的所有数据）	大运量交通廊道的数量	客运量（百万 / 年）		每条交通廊道日常乘客数（以千计）
		总计	每条线路的公里数	
地铁				
布宜诺斯艾利斯	6*	242	5.1	112
曼谷	2	90	3.8	125
加拉加斯	3	403	8.8	373
中国香港	6	792	9.0	367
墨西哥城	11	1433	7.1	362
圣地亚哥	3	208	5.1	192
新加坡	2	296	3.6	411
轻轨				
吉隆坡	2	61	1.1	85
马尼拉	2	109	3.5	153
麦德林	3	105	3.2	97

续表

城市（2000年的所有数据）	大运量交通廊道的数量	客运量（百万/年）		每条交通廊道日常乘客数（以千计）
		总计	每条线路的公里数	
快速公交				
波哥大	3	184	4.7	174
库里蒂巴	5	684	1.3	380
基多	2	83	7.4	115
圣保罗	4	273	4.4	190

注释：* 包括以前的地铁线。三个轻轨城市都是高架线路。表中的城市公交系统比轨道系统运送更多的乘客。快速公交系统（2003）现在的运客量是表格中的三倍（2000）。

资料来源：Fouracre et al.（2003）；表2

Allport（2000）和 Wright（2001）的结论明确显示系统之间的能力差异并不像最初认为的那样大。以专有权的方式，新的大容量公交车可以比电车和轻轨系统更有效，达到每个方向每小时 35000 名乘客。在同一水平面上，轻轨系统每小时运载 4000 ~ 6000 名乘客，在相同的运行速度下，公交专用道每小时平均运载 15000 名乘客。不清楚库里蒂巴、基多和波哥大的快速公交系统统计客运量的方法（Allport，2000）。Wright（2001）推论，在 20km/h 的速度下，轻轨系统的最大运载能力为每个方向每小时 12000 人。

虽然公共交通系统看上去在土地使用上不是很有效，但它们能通过集中接近交通走廊的活动更有效地改变现有土地使用（Cervero，1998）。此外，公共交通的重要性不可低估，穷人住在这些迅速扩张的城市，他们的生存可能取决于工作地点的可达性（Schipper，2001）。它通过高密度的房屋及维护其他土地使用和基于小汽车的城市扩张潜力的缩减，也能提供限制蔓延进程的方法。快速发展的城市可以从大量文献中学习，其他城市也可以反过来学习他们基于现代公共交通系统的经验。

在具体描述发展中国家公共交通系统的革新之前，我们暂时把目光转向非正式部门，许多已确定的小众市场在提供公共交通服务。辅助客运系统在常规固定线路服务之外提供创新性的服务，主要是迷你巴士更灵活的服务。在多数发展中国家，这种非正式的交通服务和正式组织的市政服务是以对抗关系存在的（案例10.5）。投资需要新的交通工具，使排放水平降低，效率提升。但是如果这种变化导致高票价，使得更少的人支付得起新型的更舒适的交通工具，那么它其实是对公交市场更深远的侵蚀。这是决策者面临的一个艰难的抉择，即在自由操作和控制之间找到合适的平衡点，和为穷人提供必要的工作岗位。

案例 10.5　墨西哥城的车辆

墨西哥城有超过30000辆的面包车和大篷货车，它们运载大约30%的出行者。政策上这些车辆是被允许的，但它们代表混乱的、没有保险的，有时甚至是不安全的交通方式。然而，它们的服务很多并且它们的司机形成了一股强大的政治力量。没有多少力量去清除这些交通工具或是组织它们的线路使其适应正式公交或是地铁服务。这个群体是老化的、污染的，比正式公交公司多消耗2倍燃油。

资料来源: Schipper（2001），p. 8

　　快速公交提供了动力，彻底改造公交，使其成为新型的、高速的和环境友好型的公共交通。虽然快速公交在发展中国家城市没有专门运营，但是从70年代的库里蒂巴开始，它已经成为综合土地使用和交通策略的一部分（案例10.3）。从那时起，有30个快速公交系统在世界范围内运营，还有35个项目正在计划或建造。快速公交在城市主要线路上提供高速、可靠、便宜的交通服务。使用大容量的公交车从源头上降低了污染水平，而且可能有第二轮的效应——人们从私人小汽车和老式公交转变到快速公交上来。这个系统的革新在于彻底改造了传统公交，是不同速度和舒适度下的新型模式。

案例 10.6 波哥大的快速公交

波哥大有 650 万人口，面积为 28000hm²，这使它密度高达每公顷 230 人。人均国内生产总值（1999 年 2300 美元）比全国平均水平高出 15%，小汽车拥有量低于全国平均水平（每千人 110 辆）。

在 1999 年，主干路高峰时间的平均速度为 12km/h。快速公交被作为解决机动性问题的策略的一部分而被引用。归还街道给行人，提高居民到绿地的可达性。

在 2000 年 12 月开通了两条快速公交，政府长期规划和提供资金给基础设施。铰接公交有专有路权并在站外收费。系统每公里的建设费为 500 万美金，当整个系统完工时（388km），它将承担城市 80% 的日常公共交通需求。

票价定为 1000 哥伦比亚比索（2003 年时相当于 0.36 美元），这个收入足以满足经营者的收益。2003 年在三个廊道（42.3km 专用道）开通运营，每天 80 万单次出行。

独一无二的波哥大系统是"有污染、安全问题和美观问题的公交专用道向新型快速公交的转变，显著降低行程时间、低噪声和较少的二氧化碳排放，有高的可靠性、灵活的票价和交换，有先进的技术提供信息和优先通过系统。"（Rodríguez and Targa，2004）。

20 世纪 80、90 年代高速铁路的出现使轨道系统复活。现在同样的现象发生在巴士上，重新发明成为一个创新性的交通系统或者说高速巴士线路。正如高速铁路，巴士的设计也被改变，许多车辆采用可替代能源而成为"清洁"车（例如电力或天然气）或是清洁柴油车。公共交通带头尝试了新技术，在发展中国家的城市能够发现很好的应用实例。

10.4 政府机构

除了以上发展中城市穷人或其他人不同的出行选择和方式外，还需要有一个高质量和稳定的城市管理。适当的组织架构没有出现，即使有，他们也缺少政治和财政权使想法付诸实施。在经合组织城市出台综合性的政策和措施达到可持续发展的目标是困难的。在非经合组织城市，障碍甚至更多，它们没有有效的城市管理的传统和必要的经济或税收来提升体系。政策实施更难以落实，所以重点是以更直截了当的办法解决城市拥堵和污染问题。交通政策可以通过可实施的物理抑制、明确公共交通的优先级，还有非正式的模式如黄包车和自行车来限制小汽车的角色。

很多城市的根本任务是经济增长，其他所有的社会关注点都被放在第二位。这意味着对发展进行规划控制和落实有效的城市可持续发展策略通常是困难的。虽然有合适的系统，但是它没有收到有效执行所需的资金，而且最专业的人员不认为这是个吸引人的职位，所以整个过程有固有的缺点。此外，通过政策和措施促成的执行机制经常是无效的，因此，人们倾向于去"占据"土地。如果情况是这样，那么什么事情都做不成。但事实上，这不可能是真的，在一些城市有效的措施已经执行。通过一系列管理实施的效果，提升公众支持的水平，行动是有可能成功的。因此，结果是资金被有效地利用和新的公民自豪感。随着时间的流逝，专业人员将会看到与变化有关的吸引力，认识也会跟着转变。

规划已经从控制和执行行动变为提升和使变化发生。在贫困的城市，它应该被用于促进自助和私人基础设施投资。发展中国家的城市能够变得可持续，如他们已经有强健的自建房屋和邻里传统，这会使他们有紧凑的高密度（例如印尼的村落）。这里有拥有50%以上劳工的巨大的非正式部门（Brennan，1994），这能够提升地方层面发展质量，同时为城市官方工作。

Hall and Pfeiffer（2000，p. 304）在城市未来的综述回顾中提出了

规划和城市管理的 8 个通用原则（有当地特色）：

1. 提升城市创造财富的能力；

2. 促进人人有合适的住房（富人和穷人）；

3. 维持空气和水质量以及排水和噪声在合适的可接受的水平；

4. 有效地利用土地，减少不必要的行程和对不可再生资源的需求；

5. 保护城市内部和周围的自然环境——这可能涉及城市转型为网络化的城市和多中心城市区域；

6. 保护有历史意义的建成环境；

7. 保护最贫穷的人的生活标准；

8. 鼓励人们自助，发挥自己的技术和活力。

这些原则适用于任何城市，不仅仅是在那些发展中国家。他们需要政府层面的视野和策略的综合，尝试根据当地需求进行改变。这是合作关系和责任共担，但它也意味着收益的适当和公平分配，以保证可持续发展能够进行。可持续的解决方案需要打破过度集中的和过度地方化的系统之间的平衡，那样才能在各个决策层面进行有效的合作。最有效的实践发生在合作最有效率的、选民被激励参与策略实施的地方（第五章）。

下面将列举两个例子。在不同的情况下采用土地使用和交通规划的综合方法。对于一个小国家怎样在超过 30 年的时间里实施最激进的土地使用和交通政策（案例 7.3 和案例 10.7），新加坡是一个很好的例子。新加坡的一些政策现在在发展中国家城市被尝试，但是成功的关键是城市的愿景。在相当长的时间内始终如一地执行政策，将公共交通的投资与发展策略相结合，还有对小汽车拥有和使用的很强的限制。支持政策要有稳定的统治，可以说新加坡在这方面是独一无二的，但这不能使他们的成就失色。它应该叫作可持续发展的城市。

第二个例子是波哥大。快速公交系统的发展已经描述过了（案例 10.6），但那只是政策的一部分。一个有远见的市长（Enrique Peñalosa，1998～2001 年任职）积极地改善这个岌岌可危的城市使其获得重大好转（案例 10.8），城市管理状况由此发生了不同。讽刺的是，波哥大的政治体系不允许连任，所以市长不得不在 3 年期限内执行改革。这带来巨大的问题，因为政策进程的实施不能在如此之短的时间内产生剧变。这在波哥大是成功的，因为很幸运，Peñalosa 的继任者（Antanas Mockus[1]）在交通政策上和他是亲密的政治同盟，这使得这一策略得以延续。2005 年 Peñalosa 再次被推选。可持续发展城市策略的成功实施和激进的交通政策都极大程度上依赖于领导力和远见。这是对所有城市的寄语之一。不论是波哥大的 Enrique Peñalosa，伦敦的 Ken Livingstone，还是巴塞罗那的 Pasqual Maragall。

案例 10.7 新加坡的方法

新加坡有 320 万人口，面积为 646km^2，人口密度为每公顷 50 人。

这里经济高速增长，小汽车的需求也很高。新加坡施行了激进的交通策略来抑制小汽车的拥有和使用，鼓励公共交通，在高质量的公共交通系统周边配置土地使用和活动。

1. 从 1999 年开始通过配额系统抑制小汽车，在买车之前需要买一个权利证明（CoE）。拍牌系统被引进，事实上提升了新车的价格，还包括高的车辆注册费、严格驾照要求和高汽油费。

2.1975 年 6 月，通过区域许可计划，限制小汽车的使用。每个开车的人被要求在进入城市中心的限制区域之前购买并出示纸质的许可。这个方案在每个工作日和周六的半天起作用，高峰时段许可的费用高于其他时间。不同车型的费用不同。这个方案在 1995 年和 1997 年延伸至三条高速公路的早高峰时段。

3. 从 1998 年开始实施电子道路收费方案。在每辆车上装有智能卡和给无卡车辆拍照的设备。费用涉及时间和拥挤水平。交通量水平下降，一些出行转移到不收费的路线上。

4. 大运量快速公交系统有两个主要的分支，它延伸了 83km，在城市中心交叉并计划连接新城。2002 年开通的 20km 长的新东北线，连接世贸中心与 Hougang, Sengkang 和 Punggol 新城。

5. 整合土地使用和交通是规划的核心，将政府机关和其他商业分散开。郊区中心最初中心区域有一个环，1991 年，在 Tampines, Jurong East, Woodlands 和 Beletar 建成了四个新中心，大运量快速公交和轻轨服务于此。总体规划使 87% 的人口住在公共住房（1994），其中很多是在新城。

资料来源：Hall and Pfeiffer（2000），pp. 274–276；案例 7.3

案例 10.8　波哥大的方法

几个方案被用于减少小汽车的使用和加强快速公交系统的影响：

1. 标记号系统——40% 的车辆每周有 2 天在高峰时段不得上路。这使每天的出行时间减少了 58 分钟，降低了污染程度。汽油消耗量减少了 10.3%。

2. 自行车道——主干路在每周日有 7 个小时对汽车交通封闭，人们可以在街道步行、骑车、慢跑或是会面。现在有 120km 长的城市主动脉对汽车交通关闭。

3. 无车日——在一个星期四，人们使用公交、自行车和出租车去工作。在 2000 年 10 月的公民投票中，有 64% 的选票支持每年 2 月的第一个星期四为无车日，到 2008 年 83% 的人支持这个方案。

4. 建设了 300km 长的自行车道（到 2002 年）。

5. 城市汽油销售有 20% 的附加费，这笔钱的一半被用于负担快速公交基础设施扩张（每年 4000 万美元）。

资料来源：Peñalosa（2003）

10.5 结论

利用交通方法，依据适当的技术和创新理念快速采用最好的实践结果，似乎能使穷困的城市变得更有效率。波哥大和库里蒂巴基于低成本的办法的成功是靠战略视野和政治领导。作为改革在制度上的保证、实施的法律框架、实现的财政来源，这个要求是至关重要的。政要的才能是这些的基础，他们的能力和意愿将会带来可持续发展的城市愿景。

中国提供了这个挑战最好的例子，正如它是每年以 12% ~ 15% 的增长率快速形成的新兴经济体，随之造成的问题是交通系统的容量不足。要做一个基本的选择，即是选择伴随着社会和空间公平问题及环境后果的道路建设和汽车拥有，还是接受挑战，不需要高水平的私人小汽车，而是以公共交通开创一个新的可持续发展的未来（案例10.9）。这个标志不是像上海那样，在主要道路上禁止自行车通行，在浦东机场和城市之间建立巨大而昂贵的磁悬浮列车。

这个巨大的挑战将决定可持续城市的发展能否实现，一种情形的经验教训能否被学习并应用到其他地方。南非的城市似乎正在发展新方法解决公共交通的老问题，新的交通范例在形成。中心的想法是公交专用道，一个地面的地铁系统拥有专用路权运送大量乘客，快速、高效、性价比高（Wright，2001）。这个系统的特性是低成本、灵活性和速度快，所以人们选择使用它。这种改革扩展到了公交首末站（停靠站）的设计，简化票务系统，信息化服务，提升整体服务和巴士的外观。

案例 10.9 中国的挑战

2015 年，中国将会有 7000 万辆摩托车；3000 万辆卡车和 1 亿辆小汽车。目前，交通占 60 亿吨碳排放的 15% ~ 20%。到 2030 年，中国将会有 8.28 亿城市居民，主要在北京、上海、广州、深圳、沈阳、厦门、西安和秦皇岛。

总的说来，中国城市交通对环境污染的贡献估计在 30% ~ 50% 左右（Qiu et al., 1996）。个别城市的水平要更高。

中国城市交通污染（%）

	年份	CO	HC	NOX
北京	2000	76.8	78.3	40.0
上海	2000	83.0	96.0	56.0
广州	2000	83.8	50.0	45.0
沈阳	1990	27 ~ 38	—	45.53

上海有超过 2000 万人口，其中 1350 万为常住人口，其余的是来自周边地区的流动人口。平均收入为 2900 英镑，是中国平均水平的 9 倍——2% 的人口产生 5% 的国内生产总值，吸引了 10% 的外商投资。有大约 20% 的地方国内生产总值是和小汽车关联的业务，包括主要的就业和小汽车的高消费水平。

目前上海市的总体规划（2000-2005）将通过创建新的城市中心和在外围地区发展 9 个新城来降低中心城区的人口密度。这种分散化将导致更长的出行距离和更高的机动化水平。上海政府面临的选择是遵循市场扩建道路和分散化来适应小汽车还是限制小汽车拥有和使用的增长，投资公共交通和地区可达性（Qi Dong, 2003）。

Replogle（1991, p. 7）发表过评论：

首要挑战是如果发展是面向人类需要而不仅是精英群体受益，那么，在第三世界国家，交通政策需要优先顺序。未能在当下改变交通政策的代价，将会是在未来数十年世界范围内生活水平的急剧下降。随着城市的发展，我们可以预见矛盾的升级：机动性的精英和机动性受限的穷人，由于资金短缺导致不能解决问题，无法偿还债务，有毒的空气污染和全球气候变暖。

在发展中国家讨论可持续交通有一些明显的悖论：

1. 世界银行悖论，声称交通能够减少贫困，但常常不是这样的。

2. 自相矛盾的传统思维（10.3 节）似乎仍在推进需求水平很高的铁路为基础的系统，即使不灵活、资金成本高、收取高票价这些证据都反对这样的投资。

3. 一个悖论或是说难题（Schipper，2001）：交通能使城市有活力但又威胁其生存能力。就如交通允许城市向外扩张，但扩张也会威胁并破坏城市。

城市与交通之间存在深刻的共存关系，相互影响，在高速发展的发展中国家城市这种张力更为明显。选择是明确的，即许多新的发明抑制汽车的使用，有效的定价策略，优先级用户的指定，并使用稀缺的城市空间，通过科技手段替代出行以及一系列新的交通方式。但是，同样地，在这些城市新的消费市场有巨大的渴望去生产和销售小汽车。经济势头从未如此巨大，但没有包含带来的社会和环境后果。可持续发展和交通的三大支柱之间的平衡，从未像现在这样经受严峻的考验。

注释

1. Antanas Mockus 不是 Enrique Peñalosa 政治上的合作伙伴，相反是一个强有力的对手，但在城市重建和交通的问题上却有着相似的观点。Enrique Peñalosa 可能在 2006 年竞选总统，所以不能参与 2005 年的波哥大市长竞选。

11.1 简介

交通规划师们需要对未来展开更富有想象力的思考，而不是安于现状。在针对细微调整的趋势外推法的基础上，这里有三个理由可以解释为什么目前的一些范例应当被再次回顾。

第一个理由是外部的世界正在改变，我们需要围绕这些新的令人兴奋的挑战进行分析，其中包括全球化和国际网络的搭建，外包服务，延长的供应链以及"24 小时社会"现象在世界范围内的扩张。同时这里还存在着一种以工作为基础的社会向休闲娱乐导向的社会的转变，工作不再是人们生活最主要的部分，越来越多的人愿意为娱乐活动买单。工作与商务相关的活动约占人们所有活动的 20%（不过在出行距离中占 29%，2002 年），因此大多数分析仍基于这两种活动。其次，新的信息交流技术为很多交通相关的活动如生产、生活与工作提供了一种可能性（第九章；Banister and Stead，2004）。我们正处于新技术革命之中，它对于社会转型、城市形态、人们生活方式的影响大概会和农业革命、工业革命一样深远。

其次是关于地球未来可持续发展的重要问题。尽管技术上尚有明晰化的空间，但我们仍有充足的证据可以支持预警原则的合理性，即从现在开始采取行动，通过有效的碳基能源使用管理以及鼓励氢基能源的替代使用来减少全球变暖的潜在影响。此外还需要强调地方级别上碳和其他气体排放会对当地居民身体健康造成影响，借此来减小与污染有关的疾病的影响。这是本书的中心主题，也是前 5 章所概述的关于为实现可持续发展所要求的转变的性质和尺度的主要内容。

第三，社会变得越来越城市化。我们关注城市的可持续发展，尤其是大城市的可持续性，因为大城市可以为更多的人提供就业、服务和生活设施。在英国，约有90%的人口被划分为一级城市人口（EC，2003），这些人口居住的城市区域的发展必须依照可持续发展的原则（见第六章与第十章）。

总之，社会发展的这三个基本变化是可持续发展的核心，因为它们在这个概念中强调了经济、环境和社会层面。它们也为研究者们提供了一个独特的机会来挑战现在基于分析引导下的趋势的传统思维，力求以更加激进的趋势突破未来。

11.2　展望与回顾

展望未来（远景预期法）可以鼓励研究者们构想20～30年后理想城市的意象。如果这些城市的特点可以由它自身的经济、环境和社会条件所决定，我们可以考虑如何以我们当前的状况发展到未来我们期望的情形——这就是回顾这个行为的精髓所在。在城市的背景下，远景预期法源于一系列关于未来的畅想，它可能是基于技术的，或者是基于生活方式的，又或者是基于两者的结合，这种方法决定了交通将在城市活动中所扮演的角色。出行是现有需求模式发生转变的产物，并且由新滋生的活动所产生，这是很重要的一点，却往往被很多交通类的分析所遗忘。尽管大多数出行的增长并非直接由交通系统中一些决策的改变所导致，但是这些增长常常都被纳入交通系统的影响之中。简单的例子包括受选址影响的住房、零售商店和娱乐活动，但更基本的是关于教育和健康政策的决策与其集中性与闭合性（即决策与其目的和效果），如共同农业政策与之对于更大范围的持有和补贴的推广，全球化进程与其更长的供需链。

展望与回顾（远景预期法与后向反推法）是情景演绎的方式之一，它本身的历史已有差不多50年（表11.1）

两种情景可以被区分开来（Banister et al.，2000）：

◆ 投射情景。基于预测的对于未来可能性的考虑，预测包括推断、预估和德尔菲法的使用。它们本质上是积极的，并且使用定量建模的方法。

◆ 预期情景。这种情景关注的不只是未来的可能性，还有这种可能性是否可取。再细化为两种情景：试探情景，关于可能发生的事情的试探；使用定量的情景规划。还有建模方法，更规范并且能够更充分地使用定性和参与式的方法。

关于交通与能源调查中的情景使用来历的简要说明　　表 11.1
最初是由美国的兰德公司在 20 世纪 50 年代为研究核战争而提出的。 20 世纪 70 年代为主流石油公司（如壳牌）所使用，来预估石油短缺的影响；它们甚至需要预测那些不可预测的情况。投射情景的方法在经合组织和其他国际组织关于能源与交通的预测中被广泛使用。在 70 年代，瑞典在研究可供选择的未来能源的时候采用了预期情景方法，包括核能以外的选择。 在交通领域，90 年代荷兰开展了一系列关于货运和客运部门的反溯研究，并列入国家经济可持续发展研究中。 同一时期，后向反推法在欧洲被广泛使用于更长期的研究观测，如瑞典 2040 年可持续交通研究，欧盟 2020 年共同交通政策，经合组织 EST 项目评估到 2030 年超过 80% 的不可再生能源消耗减少的可能。

资料来源：Geurs and Van Wee（2004）

关于如何实现理想的未来，Robinson（1982）提出了后向反推法用以分析未来（能源）的选择。该方法有比较明确的指示，从期望获得结果逆推到当前的情形来推断哪些政策方法继续使用可以达到预期效果（表 11.2；Dreborg，1996）。在本章剩余部分，后向反推法的过程将会通过一个城市背景下的应用案例进行概述，分为经合组织城市背景和非经合组织城市背景。

11.3　情景演绎

在思考交通的未来的时候，现今的交通趋势必须被驳倒，因其是非可持续的。情景的驱动力应该由环境因素主导，这样演绎的情景可以推断能否在较少的交通情况下保持经济的增长。这里大致上可以定义三个情景演绎的阶段（图 11.1）。

1. 来自欧盟和英国政府的专家已经就可持续交通的目标展开了讨

论。尽管目标定得很高，但并非不可实现，其中涵盖了可持续交通的三个基本要素（表 11.3）。

预测法研究与反推法研究的区别　　　　　　　　　表 11.2

	预测法	反推法
1. 哲学的视角	公平性背景 因果关系和决定论	探索性背景 因果关系和意向性
2. 观点	显性趋势 未来的可能性 可能的临界点判定 如何适应趋势	需要解决的社会问题 理想的未来 人类选择的范围 战略决策 保持行动自由
3. 途径	推测未来的趋势 敏感度分析	定义受关注的未来 分析未来的后果和条件使之具象化
4. 方法与技术	各种经济模型 数学算法	局部的和有条件的外推 规范性模型、系统动态学模型、德尔菲法、专家判断

资料来源：Geurs and Van Wee（2004）；Dreborg（1996）

2. 为了实现既定的目标，可持续城市的愿景随即被提出（图 11.1）。关于三个意象的描述主要集中在四个关键问题上：改变需要怎样的尺度？改变对于城市有怎样的影响？科技需要扮演的角色是否会增加？是否有更多组织上和财政上的手段在改变的过程中可以使用？虽然问题主要关注城市范围内的变化且集中于客运方面，但大部分方法同样适用于货运。

3. 紧接着是政策制定环节，结合之前提出的三个意向就现在的情形考虑，一揽子政策（途径）顺势而出——这就是后向反推法的精髓所在（Dreborg，1996）。其目的在于尽可能挖掘更多可供选择的政策，并确定这一类政策是否可以在实现目标的过程中发挥作用。专家随后会对这些可选项展开讨论，鉴定它们在实践过程中可能产生的问题和要成功实践所必备的条件。这一类政策程序和途径并不是为商业形象而准备的，因为它们的本质目的并不符合可持续交通发展的要求。

这种方法应当更加清晰地显示情景演绎的三个阶段，即目标、意

可持续交通的目标	表 11.3

环境目标：
2000～2025 年，二氧化碳排放应当减少 25%，氮氧化物排放应减少 80%，城市中的绿色空间和受到保护的空间不会减少，城市内的地面网络基础设施允许低于 2% 的小幅增长。
分配与公平性目标：
提升城市内部与城市之间的可达性与无障碍环境质量，包括通信支撑的物理可达性的替代品的选择；为城市的所有居民提升生活质量。
经济目标：
在市场或等价条件下，交通的全部成本（包括外部成本）；将所有交通形式的公众补贴减少到零；只有为达到明确定义的社会公平目标才可以出台相应的补贴。

象与政策路径，情景的组成三者缺一不可。这种方法不同于那种先确定促使变化发生的因素是什么再来构想未来如何发展的方法。这里，明确的目标被设置成未来意象发展的框架，但更重要的是，通过考虑我们怎样在框架限定的范围内从目前的状况发展到未来（2025 年）预期的目标，来考虑可选的途径。这不是既定的，没有规则制约，它是一种充满创意的过程，为了实现目标，不同的政策甚至可以组合在一起，当然了，需要经过专家小组和核心组群的讨论。

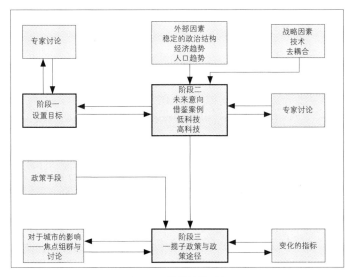

图 11.1　情景演绎过程

注释：情景演绎过程由三个阶段组成：可持续交通的目标设置，未来意象的发展和实现未来目标的手段。在未来意象的所有可能的情境中，战略性的因素和与交通决策相关的外部因素一般都可以由技术所主导，社会与经济因素，或者这些因素的组合在这里已经被使用过了（表11.5、表11.6）

11.4　OECD（经济合作与发展组织）国家的城市前景讨论

借助交通与城市形态的重要关系，交通和可持续发展的问题已经得到明确的罗列。这里的核心设想是可持续的生活方式必须建立在城市的基础之上，因为高度的可达性只有在城市区域才能够得以维持。也就是说，一定数量的人口（超过50000）应当聚居在一起，以便各种各样的设施能够实现步行、骑行和公共交通可达（距离在5km内）。这样的聚居地应当密度适中（至少每公顷40人），保持混合的土地利用和公共交通网络的高度可达（针对城内出行）。这也意味着，这些区域需要为人们提供高质量的生活环境以满足他们的需求，其中包括开放空间，安全的受到保护的环境，宁静与平和的生活氛围，充足的社会活动与休闲空间以及城市生活的其他福利。大部分服务与设施应当本地化，但本地就业却难以实现。哪怕是在研究限定的时段内，服务类和技术类就业依然是根据人们居住的地方分布的。

以上限制涉及交通政策的结构框架。为实现更大规模、更高密度、混合功能和可达性兼备的城市发展目标，需要各级强有力的规划体系支持。尽管规划体系的作用不是立竿见影的，但对于出行模式的影响在中期却是最重要的。一般说来，越短的出行距离越有可能会选择步行、骑车或者公共交通。规划体系应当在提高人们的居住地点与服务设施、工作地点之间的可达程度上发挥作用（表11.4）。

还有一种限制是技术对于交通出行的影响。用远程办公、远程会议、网上购物等各种远程活动来替代传统的出行活动已经引起了广泛的争议（第九章；Salomon and Mokhtarian，1997；NERA，1997）。技术的进步能够为出行活动带来实质性的更加复杂的转变，它并非用同一种方式影响着所有人，而是对于那些接触过电脑和互联网的人来说，优化他们的出行选择使之更加灵活多变。这里提及的设想已经假设了技术对于交通的影响，但更多是边缘上的影响而非从根本上改变城市内部的交通需求。表11.6将展示不同设想中对于技术发挥的作用的不同侧重。

背景与限制	表 11.4

背景

交通技术：
- 2010 ~ 2015 年间生态汽车的批量生产，包括混合型汽车
- 推广取代现有机动车的方法
- 来自欧盟和其他来源的研究基金的大幅度增长
- 新能源和环境友好技术的支持
- 购买生态汽车和淘汰普通汽车的税务优惠

交通需求：
- 买汽车的人越来越多，交通仍在增长
- 道路通行能力受限，交通拥堵程度加剧
- 需要出台针对需求管理的办法
- 分配道路空间以提升可达性

公众、人与交通：
- 投资、信息与票务——重新改造公共汽车
- 为行人和骑车的人提供更高质量的基础设施
- 整合所有公共交通形式
- 提升城市内部空间与交通换乘的质量

限制

量的限制：
- 人口规模大于 50000 人
- 人口密度大于 40 人 /hm^2
- 混合土地利用

公共交通换乘和交通通道的可达性质的限制：
- 开放空间质量
- 安全受到保护的环境
- 安静祥和的氛围
- 社会活动与休闲活动
- 各种各样的设施和服务

表11.5宽泛地概括了转变出行方式对于实现三个方面的目标（环境、公平和效率）的必要性。两种远景设想各有侧重，一种认为技术因素对于出行影响较小，而另一种更偏向于技术的改进可以减少出行。

二者也存在共通点，即交通新技术的持续发展和减少出行的需要对于目标的实现是至关重要的。与之类似，关于规划与发展决策的行动对于支持交通部门的政策措施来说也必不可少。

基于这些设想的两种不同途径可以进行多种组合。就一切情况而论，城市都是实现可持续发展的理想对象，主要目标是满足高质量的城市生活。

1. 低科技导向的远景设想偏向于一种"自下而上"的转变，提倡更多的"本地生活"和绿色价值观。人们为了共同的利益更多地承担责任，并且积极参与集体行动，特别是在地方和区域层面。

- ◆ 人民是促使政客采纳更严格的环保法规和标准的推动力，尤其是在地方一级（城市区域）。全球层面上还没有就统一标准达成一致。
- ◆ 人们更乐意去买更环保的产品以及本地生产的产品，这是需求模式改变的表现。
- ◆ 居住模式、工作地点和服务功能也受到影响，许多城市副中心已经高度自给自足化而市中心正在被再度城市化。
- ◆ 城市公共交通、自行车、电动和混合动力汽车的接受度正在提高。

生产更加本地化并且主要服务于本地市场，但是也要建立在生产许可和大型国际公司及生产网络的专业知识技能（全球本土化生产）的基础上。服务业所占的份额越来越高，而传统制造业却越来越低。GDP 保持着较为缓慢的增长，但是绿色 GDP 发展速度却加快，货物运输量实际上已经趋于平稳。

税基改革（与非物质化战略相一致）已经在经合组织国家中进行了。为鼓励资源保护，征税从劳工转移到自然资源的使用上。这样的税制改革结合了环保的需求，在此引导之下生产企业已经减少了它们生产过程中的能源、原料的消耗和有害物质的产出。

再谈谈交通政策的一般做法。价值观和生活方式的转变使得人们对于居住和出行模式中发生的改变的接受度慢慢提高，这也为控制交

2025 年可持续城市的远景
表 11.5

目标 （2000~2025 年）	高质量的城市生活 （低科技）	高质量的城市生活 （高科技）
环境方面：	综述：	综述：
减少 25% 的二氧化碳排放	城市总体机动性将和 2000 年差不多，但要比引用的案例低（64% RC）	城市总体机动性将高于 2000 年，但是比引用的案例要低（80% RC）甲醇和氢成为主要的可选燃料——占所有燃料的 20%，尤其是对于货车和公共汽车
减少 80% 的氮氧化物排放	一些电动汽车和混合汽车出现，但技术创新趋势会减缓——电动汽车占据 20% 的市场份额	
限制道路建设	更低的汽车占有率 小众车辆、汽车租赁、智能卡片技术 公共交通在价格上更具竞争性（相比之下，迅捷程度稍逊），可以在家用电脑和互联网上进行信息查询等 私家车的通勤使用减少，但是娱乐使用增加	汽车占有率涨幅减缓 电瓶车是小众机动车，但是市场有限 公共交通商业化——路线和时间的信息通过个人传递 远程办公的推广
公平性与分配： 提升城市内部的可达性	对于城市的影响： 城市与廊道发展的集中性——投资自行车道和步道 电子村落与远程购物	对于城市的影响： 低速的城市逆中心化发展 电子村落和远程购物，远程会议、远程商务和其他远程活动的增加 本地多媒体中心的建设
提升居民的生活质量	减少工作和购物的出行 选择公交和自行车——更高的占有率 缩小小汽车的空间——限制停车空间 限制速度——公交优先	减少出于各种目的的出行 有一些出行会采用公共交通 小汽车仍保持一定的空间占有 限制速度——公交优先
效率方面： 成本内部化	技术： 汽车重量减轻 15%~20% 重量减轻与效率提升导致费用减少 柴油驱动的机动车因排放问题被逐渐淘汰	技术： 汽车重量减轻 25% 采用国际认可的普遍技术标准 所有城市都应当减少柴油机动车 多功能汽车——混合电力和燃气涡轮，燃料电池发电
将各种形式的交通补贴降为零	限制城市内部的小汽车使用——增加停车费和加强对于停车的控制 公共汽车和火车使用燃气涡轮和奥拓引擎驱动	公共汽车和货车推广燃料电池使用
	组织、投资与财政： 市场刺激——限制城市道路收费 公共交通为公众所有，但独立于政府 限制城市轨道交通系统的投资，公共汽车享有优先权	组织、投资与财政： 强烈的市场刺激——道路收费适用于所有城市道路 各种形式的交通都由私人运营——道路私人管理 投资廊道的高速轨道交通——城市沿着站点发展

通流量增长提供了难得的机会。因此，首要的政策战略是针对环境目标的，提倡将交通增长与 GDP 增长解耦分隔（第三章）。正如前文所提及的，交通自身需求的转变导致了一定程度的货运的分离。政策措施可以减少因各方面的结构问题导致的出行，例如通勤出行。城市土地利用规划和鼓励远程办公将有利于解决这个问题。

更清洁的交通的政策（关于个人出行和货物运输）的重要性：

◆ 通过提高更加清洁的交通模式（如公共交通、轨道货运等）所占的比例来推广出行方式划分；

◆ 通过推广清洁交通技术，可以使各种出行模式更加清洁；

◆ 可以提高负荷系数。

影响出行方式的考量是一般性交通政策的重要环节。清洁交通技术是由研究开发基金所赞助的，新型汽车是由小众市场来引进的，新型系统例如汽车共享等也顺势而生。各种国内国际机构在协调所有经合组织国家的区域和国家政策，交通目标与规范的过程中发挥着重要作用。

综上所述，这部分交通政策的主要内容包括：

◆ 减少结构问题所导致的出行，例如更合理的土地利用规划，提倡远程办公等（解耦分隔）；

◆ 设定标准和价格，促使交通方式从私人小汽车和私人货车的使用转变为公共交通和铁路运输、船运（模式转变）；

◆ 鼓励投资高品质的公共交通,鼓励骑车出行和步行（模式转变）；

◆ 依靠研究开发基金的赞助和市场的作用，例如建立小众市场推广新型系统（清洁技术）；

◆ 确保本地服务设施和交通要素对于社会弱势群体是可达的（本地公平性）。

2. 高科技导向的远景偏向于一种"自上而下"的转变，强调"绿色意识"和利用政策手段来减少交通带来的环境问题。然而，相比于政客们长期致力于在国家层面以及全球范围寻找这类问题可能的解决措施，广大公众却往往会忽视这些问题。政客们相对成功地提供了具有一定可行性的选项，并且认识到，从原则上来讲，交通本身必须承担它所造成的一切影响。但是大部分人不太愿意接受因此带来的出行的重大改变。同时，这里还存在一些对于绿色环保的需求。

国际化的生活方式越来越普及。相比于本地产品有限的分类，许多人更愿意优先考虑种类繁多的国家化产品。同时，不同的生活方式导致对社会的细分逐渐成为一种在世界范围内通行的趋势。很多企业已经向专业化转变以服务特定的消费者，他们逐渐形成了自己特有的品牌并在全世界流行。早在20世纪90年代，这样的趋势就有了一些迹象，斯沃琪和梅赛德斯奔驰展开合作，融入了斯沃琪的设计元素和理念，推出了适应市场需求的A级微型代步车。

"灵活的专业化"逐渐成为生产的特点，相对较高的平均GDP增长带来动态的经济发展，也不可避免地导致了一些地区的发展将趋于落后。因为距离的延伸，交通流量持续增长，尽管存在非物质化的趋势。为了应对全球环境问题，经合组织国家之间就国际条例和标准保持着高度一致。

这里关于交通政策的一般性做法与低技术引导下的做法有一些区别。世界舞台上主要的政治家们普遍具有环保意识，这使得国际上对于制定使用清洁能源汽车、减少二氧化碳排放和同等级外部效应课税的相关标准达成共识是可能实现的，至少在经合组织国家中是这样的。政治家们一致的态度鼓舞了广大公众，也为以上措施获得民众支持奠定了基础。然而，前文我们也提到，人们不愿接受那些会对他们习惯的生活方式产生干预的措施，比如他们习惯于使用私家车和居住在低密度社区。

因此，欧盟关于环境目标的首要政策就是使交通更加清洁。即便其中一些措施会直接造成清洁交通模式所占的份额上升（每人每公里），该政策的重点仍在于推广清洁技术和清洁燃料的发展，因为人们的生活离不开私家车，而大部分研究开发还在致力于改进传统通用汽车的技术。为达成远期的环境目标，我们需要高瞻远瞩，建立利基型市场和环保车推广使用等相关政策都需要在不久的将来相继出台。

而目前，对于模式转变的推动，对于清洁汽车的推广还远远不够。

降低交通强度和流量（解耦脱钩的方法）的政策同样也投入使用，但主要是通过价格手段。这样的政策会导致可达性分布不均衡，从而阻碍清洁交通目标的实现。

综上所述，这部分交通政策的主要内容包括：

◆ 国际上关于二氧化碳排放和一些相关条款的协定（紧缩政策与收敛政策）。

◆ 通过税收和综合税制使交通的外在性内部化。

◆ 所有出行模式的费用将通过城市内部道路收费（价格手段）来支付。

◆ 建立研究发展基金以支持清洁科技的研究（清洁技术）。

◆ 为新型系统提供利基型市场（创新）。

◆ 大部分交通系统都由私人运行，但是用于新建基础设施的资金大部分是 公众所有的（组织上的变化）。

每个可选方案都可以提供相应政策行动的范围（表 11.6）。需要注意的是，这些政策行动并非规范性的，但可以为转变的尺度和性质提供指示。

纵观所有远景目标，技术在其中扮演的角色都不可忽视。从长期发展的角度看，生态汽车将主要用于城市区域，尽管生产这类汽车仍需要资源（多为可再生和可循环资源），但它将主要依靠氢燃料电池驱动。这类汽车预计在 10 年之内会出现在市场上，但就目前成交量来看，在 10 ～ 15 年之内不会对传统机动车的市场份额形成较大冲击，也就是说，直到 2025 年左右生态汽车才可能进入常规使用，不过有越来越多的人在质疑能否在这个时间范围内实现我们既定的目标（Romm，2004）。一系列的政策措施必须推动生态汽车的研究和发展进行，并为汽车制造业提供可靠的信号——投资开发基于小城市生活的车辆。

◆ 为产业排放标准设定明确的目标（欧盟与政府的职责）；

◆ 提高生态汽车和相关技术的研究与开发预算（欧盟的职责）；

到 2025 年政策的作用 表 11.6

	愿景一	愿景二
	提高 9% 的燃油价格	提高 6% 的燃油价格
技术效率	与车辆效率有关的保险和税费，以及对燃料收费 确保新型交通工具每升燃料行驶 19km 欧盟和工业企业研发燃料 目标是到 2005 年生产经济型燃料汽车	
重量	研发更轻的汽车材料	
燃油	五年内价格提升 50% 城市废弃柴油 城市使用混合动力车 电力车不加税	
废弃	到 2005 年，废弃没有催化剂的汽车 研发新增加的技术，2005 下一代投入使用	
经济需求管理	到 2025 年，新车成本增加 50%	道路费用使用车的成本翻倍
	到 2025 年，非居住停车成本从 1000 欧元上升到 2000 欧元 到 2005 年，消除汽车公司收益 到 2005 年，消除公共交通补贴	
常规	主要道路建设合乘车道 公共慢行交通地区限速 20km/hr 广泛交通宁静化 公共绿地 用地混合 所有商店、雇员、医院、学校减少对小汽车的使用	清洁区域，清洁汽车通过城市中心 对排放量和功率进行遥感监测，可罚款 公共慢行交通地区限速 30km/hr 低城市密度 部分交通宁静化 所有商店、雇员、医院、学校减少对小汽车的使用
技术	在家、社区中心高质量的公共交通信息服务，更好的服务频率、票价、设施。 行人、骑行者优先权，安全的自行车停车	
	智慧卡	交互式多媒体和远程学习
生活方式和态度	汽车共享 骑行计划 鼓励清洁，限制污染	行程匹配和活动联系 公共交通市场 道路管理私有化

◆ 建立必要的基础设施（产业的职能）；

◆ 为那些投资新技术并将新技术应用于生产的公司提供税收奖励（政府的职责）；

◆ 对于购买大型低效能汽车要进行税收处罚（政府的职责）；

◆ 逐步淘汰私家车各种形式的补贴（政府的职责）；

◆ 后期的报废计划用以鼓励人们购买生态汽车（产业和地方的职能）。

这些措施的目的是加速创新的进程，并为产业和消费者提供一个明确的信号，那就是目前的汽车市场势必会被生态汽车所占领、取代。

即使"技术型解决方案"得到推广，交通增长的历史遗留问题（拥堵）以及目前与未来之间的差距依然存在。即便如此，我们可能只能解决一部分环境问题，因为生态汽车以及用来支撑它们的基础设施仍需要使用不可再生能源。交通拥堵和空间问题依然无法彻底根除。

创新形式的公共交通在城市中必须发挥关键作用。这方面的讨论大多关注于生态汽车的开发和在其制造、管理、信息处理过程中技术的使用。很多技术被应用于公共交通，但是在未来的 20 年内，城市公共交通不会出现全新的形式。哪怕是高速铁路技术和先进的城市捷运系统（例如里尔地铁系统）也只不过是现有技术的发展。磁悬浮是一种新兴技术，但是适用面太窄，不具有普遍性（长距离出行和空气因素）。现有的主要技术与通用的因素联系更多，比如公共交通的控制和信息处理系统（表 11.7），这些技术是能够在 2025 年之前普及的。

新技术与公共交通 表 11.7

城市公共交通	轨道交通
卫星追踪 / 定位导航 高频率短距离无线电	摆式和改良的悬置系统 基于变速器的列车控制
扩频通信	无线电信号
储值智能门票	自动监测和分析的传感器的广泛使用
燃料电池	
LPG/ CNG 燃料	建筑和车辆使用复合材料和轻质材料
制导公车的自动化	
追踪和悬浮电缆推进器	信号，控制和建筑的模块化设计的应用
混合动力公交车和电车	列车自动防护 卫星跟踪

资料来源: Office of Science and Technology（1998）

11.5　可持续发展的南北分界

首先明确，南代表发展中国家，北代表发达国家，两者之间存在着本质区别。发达国家持有的观点是要求所有城市通力合作以减少不可再生能源的使用，提升环境质量，营造宜居的城市。大部分发达国家政府仍然会把经济发展看作解决失业问题和增加收入的主要途径，而这与布伦特兰（WCED，1987）所提出的环境与社会公平的重要性应同等权衡背道而驰。无论布伦特兰的说法是否要求更大程度的环境与社会需求的融合，全球生产按照预期仍会增长 5 倍。发展中国家持有的观点是发达国家进步的减缓抑制了发展中国家行动的展开。发展中国家拥有世界上 3/4 的人口，在经济活动、消费、能源使用、废弃物和污染产出方面占据越来越高的份额。然而发展中国家城市对于全球环境的影响仍远低于发达国家城市，追溯历史，发达国家早年的工业化历程对环境的破坏，发展中国家也无法与之相提并论。发达国家必须在最佳实践方面采取行动，并且帮助发展中国家实现可持续发展的目标（Satterthwaite，1997）。

便宜的油价和高水平的经济发展是很多发达国家交通系统和居住模式发展的基础，由此引发的转变既复杂又代价高昂。发展中国家已经改进了制度和管理的框架以鼓励能源保护，减少建筑的供暖制冷需求，居住模式不再受汽车制约。

可持续发展并不仅仅是城市内部环境质量的改善，更多的是避免环境保护的代价由其他人、其他地点、生态系统和我们的后代来偿还。这些重要的因素表明城市的边界往往限定得太死，为治理设置合理的区域结构对于空间影响评估和对于其他方面的影响的控制是非常必要的。行动和结果的检测，包括为未来提供保障的一些手段，应当随着时间进行和调整。

可持续城市化的概念，对于发展中国家城市来说，不能单纯地描述为生态和代际的责任。Satterthwaite（1997）定义了可持续城市化的 5 个组成部分，其中 3 个（1 ~ 3）与人类的直接需求有关并且适用于发展中国家城市：

1. 控制传染病和寄生虫病，减轻城市人口的健康压力。

2. 减少家里、工作地点和城市内的化学和物理污染。全球超过 15 亿城市居民生活在高度污染的空气中，空气污染程度已经高于建议的最大值。受此影响，每年大约会有 40 万例意外死亡（WHO，1997）。

3. 为所有城市居民提供高质量的城市环境。

4. 城市居民和城市周边的生态系统需要承担的环境代价应当最小化。

5. 确保发展是向着"可持续的消费"前进的，交通产品和服务的强度都应当有所削减。

后两条主要关注生态可持续性，包括长期目标和代际方面的因素。不同的参与者应该扮演怎样的角色才能使发展朝着这五个方面前进，这个问题仍然没有得到解答。我们强调国际领导力和责任感的重要性，尤其是对于那些发达国家城市，真正的改变应当本地化。地区和空间的惟一性要求需要利用本地的资源、知识、技术与承诺来实现可持续发展目标，同时也需要更详尽的区域和国家框架来制定一个更加宏观的发展议程。发达国家城市如何领导这样的进程，我们无法指出一个明确的前进方向。这些城市还保持着高能耗的消费形式——能源、住房、交通和垃圾收集系统等基础设施的能耗仍然缺乏有效控制。并非致力于建设可持续城市就能够改善环境绩效，消费者、企业和政府能够为可持续发展做出怎样的贡献才是关键所在。

道路安全问题是世界卫生组织 2004 年的主题。道路交通伤害是一个容易被忽视但是却很重要的公众健康的威胁，造成了全球近 120 万人的死亡和超过 5000 万人受伤，这些数值分别占全球死亡率的 2.1% 和所有伤残人数的 2.6%（Peden et al.，2004）。不过这样的高死亡率和伤残率并不是平均分布的，交通事故造成的死亡的 85% 和 90% 的年度伤残调整生命年都来自低收入和中等收入国家，并且仍有继续上升的趋势，而高收入国家的数值将在 2020 年降至 30%。这表明交通事故伤害将超过其他健康问题，如疟疾、结核病和艾滋病，成为全球第三大疾病负担。

11.6　非经合组织国家的城市交通前景讨论

　　非经合组织国家，也就是发展中国家城市所面临的问题与发达国家城市是截然不同的。事实上，发展中国家城市正在迅速成长为特大城市群（以每年超过 5% 的速度），国内劳动力市场也在不断扩大，汽车保有量和收入水平也在不断提高，多数出行仍依赖公共交通系统。发达国家城市则完全不同。我们所理解的城市可持续性和应当采取的适当措施的基础是城市的动态发展（Hall，1997）。在这些新兴城市中，交通的增长所带来的污染正在发生，但是排放的总体水平仍远低于经合组织城市（发达国家城市）。因此，可持续城市 2025 年远景目标对于不同的国家来说必须是不同的，相应的途径也应当是完全不同的。

　　并不是所有非经合组织城市的发展水平都是一样的，所以城市之间存在很大的差异，这种差异甚至高于经合组织城市。非经合组织城市的可持续发展观也与经合组织城市有着本质上的不同。快速崛起的城市所关注的核心问题仍更倾向于经济发展，社会财富的平均分配（减少贫穷）以及基础设施（UNDP，1997 年）。这与人们当前的需求密切相关（Satterthwaite，1997），而经合组织城市所关注的却是城市内部的环境质量。在所有城市中，拥有干净的水源（和污水处理）和清洁的空气被视作一种基本权利，但是现实却并非如此，穷人往往不太可能享有这样的权利。对于推广交通方面的可持续发展，发展中国家的主要城市比发达国家的主要城市还要积极许多（第十章）。

　　两者甚至在交通容量方面也存在明显差异。据调查，在给定的收入水平下，非经合组织城市居民个人买车的意向要高于经合组织城市。在非经合组织城市中，可用于道路的空间（7% ~ 11%）是少于经合组织城市的（20% ~ 25%）。所以在给定的汽车保有量下，非经合组织城市将面临更严重的交通拥堵（世界银行，1996）。鉴于非经合组织城市的不同环境背景，可以进行两种基本选择，在理想的条件下，他们与经合组织城市应该被同等对待，也就是说，前文提及的两种远景目标将适用于世界上所有城市。

1. 理想的远景目标是不切实际的，因为出发点是不同的，交通的等级、拥堵情况和污染情况是不同的，技术的影响和未来的潜力也是不同的。所以这个目标必须作为最终目标，当更多的非经合组织国家城市（如新加坡、中国香港、中国台北和首尔）向着经合组织国家城市的特性发展。东亚"四小龙"在发展中国家城市内已经算得上是发达城市，因此可以用与发达国家城市类似的方法来对待。转变的过程对于全球城市向着理想目标靠近尤为重要（2.5.4 节）。

2. 非经合组织城市有着不同的实际目标。有限的道路空间，大量的国内人口迁移，汽车保有量每年 10% ~ 15% 的增长，主要基础设施投资的困难，都可能对目标的制定造成影响。这些城市是否会跟随经合组织城市的脚步（表 11.5、表 11.6），又或者它们会采取不同的方式，我们还不得而知。可以确定的是，公共交通的创新形式将会发挥重要作用（第十章）。

非经合组织国家可以选择的方式主要有四种：

1. 物理方式。针对道路空间的限制，建立公共汽车网络使现有的道路空间得到充分利用。这些网络也将适用于辅助客运系统、摩托车（及其衍生交通工具）和自行车。绿色出行模式的广泛使用（包括人力车）需要保持和鼓励。市中心区域也许会设置通行限制，而外围交通模式的转换将会鼓励停车换乘、自行车换乘和轨道交通换乘（进入公共汽车网络）。现有的基础设施的维护和更新需要投资，非机动型交通的潜力开发需要投资，低限速提高生活质量的可能性同样也需要投资。拥堵的实质性好处是交通造成的污染程度会降低。

2. 技术方式。技术在非经合组织城市中发挥的作用是不同的，它们多用于维护交通优先系统（交通管理）和通信以便旅客充分了解他们可以选择的方式。廉价的通信技术为交通带来了更高的效率和出行的替代选择。最新的技术，包括生态汽车，应当用于非经合组织国家以减少能源消耗和污染。合适的技术非常关键，燃料电池汽车是一种既高效（商业性）又简单的技术，从氢中获得动力并进行储存。生态汽车的成本可能成为一个主要问题，因为创新需要回收开发成本，所以新型汽车在最初会很贵，除非它能获得补贴。然而，由于技术转变尚未发生，我们没有足够的经验来证明上述理论。合适的技术的转移的重要性，应当在全球舞台上展开讨论。

3. 价格方式。非经合组织国家城市中的价格弹性相较于经合组织城市更高，因此，道路收费和其他形式的汽车税收政策对于城市交通的影响是即时的。一些国家和地区（如中国香港和新加坡）制定了有效的价格政策来限制汽车保有量和使用。世界银行（1996）正在积极推广燃料附加税来使用户收费与商业化重组的道路管理部门（私营部门）联系起来，同时推广其他交通模式。此外，虽然执法上仍存在问题，但对于现有的和新制定的停车规定的进一步限制（和定价）已经卓有成效了。定价手段能够在低收入经济环境中产生重要影响。所以，当前要务是赋予定价积极的行动，为公共交通和自行车重新分配道路空间。

4. 规划体系方式。以上三种方式主要关注现行政策的不利影响而不是更加本质的问题——机动性增加是否是可取的（Gakenheimer，1997）。交通利用城市的组织结构支持着城市不断地创造财富，支撑着城市重要功能的运作，是未来发展转变的一部分，它是不能与城市发展分割的。非经合组织国家的可持续城市目标与经合组织国家的同样重要，毕竟全世界 3/4 的城市人口集中于此，而这里的发展又是如此之快。在非经合组织城市中实行有效的治理所面临的困难相当大，一个适当的规划体系——相对公正的，能够集中力量办大事，能够获得受众的支持，是实现可持续发展的基本前提。

11.7　结论

想要实现可持续城市化 2025 年的目标并非易事，因为存在许多可能的变量，但是通过制定这些目标，我们能够发现一些主要的问题。总结起来，这里有 5 个悬而未决的问题：

1. 城市与汽车的关系。通过缓解城市交通拥堵使城市更加宜居，买车需求也会相应减少。高品质的公共交通，使用辅助客运和出租车，包括一些租赁方式，都可以减少汽车保有量。同时，城市里还应当减少柴油的使用，这样就可以实现氮氧化物排放量降低的目标。如果汽车使用普遍降低，生态汽车的市场潜力也会降低，对汽车制造商和政府投资科研开发的吸引力也会变小。因此，汽车在城市中扮演的角色是非常关键的因素。

2. 碳税。将来的税收政策可能会从基于就业的税收措施转向基于消费的税收。一些国家想要实现减排的目标而因此提高燃油税，但这样做也会产生一些问题，尤其是对于那些低收入的有车的家庭。欧盟2003 指令（CEC，2003 年，2.5.5 节、2.5.6 节）曾就交易许可的可能性展开讨论并采取措施。

3. 销售目标。成功实施的关键在于行动的接受度和在此过程中所有利益阶层的参与。争议的核心是交通相关的税收和费用带来的财政收入的使用：这些收入是否将投资于公共交通，是否将用于提高城市环境质量，是否会用于科研开发，设立创新基金来帮助特定的项目，或者仅仅只是用于增加财政收入。

4. 转让性。这里的基本思路是追寻可持续交通的城市未来的发展。尽管每个城市的出发点不同，但城市之间有可能存在一条共同的道路（和个别措施）。从这个层面考虑，可用的替代选项看起来一致性与实用性兼备，能够给予政府、企业、利益集团和个人基本保证。关于转让性的问题还是没有解决，因为机构和组织的差异、政府本身的议程、环境背景的变化以及政府所拥有的权力的不同。这里的基本原则是确认存在的差异，但是需要考虑可能性的范围。在这个方面可以得出的结论是：在任何情况下，2025 年可持续城市 2025 关于交通的现实远景目标是可取的、可能的并且是可以实现的。

5. 房地产与土地市场。悬而未决的问题之一是倘若城市的未来不必基于汽车的发展，对城市经济和房地产市场会产生怎样的影响。有观点认为，随着城市内部交通的越发便捷，尤其是公共交通，而且更加清洁（生态汽车的使用），可能会导致城市中心区域的振兴和中心区域未来发展的压力。如果私家车出行仍是城市交通的主要形式，那么交通拥堵的影响必然是消极的。相反的观点则认为，发展的压力将会转移到城市外围、城市的边缘和未开发区域，即那些（清洁）汽车仍可以达到的地方。它们将成为发展的主要压力点，而相比之下城市中心区域则失去了它应有的吸引力。就目前来看，城市内部的重点区域房价和租金仍然很高，但是城市外围的一些地方正在成为新的经济增长中心。

可能的迹象可以在各种环境中发现（图11.1），从示范项目的介绍、监控系统和目标的设定，到最佳实践的推广、城市的幸福等级和公共对于行动的接受度和支持度。城市是可持续发展的核心。强调技术和政府干预的方法是实用的并已经广为人知，更加投机的技术（如货运通道或者个人直升机）一直被刻意回避，更加富有想象力的城市未来也一样（如电信屋、虚拟现实、娱乐导向的市中心而非工作导向的市中心）。这并不是说越充满投机性的未来越应当被忽视，而是在接下来的20年内，这样彻底的改变是不可能发生的，倘若发生，那么后果将更加难以想象。

通过技术创新和政策措施的结合，例如本章节中列举的那些，城市的可持续性既可以表现总体发展上，也可以体现在交通发展中。人们的生活方式也可以结合可持续发展和可持续的交通，所有的利益集团，包括中央和地方政府，行业，企业和广大市民，都必须致力于转变。只有通过一致的行动，我们才可以到达我们想要触及的未来。

附录1 英国交通的预期增长

"照常营业"（Business as Usual）促进了出行；（2000～2025）两种愿景的比较

十亿人/公里	2000年流量	2025年参照流量	2025流量愿景1	2025流量愿景2	1975～2000年增长
汽车（化石燃料）	614	1000（+63%）	367	535	+185%
汽车（甲醇和氢）		0	100		
汽车（电动）		90	0		
摩托车	5	8（+60%）	8	8	−17%

续表

十亿人/公里	2000年流量	2025年参照流量	2025流量愿景1	2025流量愿景2	1975～2000年增长
飞机	50	130（+260%）	115	155	+360%
巴士	45	59（+30%）	115	90	-25%
轨道	47	56（+20%）	105	112	+1305
总计	761	1250（+64%）	800	1000	+165%

注释：这是英国国家数据，不是城市数据。

2000年和1975～2000年流量是基于交通统计（DfT，2003）和EC（2003）。汽车包括卡车和出租车。飞机包括国内和欧盟航线。

根据历史数据对未来增长进行的预测

表格里没有步行和骑行的数据。应该以人公里表示，它们是短途的非机动化的出行，通过集中设施能减少出行距离。

注释

1. 据欧盟统计局的统计，英国人口的89.5%为城市人口，荷兰与英国差不多，约89.4%。只有比利时（97.3%）和卢森堡（91.5%）的城市人口比例更高。2002年的平均数是80.1%。

2. 需要注意的是这里提到的技术（以及本书中所提及的）一般意义上是指针对问题不同系统的解决方法，它的实际操作——涵盖技术性问题（第八章）、信息通信技术（第九章）和社会对于转变、生活方式、城市发展和城市未来的普遍态度（第六、七章）。

第 12 章

结论

12.1　可持续发展的交通规划

可持续机动性总结了当前岌岌可危的问题以尝试弥补交通成本和效益的平衡。它偏离了传统的交通规划，概念化交通使之成为经济发展的支撑基础设施和衍生需求，基于种种迹象和风险评估的政策途径更有说服力，并且能够发觉自由增长的缺陷，是应当采取的良策（Giorgi，2003，p.179）

从传统的角度看，交通规划发展更多地关注于适应交通现状和发展并确保物有所值，而不是仔细考虑工程与经济方面的因素，这就导致了传统交通规划的狭隘性（Banister，2002a）。近年来对于交通的思考受到越来越多社会科学方面因素的影响，包括需求管理、系统用户的优先权分配以及最新的提倡人性化空间取代汽车主导空间在内的诸多优先事项逐渐被社会认可。可持续的城市发展作为规划和地方当局工作的中心，是接下来需要被优先考虑的，这也需要更本质地反思交通优先权的现实意义。

不要忘了，20 年内全球国内生产总值预期会增长 75%，同时能源消耗也会增长 75%，机动车里程数会增长超过 80%。我们需要明确的实质性的措施来容纳这样大尺度的增长，并探寻能够使经济增长不受能源和交通消耗约束的方法。这是对于可持续城市发展的巨大挑战。

促使交通去接受可持续城市发展的新理念想必是不太容易的，毕竟有些问题与传统的交通思维是相违背的。同样地，在可持续城市发展的背景中思考容纳交通的战略会更加困难，如果城市活动不能彻底地改变进行方式，那么实际的影响也不可能发生。

交通规划师所面临的两个基本难题是出行的性质和出行花费的时间的重要性。在过去，交通被视作一种为了抵达目的地而派生出的需求，是一种负面价值的活动。尽管知道有一些事情并不十分正确，但是对于这种情况也没有采取什么措施来补救，交通的含义从这个层面上来说是非常矛盾的。

难题一：交通是一种派生需求还是一种有意义的行为？

出行模式正在改变，工作相关的活动导向的出行所占的比例有所下降（大约是出行的20%，距离的30%）。娱乐休闲活动导向的出行的比例在上升，此趋势未来将愈演愈烈。根据逃避理论，休闲流动是为了弥补生活质量的下降（Heinze，2000）。某种程度上，这是为了在不同的地方寻找乐趣，通常这些地点都会和实际住的地方离得很远。举个例子，人们会选择去开放空间或者乡村，山区或者海边。但这样的活动也需要和其他人接触，需要有文化的融入，需要有新的体验。Bern（Fuhrer et al.，1993；Heinz，2000）的一项研究定义了住宅对于休闲流动性补充的六个不足因素。

- ◆ 安全因素——在家感到安全的人变少了，尤其在周末。
- ◆ 交通因素——住在繁忙的道路上的人的休闲出行最多，包括周末的时候（因此也为他人的出行制造了交通问题）。
- ◆ 花园因素——汽车取代了小花园的作用——住在没有花园的房子的人一般出行距离在32km左右，而有花园的人出行距离比之减少一半。
- ◆ 楼层因素——住在更高楼层的住户周末外出休闲次数更多。
- ◆ 集会因素——人们打发时间的休闲娱乐多半是和他人会面，而这种情况在Bern的研究中占了所有活动的60%。
- ◆ 汽车与起居室因素——如果汽车能带给使用者更多在家里享受不到的体验（例如权力、掌控和自尊），休闲流动性将更高。

这是"弹性理论"的一个范例，为人们和公司提供更多的选择和机会使他们能够支配他们的生活和业务。业务和休闲出行一方面受消费者驱动，一方面又需要满足个人定制的需求。跟团旅游会逐渐失去市场，顾客更倾向于制定自己的假日旅游计划，而不是出行地点、时间、旅行质量全由旅行社决定。通过互联网，满足用户的特殊需求是可以实现的，不过要求越高，价格越高（Banister，2000b）。

这样的解释逻辑清晰，吸引眼球，它们将城市生活、开车休闲出行和交通的所有形式相互关联起来。人们总是有一种基本的渴望——可以逃离每天一成不变的生活，做一些完全不同的事情。这些争议的影响是深远的，因为在过去交通被认为是一种既没有乐趣又没有价值的活动。所有交通模型的根本前提是出行的人总是希望减少出行成本，因此，如果有可能，出行应该能短就短。很多定价政策会尝试减少较远的地点对于游人的吸引力，相应的交通的流量也会减少。

然而，越来越多的证据证明休闲流动性增加会造成一定程度出行的过剩（Mokhtarian and Salomon，2001）。[1]美国进行的实证研究表明人们热衷于旅游，追求冒险精神和标新立异。他们通过这种方式来彰显自己的独立性和对于自己生活的掌控（Schafer and Victor，1997）。这是逃避理论的一种更加激烈的解释，也是对于"弹性理论的"另一个极好的论证。

Mokhtarian 和 Salomon 的结论和他们的设想一样有力度：

"许多人热衷于长距离开车去度假地，甚至把长时间的开车作为度假旅行的主要部分。房车的流行让人们能在出行的同时还"住在家里"，说明出行不仅可以作为让休闲时光更加有趣的一种媒介，也可以作为休闲活动的一种完整形式。结合游览国家公园和其他旅途，出行本身就是度假活动的重要组成部分。可以确信的是，将花在路上的时间和远足钓鱼的时间的主观评判区分开来是一件不太容易的事。"（Mokhtarian and Salomon，1999，p.31）

随着休闲时间和收入的增加、工作时间的缩短，更多人希望早点退休，基于休闲的活动成为人们每周活动最主要的部分也在意料之中，大概占据了所有活动的 30% 和所有出行距离的 40%。[2]英国的这些数据要比奥地利的低，后者的数据分别是 41% 和 55%，而德国的数据差不多是 40% 和 50%（Knoflacher，2000）。在英国的数据中，个人商务和陪同出行并不包括在休闲的范畴之内，出于这两种目的的出行大概占所有出行的 19% 和出行距离的 13%——这也是造成差异的原因。

那么是否所有的出行都是派生需求呢？出行是由于目的地的利益所衍生的这种传统观点不再普遍适用。大部分的休闲出行都出于本身的需求并且出行这项活动本身是有意义的。这个结论对于交通分析有巨大影响，因为传统的分析都是建立在出行距离和时间都能短则短这个前提之下的。有推论关于新技术和技术的灵活性对于出行的影响。新技术为休闲活动提供了大量机会和选择，不论时间最终是用在室内还是户外。相应的知识库也得到拓展，可能会带来更多的出行，但更重要的是出行的选择权力由生产者转向消费者。用户定制他们自己的休闲活动使之满足自己的需求（在价格方面）的情况也会越来越普遍。消费者将会决定他们将要参与何种休闲活动，在何时何地，谁将会与他们同行，并且选择的范围也在逐渐扩大。最终，个人的选择将发挥举足轻重的作用。城市居民的地位将越来越重要，因为他们在哪里工作生活，在哪里进行他们的活动，在哪里度过他们的假期，是否使用汽车，是否会尝试减少汽车出行，都会对城市的可持续性产生影响。实现城市的可持续性需要市民们积极的支持，专家与市民交流沟通需要新形式，利益相关者的参与和讨论同样也需要新形式。

难题二：时间最小化与合理的出行时间

第二个难题是提速的需求和交通慢行之间日益激化的矛盾。时间即金钱，节省了出行时间对用户是有益的，用户的大部分效益（大约总效益的 80%）都会由于节省时间而产出。所以，人们希望出行时间可以尽可能缩短。我们无法深入讨论这样的效益是如何从节省的出行时间中产生的，也无法断定这些效益是适用于受益人还是只适用于一些分析。但就目前的形势来看，更多的投入被用在交通慢行方面，以为城市生活提供更优质的环境和更安全的空间，这与节省交通时间的要求又是不一致的。虽然并没有明确说明，不过将道路拥堵控制在一个合理范围内目前看来是比较理想的（例如住宅区附近和学校附近），而且很多地方也采取了相应的新的低速限制，使用了一些强制执行的手段（如测速摄像头）。

企业总在不断地抱怨，流失在交通拥堵中的时间会增加业务的成本，然而也有一种充满矛盾的交通策略既希望交通提速（节约时间）又希望推广交通慢行（增加时间）。不会拥堵的交通系统的概念从来没有变为现实过，而且近来的诸多讨论也在考虑如果不能消除拥堵，那么是否应当使拥堵保持在一个合理的范畴之内（Goodwin，2000）。因此，现在的政策对象都是合理的出行时间，而不是出行时间最小化。交通系统应当具备高度的可靠性，用户需要知道他们到达目的地需要多少时间，并且需要有一定把握能在合理的时间内抵达。

对于交通规划背后的基本原理，这两个难题都十分重要，因为很多方法都不能将出行当作一种有价值的活动进行对待，也不能保证出行时间的可靠性。不过从可持续城市发展的角度来看，这些方法对于出行规划也有重要的影响。城市规划与交通的一些准则将会整合在一起，而且关注的中心将从物理层面（城市形态和交通）转向社会层面（人群与可达性）。新旧两种观点之间的主要区别将会在表 12.1 中强调。

12.2 可持续发展的交通目标

第二章的讨论中陈述了能够实现可持续发展 10 项原则的 7 个基本目标。这里陈述的这些目标需要与第二章的解释联系起来（第 15 ~ 19 页）。

1. 减少出行的需求——寻找替代选择。不选择出行或者转向无须出行的活动抑或通过技术手段来替代出行，例如网上购物。信息通信技术（ICT）对于交通的影响是复杂的，最近的一些新思路（第九章，Banister and Stead，2004）对于 ICT 和交通之间的互补性展开了讨论。尽管有大量可能的替代品，ICT 和交通之间应当是一种共生关系，并且给予出行模式充分的灵活性，有些出行活动被取代了，

而又有新的出行活动诞生，尽管是少数情况，但有些出行活动确实
被更长距离的出行所取代。这种灵活性反映了交通系统内部的拥堵
和通勤时间的增加。

交通规划方法的比较　　　　　　　　　　　　　　表 12.1

传统方法 交通规划与工程	新视角 可持续城市发展与交通
物理层面	社会层面
流动性	可达性
聚焦交通，对于汽车的关注	聚焦用户，对于汽车或者步行的关注
大尺度	本地尺度
街道即道路	街道即空间
机动化的交通	交通模式等级，骑车与步行优先于汽车
预判交通	城市展望
建模的方法	情景发展与建模
经济评估	关于环境和社会的多重判据分析
出行是一种派生需求	出行既是派生需求也是有价值的活动
基于需求	基于管理
交通提速	交通慢行
出行时间最小化	合理的出行时间
人与交通的分割	人与交通的整合

资料来源：改编自 Marshall（2001），表 9.2

　　然而，潜在的可能性对于集聚经济来说还是非常重要的，其增长
受到回报程度的增长和面对面交流在所有相互关系中的重要性的影响
（当人力资本创新被添加到传统的经济回报之中）。如果交通运输本身
具有价值，那么减少出行的总数大概是不太可能的，因为它可以带动
消费，增加收入。被减少的出行需求只可能被新增的出行需求所替代。
不过这个状况没有否定减少现有出行需求的基本观点，即使产生了一
些新的出行需求。

　　2. 交通政策措施——模态转变。很多交通政策措施都提到汽车使
用和公路货运的水平应当降低（目标 2），它们推广更多节能的模式（目
标 3）并且提升行人和其他道路使用者的安全系数（目标 6），通过推
广绿色交通模式（步行和骑车）和发展新的交通等级来促使交通模式
划分（目标 5）。城市交通慢行和对于公共交通空间的再分配可以实

现这个目标，可以采取的方式有停车控制与道路收费以及增加公共交通使用的便捷度。这样的措施能够鼓励交通模态向着绿色模式和公共交通转变，同时通过需求管理来限制出入，对空间进行再分配，以保证有效容积得到更充分的利用。街道的含义变得更广，它不仅仅只作为道路，还是人们活动、绿色模式和公共交通进行的重要空间。在不同时刻创造性地使用这些空间赋予了这些空间新的用途（例如街边集市和玩乐区域）。推动模态转变的方法必须与充分利用"释放的空间"的策略相结合，这样才可以使减少交通通行有质的飞跃（Banister and Marshall，2000）。

3. 土地利用政策措施——缩短距离。这些措施主要是对活动进行物理分割并提倡一些可以使出行距离缩短的方法。其目的是在城市形态和布局中建立可持续交通从而实现交通向绿色模式的转变。这是公共政策作为干预手段的一种表现，通过增加密度和集中度，混合使用的开发模式，住宅区位，建筑设计，空间和路线布局，公交导向的发展和交通发展区域，无车的发展模式以及设立服务和设施的实用性门槛来进行干预。土地利用干预经常被认为是一个长期的过程，但全新的建筑取代了相对较新的建筑之后，这种情况就发生了改变。可持续发展能够被实现的时间轴与建筑库存的周转是相似的（大约是每年2%）。可以确信的是，新住宅的选址会对出行模式产生单方面的巨大影响并且住多久这种影响就会持续多久。距离因素也重申了这七个基本目标，主要是减少汽车和火车的使用（目标2），提升安全性（目标6），减少出行需求（目标1）以及提高城市对于所有居民的吸引力（目标7）。土地利用政策的影响没有交通措施那么直接，但是它们之间存在的互补性应当继续加强，并互相影响。

4. 技术创新——提高效率。技术的重要性体现在对于交通效率的影响上，目标3、4、5都涉及技术因素。将最好的技术用于引擎设计、可替代燃料和可循环能源的利用，可以非常直接地推广节能模式。此外，为降低噪声等级和控制排放设定标准，城市的某些特定地区仅限于更加清洁和环保的汽车进入。

表 12.2 概括了七个目标对应的措施类型（表 4.4、表 5.3、表 5.5）。这些措施都和减少出行的方法有关。正如第三章所说的，出行由三方面组成——交通流量、出行距离和出行效率（使用的能源）。这些方面能够带来的积极影响无外乎节能减排。

七个基本目标与相应的措施类型

表 12.2

	目标
减少出行需求——寻找替代品	1，7
交通政策——模态转变	2，3，5，6
土地利用政策——缩短距离	1，2，6，7
技术创新——提升效率	3，4，5

12.3　民众参与的重要性

12.3.1　研究的问题

针对如何实现环境可持续的交通有过很多议论，而现有的方法也是广为人知的。主要的参与者们甚至已经就此问题达成了一致。越来越多的文献开始关注这些方法实践过程中的壁垒以及为什么我们取得的成效永远赶不上预期效果。符合逻辑的经济论点和完备的知识似乎不适用于交通方面。[3]很多争议围绕提升人们的意识，通过宣传和教育，使用媒体和广告的效应来实现环境可持续的交通（OECD，2002a）。但这种做法貌似只能维持现状而非推动变革。良好的公共交通总是可以为使用汽车提供别的理由，汽车制造商也很善于对汽车的象征意义和其诱惑力大做文章。

拥有一辆汽车和拥有其他所有商品一样会随着时间变得越来越便宜，所以更多人能够拥有汽车。主要的壁垒并不是汽车的价格，而是保险的费用和考取驾驶资格。使用汽车的价格总的来说是会增加的，但迫于政治的压力（至少是在民主国家），所有价格方面的上涨都会减缓，因此，汽车仍会相对比较便宜。廉价航线的诞生毫无疑问地提升了航空出行的实用性和吸引力，但是这其中造成的社会开支与环境开支，无论是出行者还是航空公司都不会承担。

人们总是容易悲观，很多文献都会着重描写实现环境可持续交通是如何艰难。因此，通过氢能源和燃料电池驱动的汽车这样的技术来实现清洁交通是多么具有吸引力也就不难理解了。但是无所作为会造成大量的开销，不论这些开销是关于拥堵的还是流失的时间的，或者是增加的污染和健康问题的。我们主要的目标还是减少短距离出行汽车的使用，因为短距离出行更容易被其他更加清洁的出行模式取代，例如步行、骑车和公共交通。

12.3.2 社区的价值和健康的交通

传统的智慧强调习惯和例行行为的重要性，认为只有系统的重大改变才会引起出行模式的变动。拥堵被大多数人认为是阻碍个人生活质量和业务效率提升的主要因素。越来越多关于公众意见的调查表明人们正在期待转变和行动。公众和企业都赞成环境友好的模式应该被赋予优先权，甚至连决策者也不例外（通常支持率约有 80%）。但是如果别人也支持和自己一样的政策，他们就不太关心了（这种情况差不多有 40%）。这说明愿意尝试减少出行距离，整合出行，转变模式或者取消出行以及减少汽车使用的人比预期的要多。这不是完全地反对汽车，这是关于个人和企业减少汽车出行历程，尤其是个人出行的情况（或者货车空返）。

初期细微的变化，如果得到了大力的支持和宣传（例如 2003 年 9 月 22 日——无车日），可以形成对于汽车的全新的态度。通过用户们积极的合作参与，转变才能得以实现。有很多这样的活动通过这种直接的行动展开（街道改造），包括空间与街道的再分配（世界广场提议，步行化，闭合街道），降低限速（住宅区），出行计划，自行车网络体系和公交优先网络。这必须是一种主动积极的过程，提倡参与与包容。简单被动的广告宣传将是行不通的。

可持续交通可以改善城市健康状况（个体或集体）。越来越多的证据表明交通引起的排放会导致健康状况下降，而现在又有新的观点认为锻炼（或者缺少锻炼）与肥胖有密切关系。步行、骑车或者使用公共交通都比开车要健康。体育锻炼"几乎可以使心血管疾病的风险降低一半，同时也降低了糖尿病、骨质疏松和结肠癌的风险，还可以缓解焦虑和抑郁"（沃伦中心，2002）。主动的交通出行对你是有好处的，但是仍有可能受到污染的间接影响损害健康，可能会给你带来哮喘、支气管炎、白血病和肺部疾病等隐患。二氧化碳的增加造成了全球更大范围的影响如臭氧层被破坏、酸雨和雾霾。环境可持续交通可以帮助改善个人健康问题并提供更优质的环境，理所应当被大众所接受。

健康的交通出行意味着需要采取强有力的措施来使人车分流并为行人和骑车的人提供专道，同时提倡制定出行计划以缓解交通问题。这些措施常常被视作政治自杀的导火索，但目前看来这样的行动可以获得强力的支持，许多决策者低估了转变的力量。因此，决策者应当拥有清晰的远见，足够的魄力和决心去推行激进的决策。

12.3.3　示范效益

对于很多人来说，环境可持续交通需要激进地转变交通决策。人们对此感到担心，他们不愿意改变他们的行为方式。激进的政策若能得以高质量的执行将会产生大量积极的示范效益。伦敦中心区的交通拥堵费是英国在过去20年内所出台的最激进的交通政策。它代表了政策行动的分水岭。这个想法诞生已经有很多年了，但是一直没有当权者确信它能够实现。即使有新的市长决心要对拥堵收费，还需要在30个月内通过法律、规划、政治程序（2000年7月1日至2003年2月17日）。这关乎城市的长期战略与短期战略之间的冲突。从长远来看，交通拥堵费是可持续交通战略的基本要素，但是短期看来，在四年一次的选举周期之中来实现这个战略完全不可能（英国目前现有的）。不过即便交通拥堵费政治上无法接受，其他一些定价形式或者使用汽车的限制确是任何可持续交通的必要元素。

为了能够执行交通拥堵收费政策，各方都经历了广泛长期的协商并作出了巨大让步。举个例子，实际操作中，45% 的机动车按全价交费（5 英镑），29% 的机动车享有不同种类的折扣，剩下的 26% 的机动车免除收费。大量的折扣和免收费情况降低了该政策的效率并且一旦取消将会出现问题。其他变化包括货车应当征收的费用从 15 磅降低到 5 磅，一些小范围的变动和收费时间段的稍稍缩短（早上 7:00 至晚上 6:30，从周一到周五）。大量分析和监控正在确定交通和非交通因素对于拥堵收费的影响，不仅在警戒线划定的中心区范围内，还包括整个大伦敦城市区域（ROCOL，2000；伦敦交通局，2002、2003）。

这样的例子说明了政策上的困境。拥堵收费方案所带来的示范效益是巨大的，很多城市见到了它的成功之后纷纷效仿伦敦推行拥堵收费政策。但为了能够顺利推行，需要作出很多让步，这样的过程可能会导致效率降低。理想的方案和可接受的方案之间必须保持一种平衡。潜在的风险也很大，但是决策者要想出台激进的环境可持续交通政策，就不得不作出这样的选择。相反，方案的执行只是伦敦电子道路收费实现过程中的第一步。

12.3.4 建议的原则

要想通过软性措施实现环境可持续交通，需要考虑四种观点。首先是一个必要的环境，不过其余三个也需要被强调。

1. 接受度。采取的措施不应当引起太大争议，因为它需要被接受或至少为大多数人所容许。在吸引新的投资和显著改善生活质量方面，该措施必须卓有成效。政治向来反映主流的偏好和成型的观点。接受度这个概念需要所有受众的参与，包括居民、企业、利益集团和机构，这样他们中的每一份子都会承担责任并承诺通过行动来促成转变。只有得到所有利益相关者的支持（或者绝大多数），有效的行动才能展开。对个人利益的关注需要转移到更广泛的社会利益上去。领导力在所有层面的决策中都很必要，无论是从欧盟层面还是到国家和地方各级。

2. 长期的与全面的观点。每当思考实现可持续交通的方法的时候，总有一些方法（例如价格手段）在未来是会普及的。这些方法需要现在就执行，即使它们在初期成效甚微。例如英国政府通过每年至少提高 5 个点的燃料税来增加开车的成本。在交通方面，这是实现碳排放目标的主要政策。在 1994～2000 年之间，油价已经从每升 45 便士涨到了 85 便士，其中 70 便士是税。从那时起，油价上涨就跟随着通货膨胀和全球能源价格，目前（2005 年），油价是 85 便士每升。如果没有燃油价格调整，零售价格将只有每升 60 便士。这导致了相当大的公众的不满，尤其是工业领域，因为英国的汽油价格是没有竞争力的（见表 4.3，注意这里使用的价格单位是美元，按照 2004 年的汇率是 1 美元约等于 0.58 磅）。英国的油价是欧洲最贵的而且是美国油价的 4 倍。价格调整在 2000 年的时候迫于工业及其他利益阶层（尤其是乡村地区）的压力被取消。所以，长期的政策被终止了，只有欧盟层面协调一致地行动，欧洲价格扶梯才能引入所有碳基燃料，可持续交通发展才能更进一步。

这里的第二个因素是：尽管一些科学知识并不为人所熟知，但是预防原则应当被遵循，特别是交通排放造成的全球变暖。有些措施可能会带来意想不到的效果，而这些是需要被顾及的。例如建筑形式的改变极有可能会对出行模式和机动性造成影响，不过需要时间。在何处建造新的住房、学校、医院和商店将对未来的出行模式造成很大的影响。很多交通系统的问题并不是由于交通本身，而是来自其他方面，所以我们需要更全面的视角来统筹决策，并拓宽公共话语空间。

3. 触发效果和实施顺序。简单的决策可以作为触发器，生成活动的新形式。例如电信中心可以鼓励更多本地活动，工作出行被更多的本地出行所取代。如果这样的情况时常发生，那么本地服务设施如小餐馆和商店就是值得开放的，用以创造一个自给自足的地方中心。另外，有争议的政策，例如道路收费可以循序渐进地推出，而不是在一个单一的措施行动中出现。在最初阶段，道路空间可以为公共交通服务进行再分配，城市内部的停车费大幅提高，但是新的停车换乘设施也要同时提供，给开车者更多的选择。在阶段二，小汽车用户如果愿意付钱，那么他们也可以在公共汽车专用道上行驶，更多的道路空间会逐渐对有偿使用的驾驶者和公共交通开放。目前，公共交通还是比较可靠的交通模式，越来越多的人愿意选择，为了进一步提升运力，更多的投资也即将启动。最终，停车费将会减少，所有道路空间对于那些还想继续开车的人都是有偿开放的。这种发展态势能够利于政策的贯彻落实，获得公众的普遍接受并使用户熟悉道路收费，同时通过高品质的公共交通增加出行选择。这种政策的缺点就是富有的汽车司机总是能够去"买"道路空间的，实际上这是一种倒退，我们可能又会退回到原点。

4.适应性。现在的决策不应该成为未来决策的桎梏，当强硬措施的影响难以预料，一个比较好的策略是将发生的变化分成小块来考虑，用小范围的实验来测试那些解决方案，因为在这种情况下，我们没有成文的规定和方法让正确的流程参考。每种状况都需要单独进行分析和实践，如果想法和结果不一致，还需要具有及时改变政策的灵活性。风险评估和可逆性是环境可持续交通的重要组成部分。然而，实现可持续交通的目标必须依靠来自政治、企业和公众的决策者的支持。适应性问题不足以成为无所作为的借口，明确的决策、分析和监控所支持的领导力将对政策措施的效率产生怎样的影响，这样的问题还需要继续讨论。

指示是明确的，我们需要大力支持通过互动性和参与性的进程来扩大公共话语空间，赋予重要的利益相关者权力。这对于所有参与各方来说是一种更加积极有效的参与方式，比传统的被动劝导影响力更大。乐于改变的意愿和集体责任的承担是必需的。为了实现环境可持续的交通，变量必须足够强大能够克服对于汽车的依赖，而事实上，由于交通延误和拥堵造成的费用已经被驾车者内化吸收了。如果驾车者仍然对于为那些已经在他们的出行中打了折扣的东西付更多钱感到不满，那么，这场战争才刚刚开始。

12.4 可持续发展的城市与城市交通

结论是显而易见的，即交通在实现可持续发展的过程中需要发挥也必须发挥指导性作用。城市需要容纳全世界接近70% ~ 80%的人口，它应当保持一个最可续的城市形态。城市的几个核心参数是人口（超过25000人，最好超过50000人），密度（中等密度，超过每公顷40人），综合用途发展，优先发展公共交通可达廊道和高度可达的公交换乘点。这种发展符合以服务和信息为基础的经济体的需求。这种规模的聚居与多中心城市群的形成有关，通过明确的层次结构来保证服务设施对于日常生活与高阶活动的可达性。

这样的城市形态可以将平均出行距离控制在步行和骑车模式最大程度使用的阈值以内。同时，创意性服务和公交优先策略在这样的城市形态下也有发挥的空间，开车需求将得以最小化。通过合并明确的规划战略，个人尺度将会进入到城市设计中去，以同时满足高品质的可达性和生活质量的要求。交通方面是实现可持续城市远景的关键，我们的目的并不是禁止使用汽车，这不现实，而且也违背了选择的自由。我们想要设计出一个高品质的尺度合理的城市，生活在那里的人们将不需要依赖汽车，并且可以选择住在一个无车的环境中。

造成这些转变的方法众人皆知，但是它们的潜力还没完全被开发，无论是单独的还是集体的。

1. 单单依靠技术并不能解决问题，因为清洁技术带来的利益无法填补交通的潜在增长。它可以在减少本地交通造成的空气污染中发挥主要作用，但全球的二氧化碳排放在未来的25年内依然会是主要问题。经合组织国家必须领头降低他们国家的碳排放等级，这样其他国家就可以适当增加一些排放以保证全球碳排放维持在一个相对稳定的状态。发展中国家占据了一个重要的位置，它们认为经合组织国家需要承担道德上的义务来采取减排的相应行动，因为它们拥有经济和技术上的实力来实现稳定和减排目标。

2. 潜在的交通增长和较高汽车保有量会导致拥堵加剧，尤其在城市中。交通的效率将会因此降低，同时还会造成大量治理环境的开支。即使技术的更新可以降低单位能源消耗量和排放级别，拥堵的潜在问题反过来还是会增加能源使用和排放。相关的限制政策必须出台——

约 30% 的改进可以由交通管制实现，但是更强力和全面的政策也必须引入（世界银行，1994）。

3. 交通增长可以被视作收入增加和汽车保有量增加的重要部分，出行距离大幅度增加则反映了城市逐渐分散化发展而且城市外围的发展后来居上。出行发生的次数是相对稳定的，但是距离却不尽相同，尤其是在欧洲国家和美国（+33%），许多发达国家的出行距离已经增长了超过 40%（1972 ~ 2002 年之间）。例如英国的平均出行距离在 1972 ~ 2002 年之间增长了 47%（从 7.5km 增长到 11.04km）。

4. 从长远的角度，生活在城市是否需要拥有一辆汽车，人们和企业必须作出选择。可达性和近距离已经得到维持和提升，大部分活动已经可以在本地进行，高阶活动通过公共交通也可以进行。生活在城市里已经没有必要拥有一辆汽车了。远距离的休闲娱乐活动，去乡村游玩等可以通过一些新的形式如租车或者搭便车的方式解决。

这个论点的逻辑很清楚，在 2025 年，汽车在城市中能够发挥的作用将非常有限。[4] 通过可持续城市中的可持续生活方式，更有价值的娱乐活动能够被提供，服务型和知识型社会将能够实现。问题是怎样实现呢？ 这里有两个基本选项：

◆ 个人和企业的价值体系需要改变，这样，汽车（甚至生态汽车）将不会像广告中说的那样是人生梦想。清洁城市的共同利益必须优先于个人的汽车出行。汽车使用与个人自由之间的文化纽带需要妥善处理。

◆ 汽车问题也是造成生态灾害的主要原因——一些大规模的流行性传染病将会改变人们的价值观和对待的优先级别。但是即便像这样的事故发生，价值观的基本评判也是在所难免的。

实际上，将这样的转变概念化并不容易，因为目前的生活方式实在是太依赖交通了。如果能有技术（生态汽车）作为替代物而不是适应彻底不同的生活方式，这样的转变才可能发生。城市内部大量的资本，当地和国家经济中的大量资本，还有汽车产业（不包括私家车）的大量资本都在被占用。一个悬而未决的问题是：一个不再基于汽车的城市的未来会对城市经济和地产市场产生怎样的影响（11.7 节）。一种观点是：由于城市周围的出行会更加便捷，尤其是通过公共交通，而且更加清洁（使用生态汽车），这将会给城市中心区域带来新生，同时也为未来发展带来压力。相反的一种观点则认为，发展压力会逐渐转向城市外围、城市边缘和未开发的地方。这些地方会因为城市中心区域失去吸引力而变成未来发展主要的压力点。当前，能够佐证的信息并不统一，城市的许多关键区位的地租和房价依然高昂，不过城市外围区位正在慢慢成长为新的增长中心。

从中可以看出，强劲的可持续性相关变量风险性也较高。除了直接影响到汽车制造商和供应商，城市也不得不改变结构以便使高效的本地交通能够实现。技术置换将在取代现有的活动模式中发挥重要作用。

示范性或者试点城市可以作为检验"无车城市"这一概念的机制，无论在交通相关的成本和收益方面，还是对于城市密度、结构和经济的影响方面。它可以为新科技（包括生态汽车）的检验提供测试平台，并帮助计算不断发展的技术创新所需的成本和创造的价值。然而，除了环境方面的需求，这个城市还应当是一个充满活力的财富创造经济元，并且维持社会的公平性。我们需要确定生态汽车的重要作用，通过价格和空间的分配给予相应的优先权。有可能的话，更多地强调低速交通，所有接受过相关指导的居民（10 ~ 80 岁）都可以使用小型生态汽车（智能卡片技术）。相反地，道路优先权将赋予生态巴士（和生态辅助客运系统）以及生态出租车，因为它们将是试点城市中主要使用的机动车。2025 年的时候，城市里传统出租车应该会消失，新型的出租和驾驶系统将会推出无人驾驶的出租车在城市中运行。

技术变量可以避免困难的选项使现状得以维持，因此是非常有吸引力的。但是技术变量准确真实的形态必须被公众认知，可持续的城市中，汽车是没有立足之地的。交通会采用步行和骑车与生态公交整合的方式。这种方式会使所有不可再生能源的使用最小化，充分利用可用的空间，为所有人提供最大程度的可达性。

上述这样激进的结论似乎不太可能被接受，尤其对于世界上那些大城市来说，长距离出行已经发展了近20年，问题也已经出现。比较缓和的可持续性方法意识到汽车仍然是当今交通体系中的基本组成元素，但是它所发挥的作用会随着新的价格手段、新的条款和规则的出现逐渐减少。这里潜在的变量是我们必须寻找能在少量交通的情况下维持经济增长的道路（使经济和交通分离），强有力的奖励措施（市场和管理）应当成为推广所有形式的高效清洁的交通的保证。这种缓和的方法城市从现状慢慢向可持续的发展模式转变的基本纽带。它提供了优先权再分配的方式，它开始对城市空间重新估价，它还对可持续城市的发展做出指示。正是如此，它才能够改变价值体系。那么接下来，缓和的可持续性方法的基本内容能否在20年的时间范畴内实现可持续城市发展呢？我们需要各个国家的共同行动，还有区域和地方的参与。

12.4.1 国际与国家的行动计划

1. 税收系统需要改变，赋税应当基于消费而不是生产（劳工）。交通方面的碳税应当允许汽油和柴油价格的大幅提升，汽车用户将迫于此价格调控手段而减少开车或者采用更加经济的形式，比如购买更省油的汽车，转变出行模式，或者在出行之前仔细思考是否有出行的必要，能否在本地解决。

2. 汽车行业应当有明确的发展方向，即生产更多的节省燃料的汽车。零排放汽车的交易许可应当包含在政策包内，制造商需要设定目标，在特定时间生产销售一定比率的特定型号的汽车（比如加利福尼亚）。生态汽车也会是这个政策包的一部分以便分阶段项目能够被引进。研究和开发项目及与此关联的现象将会增加，加速新旧技术转变的方式也会随之增加。

3. 我们需要采取措施来确保现有的交通系统是高效运行的，如检测，排放条例、逐步淘汰老旧的汽车（旧车报废计划），使用综合税制来鼓励转变，为新车设置效率目标，推广可再生能源和其他低碳燃料等方法。

4.宏观经济和监督管理的政策将鼓励改变交通的能源利用模式或者更加理性地使用能源。这样的做法不会带来通货紧缩的影响，相反，它是一种财政中立的手段，与公共交通的投资，生态汽车的研究开发成本以及交通管理技术的选择和需求管理办法一同对城市交通产生影响。

12.4.2　区域和地方的行动计划

1.最高效的出行方式有权享有优先对待——步行、骑车和公共交通——道路空间将重新分配给这些模式，连同需求管理和交通管理的优先权。

◆ 道路收费将使开车所造成的所有社会和环境成本内部化。

◆ 智能卡片技术将允许对于最主要的交通问题（如拥堵）和汽车性能（如污染概况和乘客人数）进行收费。通过价格手段和优先空间分配（道路空间和停车空间），鼓励更高的车载率。

◆ 城市内部的限速将会降低，停车应当缴税，交通清除区应当被建立，所有形式的汽车补贴应当被取消。

◆ 在可持续性的层面，公共交通的补贴也应当被取消，所有出行者应当支付出行的全部费用。然而，出于一些社会原因和特别服务，个人用户使用公共交通可以有一定补贴（例如在农村地区，在周末的时候以及在晚上）。

◆ 推广公共交通需要（公众）投资，由城市区域的道路收费和停车收费来提供资金。

2.规划和发展部门采取的措施应当确保新的开发项目遵守就近原则，以减少出行距离。已建成的需要翻新的项目最好是再利用城市内一些空置地区——进行综合利用和高密度开发。

◆ 城市内停车设施必须严格控制，外来的（城市内的）旅行者最好使用停车换乘设施。

◆ 城市的所有决策者都应当参与如何减少交通问题和污染问题的讨论。

◆ 所有工作单位都需要为他们的员工制定通勤计划，零售商和其他企业（如娱乐休闲中心）也必须准备好相应的计划以减少他们的顾客的汽车依赖度。

◆ 类似的策略也应当涵盖学校、教育活动、医院和其他公共（私人）服务。

◆ 需要建立可持续论坛，讨论可持续发展的目标、项目、行动的进程和其他地区的成功实践。

3. 信息部门应该做的，就是将技术可以带来的所有好处变成现实。例如可以宣传一些关于城市发展目标的信息，不论是已经达成的，还是一些热点问题——污染或者拥堵。

◆ 高质量的公共交通系统离不开技术的支持，因此城市公共交通的所有形式都应当利用起来，实时更新的信息和出行选择也应当同时提供给出行者。

◆ 为开车的人提供拼车信息、停车信息和省油路线。

◆ 在试点城市和示范城市中试行检验政策包的执行效果。

4. 汽车行业在改变消费者态度和推广新型环境友好技术中发挥着重要作用，这个行业正在慢慢接受各种环境指标和城市内汽车面临的限制越来越多的现实。作为转向新科技和可持续发展的一部分，行业本身应当明确自身承担的责任，即给予创新和技术开发一个明确的定位，这样他们才能够与整个发展过程中每一个参与者通力合作，为了同一个目标——实现对于城市道路空间的有效管理和使用。新旧技术的转变和高污染汽车的取缔将为汽车行业未来的发展创造前所未有的机遇。

各级决策的中心是具备明确而具有远见性的领导力和执意转变的决心。领导者需要对转变可能造成的赞同与反对有所准备，需要对不遗余力地推进转变的进程有所准备。他们需要承担责任并使所有利益相关者全程参与讨论，这是整个过程中重要的部分。

12.4.3 发展中国家城市

以上列举的这些措施中很大一部分都既适用于发达国家城市也适用于发展中国家城市，但是那些需要更复杂技术支持的措施，恐怕就不太适合后者采用了。这里主要关注物理上的限制以及道路空间的再分配，还有高额的汽油价格、严格的停车控制和新的强制性方法。发展中国家城市已经有很多日常使用的公交服务，如果能够加入出租车拼车和汽车拼车，公交服务应该能够进一步提升。发展中国家需要意识到，道路建筑应当作为一种极端选项对待，因为可以选择的其他管理方式要简单得多。更多的投资应当投放于公共交通系统（新型节能汽车）、新的弹性操作系统（需求响应）、现有网络的维护和更新（包括高承载专用道）、为行人和骑车者提供空间（全市的骑行路线）以及为出行者提供廉价的信息系统中去。城市的道路空间总是不够用，所以公共交通和其他日常服务在城市可达性的提升中还是应当继续保持主导地位。城市之间的差异不会消除——未来将不会出现城市趋同，城市的个性将得以保存。

基于所有城市的情况展开讨论，是城市治理最有效的方法。发达国家城市拥有强大的地方政府，采用民主问责制并有权决定地方税收。在推行可持续发展的新形式的时候，所有城市都需要一致地采取措施，为了避免可能会有的先发劣势。如果一个城市占据了主导地位，那么其他城市将因此获益，出行将随着需求的转移而增加。问题也随之而来，当前的地方机构的部门是否是最适合应对可持续性变化的要求的。发展中国家并没有民主地方政府，因此新的决策组织结构需要被建立，尊重所有参与者，赋予他们权力与责任。

12.4.4 政策的社会影响

在为交通和可持续发展制定战略的过程中，无法避免赢家和输家。政策的钟摆已经由经济因素转向环境因素，但是绝不能忘了社会因素。穿过市中心的新路可以为住在城郊的有车一族（高收入）开辟快捷通道，但也给住在市中心的人（低收入）带来更糟糕的环境（更多噪声、污染和社区隔离）。只要购买汽车加入污染行列使出行方式因汽车而发生改变，这种情况就会发生。就每一辆新车而言，环境成本会增加，而对于可选择的服务的需求和质量会降低。当汽车保有量到达饱和程度，仍然会有 25% 的人口不能拥有汽车。可持续城市能够提供一种无须依靠汽车的生活方式，并通过不基于汽车的交通来提高城市的可达性，与社区福利相匹配。

一种传统的观点认为，目前的道路空间是按照时间配给的，这似乎是个社会普遍现象，因为所有的道路用户可用的时间都差不多。但是通过时间配给是非常低效并且不合理的，设定价格将会是分配那些本就不充足的资源（例如空间）的最佳方式。即使公平性是最优先考虑的，仍有财政机制（公共交通投资、社会贡献的减少）可以帮助重新分配其中一些收益。当环境层面被添加进经济与社会层面之中，这样的观点将得到加强。正如前文所提到的，非汽车用户和城市居民承担了很多环境成本。通过交通定价手段来分配收益的目标是在无车的环境中，为城市居民提升生活质量。

这里的观点是符合联合国提倡的优先级的（UNDP，1997 年），即扶贫、环境可持续性和良好的治理应当被给予明确的优先权。帮助穷人更充分地利用他们的时间的方法已经得到推广。目前，在发展中国家，有钱人的出现比穷人多，然而，对于穷人，更短的距离常常会花费更多的时间。穷人甚至不怎么使用公共交通，几乎去哪里都靠步行。在一些大洲（比如非洲），自行车的保有量都很低（3.5%），但是世界上其他地方的水平要高得多（比如亚洲的自行车保有量是 40%）。提升出行的效率非常重要，出行时间越短，能够用于教育和其他财富创造活动的时间就越多。正如前文所说，对公共交通和非机动模式进行投资很有必要，这样穷人的出行就能改进很多了。

12.4.5 转变带来的利益

可持续交通系统能带来的主要好处是它具有强大的社会包容性

（所有参与者均可获益）并且可以提升城市生活质量。然而，这个结论需要从至少两方面进行修改。首先，来自额外的燃油费、停车费和道路收费系统的收益必须继续保持并用于投资公共交通系统和其他社会服务（公共服务与保障房）。如果这样的收益大部分为政府所控制，那么带来的好处将大大减少，城市的吸引力也会大大降低。其次，城市所采纳的政策必须为市民和城市内部其他利益集团所支持和信任。这里提出的转变将会对人们在城市中的活动产生根本影响，而这样激进的转变需要来自政治的和公众的支持，否则将无异于政治自杀。

不得不做出的选择实则非常简单，在高质量的城市环境中，就像上面列举的那样，我们有必要开车么？如果答案是否定的，我们就可以采用激进的可持续性措施。如果答案是肯定的，那么我们最好采用温和的可持续性措施。前者为更多富有创意的政策提供空间，并且对于如何实现可持续性目标有更加明确的说明。然而，第十一章中提及的远景是由温和的可持续性措施所构建的，也存在这样一种可能，即综合使用不同类型的政策来实现相对比较困难的环境目标，而避免向经济和社会公平的目标妥协。尽管如此，现在的情形与温和的措施预想的情况仍有一些不同，目前汽车的形式与可持续发展的理念是完全不符的。哪怕是以生态汽车的形式，它仍需消耗大量资源并且会造成社会排斥。所以，温和的可持续性仍不是我们所期望的解决方法，但是确是一条向着正确方向前进的途径，它将扮演跳板的角色，为激进的可持续性措施争取越来越多的支持。

可持续发展目标和其他政策目标直接存在着不可避免的相互妥协，于是问题就变成了对于交通和可持续发展，利益是否存在共通性。从本文列举的论点来看，答案是肯定的。激进的观点被温和的观点所替代，这是为了交通可持续性的措施能够便于实施。只有当高质量的城市环境带来的利益，通过一系列从本书中挑选的政策，在大多数情况下得以实现时，激进的措施才有实践的可能。现在是时候作出决定了！

注释

1. 与常规行程相比，多余的行程是不必要的，因为司机故意行驶更长的路线。

2. 这些数据基于 2002 年英国国家出行调查，包括社会、休闲假日出行目的。它不包括海外出行，所以低估了休闲活动的真实规模（ONS，2003c）。

3. 请注意，诺贝尔经济学奖授予了丹尼尔·卡内曼（2002 年 11 月）。他在 20 世纪 70 年代的研究反对理性，这表明相比赢得一个更大的收益，人们更担心失去他们拥有的。虽然他的工作集中在金融行为和市场有时非理性繁荣的爆发方式上，前景理论似乎今天仍然与个人交通决策相关，因为它涉及行为的不确定性和风险。

4. 汽车和无车城市概念涉及各种形式的交通污染。它不包括环保车及其衍生物。

参考文献

Acutt, M. and Dodgson, J. (1998) Transport and global warming: modelling the impacts of alternative policies, in Banister, D. (ed.) Transport Policy and the Environment. London: Spon, pp. 20–37.

Adams, J. (2001) The Social Consequences of Hypermobility. Royal Society of the Arts lecture 21 November 2001. Available at http://www.geog.ucl.ac.uk/ ~ jadams/PDFs/hypermobilityforRSA.pdf.

Allport, R. (2000) Urban Mass Transit in Developing Countries. Halcrow Fox with Traffic and Transport Consultants, http://wbln0018.worldbank.org/transport/utsr.nsf.

Anderson, V. (1991) Alternative Economic Indicators. London: Routledge.

Apogee Research Inc and Greenhorne and O'Mara (1998) Research on the Relationship between Economic Development and Transportation Investment. Report 418. Washington DC: Transportation Research Board.

Bae, C.-H.C. and Richardson, H.W. (1994) Automobiles, the Environment and Metropolitan Spatial Structure. Cambridge, MA: Lincoln Institute of Land Policy.

Banister, D. (1989) Congestion: market pricing for parking. Built Environment, 15 (3/4), pp. 251–256.

Banister, D. (1992) Energy use, transport and settlement patterns, in Breheny, M. (ed.) Sustainable Development and Urban Form. London: Pion, pp. 160–181.

Banister, D. (1994) Equity and acceptability questions in internalising the social costs of transport, in European Conference of Ministers of Transport, Internalising the Social Costs of Transport. Paris: OECD and ECMT, pp. 153–175.

Banister, D. (1996) Energy, quality of life and the environment: the role of transport. Transport Reviews, 16 (1), pp. 23–35.

Banister, D. (1997a) Reducing the need to travel. Environment and Planning B, 24 (3), pp. 437–449.

Banister, D. (1997b) The Theory behind the Integration of Land Use and Transport Planning. Paper presented at the Chartered Institute of Transport Conference on Integrating Land Use and Transport Planning, Millbank Centre, London, October.

Banister, D. (1998a) (ed.) Transport Policy and the Environment. London: Spon.

Banister, D. (1998b) Barriers to implementation of urban sustainability. International Journal of Environment and Pollution, 10 (1), pp. 65–83.

Banister, D. (1999) Planning more to travel less: Land use and transport. Town Planning Review, 70 (3), pp. 313–338.

Banister, D. (2000a) Sustainable urban development and transport: a Eurovision for 2020. Transport Reviews, 20 (1), pp 113–130.

Banister, D. (2000b) The tip of the iceberg: leisure and air travel. Built Environment, 26 (3), pp. 226–235.

Banister, D (2000c) The Future of Transport. Paper prepared for the Royal Institute of Chartered Surveyors' Research Foundation Project on 2020 Visions of the Future, London, January.

Banister, D (2002a) Transport Planning, 2nd ed. London: Spon.

Banister, D. (2002b) Making Transport Work: Business and the Local Transport Plan Process. Paper prepared for the RICS Planning and

Development Faculty, October, p. 36.

Banister, D. (2003) Critical pragmatism and congestion charging in London. International Social Science Journal, 176, pp. 249–264.

Banister, D. (2005) Time and travel, in Reggiani, A. and Schintler, L. (eds.) Methods and Models in Transport and Telecommunications: Cross Atlantic Perspectives. Berlin: Springer Verlag.

Banister, D. and Banister, C. (1995) Energy consumption in transport in Great Britain – macro level estimates. Transportation Research, 29A (1), pp. 21–32.

Banister, D. and Berechman, J. (2000) Transport Investment and Economic Development. London: UCL Press.

Banister, D. and Berechman, J. (2001) Transport investment and the promotion of economic growth. Journal of Transport Geography, 9 (3), pp. 209–218.

Banister, D. and Button, K. (eds.)(1993) Transport, the Environment and Sustainable Development. London: E and FN Spon.

Banister, D. and Marshall S. (2000) Encouraging Transport Alternatives: Good Practice in Reducing Travel. London: The Stationery Office.

Banister, D. and Stead, D. (1997) Sustainable Development and Transport. Paper presented at the Expert Group Meeting of the URBAN 21 Project, Bonn, November.

Banister, D. and Stead, D. (2004) The impact of ICT on transport. Transport Reviews, 24 (5), pp. 611–632.

Banister, D., Dreborg, K., Hedberg, L., Hunhammer, S., Steen, P. and Åkerman, J. (1998) Development of Transport Policy Scenarios for the EU: Images of the Future. Paper presented at the 8th World Conference on Transport Research, Antwerp, July.

Banister, D., Stead, D., Steen, P., Akerman, J., Dreborg, K., Nijkamp, P. and Schleicher-Tappeser, R. (2000) European

Transport Policy and Sustainable Development. London: Spon.

Banister, D., Watson, S. and Wood, C. (1997) Sustainable cities – transport, energy and urban form. Environment and Planning B, 24 (1), pp. 125–143.

Bartelmus, P. (1999) Sustainable development – Paradigm or Paranoia? Wuppertal Institute for Climate, the Environment and Energy, Wuppertal Paper 93, May.

Baumol, W.J. and Oates, W.E. (1988) The Theory of Environmental Policy. Cambridge: Cambridge University Press.

Becker, H.A. (1997) Social Impact Assessment. London: UCL Press.

Beckerman, W. (1994) Sustainable development: Is it a useful concept? Environmental Values, 3 (2), pp. 191–209.

Beckerman, W. (1995) Small is Stupid: Blowing the Whistle on the Greens. London: Duckworth.

Bell, M.G.H., Quddus, M.A., Schmoecker, J.D. and Fonzone, A. (2004) The Impact of the Congestion Charge on the John Lewis Retail Sector in London. Imperial College, London, Centre for Transport Studies.

Berman, M. (1996) The transportation effects of neo-traditional development. Journal of Planning Literature, 10 (4), pp. 347–363.

Bishop, S. and Grayling, A. (2003) The Sky's the Limit: Policies for Sustainable Aviation. Institute of Public Policy Research (IPPR), May.

Blow, L. and Crawford, I. (1997) The Distributional Effects of Taxes on Private Motoring. Institute of Fiscal Studies, London, December.

Boarnet, M.G. and Crane, R. (2001a) Travel by Design: The Influence of Urban Form on Travel. New York: Oxford University Press.

Boarnet, M.G. and Crane, R. (2001b) The influences of land use on travel behaviour: Empirical strategies. Transportation Research A, 35 (9), pp. 823–845.

Breheny, M. (ed.)(1992) The Compact City – Special Issue. of Built Environment, 18（4）.

Breheny, M.（1995a）The compact city and transport energy consumption. Transactions of the Institution of British Geographers NS, 20, pp. 81–101.

Breheny, M.（1995b）Counterurbanisation and sustainable urban forms, in Brotchie, J., Batty, M., Blakely, E., Hall, P. and Newton, P. (eds.) Cities in Competition. Productive and Sustainable Cities for the 21st Century. Melbourne: Longman Australia, pp. 402–429.

Breheny, M.（1997）Urban compaction: Feasible and acceptable? Cities, 14（4）, pp. 209–217.

Breheny, M.（2001）Densities and sustainable cities: the UK experience, in Echenique, M. and Saint, A. (eds.) Cities for the New Millennium. London: Spon, pp. 39–51.

Breheny, M., Gordon, I. and Archer, S.（1998）Building Densities and Sustainable Cities. EPSRC Sustainable Cities Programme, Project Outline No. 5, June.

Brennan, E.（1994）Mega city management and innovation strategies: regional views, in Fuchs, R.J., Brennan, E., Chamie, J., Lo, F. and Uitto, J.I.（eds.）Mega City Growth and the Future. New York: UN University Press, pp. 233–255.

British Medical Association（1997）Road Transport and Health. London: BMA Science Department.

Bundesministerium für Verkehr, Bau- und Wohnungswesen （BMVBW）（2001）Auswirkungen neuer Informations- und Kommunikationstechniken auf Ver kehrsaufkommen und innovative Arbeitsplätze im Verkehrsbereich. Bericht, November 2001, Berlin: BMVBW/BMWi. Available at http: //www.bmvbw.de.

Bureau of Industry Economics（BIE）（1993）Environmental Regulation:

The Economics of Tradable Permits – a Survey of Theory and Practice, Research Report 42. Canberra: BIE Australian Government Publishing Service.

Button, K. and Rietveld, P. (2002) Transport and environment, in Van den Bergh, J. (ed.) Handbook of Environmental and Resource Economics. Cheltenham: Edward Elgar, pp. 581–589.

Calthorpe, P. (1993) The Next American Metropolis – Ecology, Community and the American Dream. NY: Princeton Architectural Press.

Camara, P. and Banister, D. (1993) Spatial inequalities in the provision of public transport in Latin American cities. Transport Reviews, 13 (4), pp. 351–373.

Cannell, M. (1999) Growing species to sequester carbon in the UK – answers to common questions. Forestry, 72 (3), pp. 237–247.

Carpenter, T.G. (1994) The Environmental Impact of Railways. Chichester: Wiley.

Castells, M. (1990) The Informational City: Information, Technology, Economic Restructuring and the Urban Regional Process. Oxford: Blackwell.

CEC (Commission of the European Communities)(1992) Sustainable Mobility: Impact of Transport on the Environment, COM 92 (46). Brussels: CEC.

CEC (Commission of the European Communities)(1998) On Transport and CO_2 – Developing a Community Approach, Communication from the Commission to the Council, the European Parliament, the Economic and Social Committee, and the Council for the Regions, Brussels, March, COM (1998)204 Final.

CEC (Commission of the European Communities)(2001a) European Transport Policy for 2010: Time to Decide, The White Paper on

Transport Policy. Brussels: CEC. Available at http: //europa.eu.int/ comm/energy_transport/en/lb_en.html.

CEC (Commission of the European Communities) (2001b) A Sustainable Europe for a Better World: A European Union Strategy for Sustainable Development. Communication of the European Commission, COM (2001) 264. Luxembourg: Office for Official Publications of the European Communities. Available at http: //www. europa.eu.int/comm/environment/eussd/index.htm.

CEC (Commission of the European Communities) (2003) EU Trading Emissions Directive, COM (2003) 403, Brussels, July.

Cervero, R. (1989) Jobs-housing balancing and regional mobility. Journal of the American Planning Association, 55 (2), pp 136–150.

Cervero, R. (1994) Transit-based housing in California: evidence on ridership impacts. Transport Policy, 1 (3), pp. 174–183.

Cervero, R. (1997) Paratransit in America: Redefining Mass Transit. Westport, CT: Praeger.

Cervero, R. (1998) The Transit Metropolis: A Global Inquiry. Washington DC: Island Press.

Cervero, R. and Landis, J. (1992) Suburbanization of jobs and the journey to work: a submarket analysis of commuting in the San Francisco Bay area. Journal of Advanced Transportation, 26 (3), pp. 275–297.

CfIT (2001) European Best Practice in the Delivery of Integrated Transport. Report from the Commission for Integrated Transport, London. Available at http: //www.cfit.gov.uk.

CMHC (1993) Urban Travel and Sustainable Development: The Canadian Experience. Ottawa: Canadian Mortgage and Housing Corporation.

Clarkson, R. and Deyes, K. (2002) Estimating the Social Costs of Carbon Emissions. Government Economic Service Working Paper 14, HM

Treasury, London.

Cobb, C., Goodman, G.S. and Wackernagel, M. (1999) Why Bigger Isn't Better: The Genuine Progress Indicator – 1999 Update. Redefining Progress, 1904 Franklin Street, Oakland CA 94612, November. Available at http://: www.redefiningprogress.org/publications/gpi1999/gpi1999.html.

Committee on the Medical Effects of Air Pollutants (1998) The Quantification of the Effects of Air Pollution on Health in the United Kingdom. London: The Stationery Office.

Community Transportation Association (CTA) (2001) What is Community Transportation? Available at www.ctaa.org.

Congressional Budget Office (2004) Fuel Economy Standards Versus a Gasoline Tax. Washington, DC: CBO.

Constanza, R., Perrings, C. and Cleveland, C. (eds.) (1997) The Development of Ecological Economics. Cheltenham: Edward Elgar.

Council for the Protection of Rural England (2001) Running to Stand Still? An Analysis of the 10 Year Plan for Transport. London: CPRE.

Crane, R. (1996) Cars and drivers in new suburbs: Linking access to travel in neo traditional planning. Journal of the American Planning Association, 62 (1), pp. 51–65.

Crane, R. (2000) The influence of urban form on travel: An interpretive view. Journal of Planning Literature, 15 (1), pp. 1–23.

Crawford, I.A. (2000) The Distributional Effects of the Proposed London Congestion Charging Scheme. Institute for Fiscal Studies, Briefing Note 11, October.

Cullinane, S. and Cullinane, K. (2003) City profile: Hong Kong. Cities, 20 (4), pp. 279–288.

Curtis, C. (1995) Reducing the need to travel: strategic housing location and travel behaviour, in Earp, J.H., Headicar, P., Banister, D.

and Curtis, C. (eds.) Reducing the Need to Travel: Some Thoughts on PPG13. Oxford Planning Monographs 1 (2) . Oxford: Oxford Brookes University, Planning Department.

Daly, H. (1972) In defence of a steady-state economy. American Journal of Agricultural Economics, 54 (4), pp. 945–954.

Daly, H. (1977) Steady-State Economics. Washington, DC: Island Press.

Daly, H. (1992) Allocation, distribution and scale: Towards an economics that is efficient, just and sustainable. Ecological Economics, 6 (3), pp. 185–193.

Daly, H. (1996) Beyond Growth. Boston: Beacon Press.

Daly, H. and Cobb, J. (1989) For the Common Good. Redirecting the Economy Toward Community, the Environment and a Sustainable Future. Boston, MA: Beacon Press.

Dantuma, L., Hawkins, R. and Montalvo, C. (2002) State of the Art Review – Production. Paper prepared for the ESTO Study on the Impacts of ICT on Transport and Mobility, November.

Dasgupta, M. (1993) Urban Problems and Urban Policies: OECD/ECMT study of 132 Cities. Paper presented at the International Conference on Travel and the City – Making it Sustainable, Dusseldorf, June, and published by OECD, Paris.

Delucchi, M.A. (2004) Estimating the Size of Transportation Externalities. Washington DC: Transportation Research Board.

De Mooij, R.A. (1999) The double dividend of an environmental tax reform, in Van den Bergh, J.C.J.M. (ed.) Handbook of Environmental and Resource Economics. Cheltenham: Edward Elgar, pp. 293–306.

Department for Transport (DfT) (2002) The Future Development of Air Transport in the UK: A National Consultation. London: The Stationery Office.

Department for Transport（DfT）（2003）The Future Development of Air Transport in the UK: South East, Annex E. London: The Stationery Office.

Department for Transport（DfT）, DTI, DEFRA and HMT（2002）Powering Future Vehicles: The Government Strategy. London: The Stationery Office.

Department of the Environment（1993）Town Centres and Retail Development, PPG6（Revised）. London: HMSO.

Department of the Environment, Transport and the Regions（1997a）National Travel Survey. London: The Stationery Office.

Department of the Environment, Transport and the Regions（1997b）Building Partnerships for Prosperity, Cm 3814. London: The Stationery Office.

Department of the Environment, Transport and the Regions（1997c）National Road Traffic Forecasts（Great Britain）. London: The Stationery Office.

Department of the Environment, Transport and the Regions（1997d）Land Use Change in England No. 12. London: Department of the Environment, Transport and the Regions.

Department of the Environment, Transport and the Regions（1997e）Transport Statistics Great Britain 1997. London: The Stationery Office.

Department of the Environment, Transport and the Regions（1997f）Digest of Environmental Statistics 1997. London: The Stationery Office.

Department of the Environment, Transport and the Regions（1997g）Air Quality and Traffic Management [LAQM. G3（97）]. London: The Stationery Office.

Department of the Environment, Transport and the Regions（1998a）The

Use of Density in Urban Planning, Report for the Planning Research Programme by the Bartlett School of Planning and Llewelyn Davies Planning. London: The Stationery Office.

Department of the Environment, Transport and the Regions (1998b) The Future of Regional Planning Guidance: Consultation Paper. London: DETR.

Department of the Environment, Transport and the Regions (1998c) A New Deal for Transport: Better for Everyone, White Paper on the Future of Transport. London: The Stationery Office. Available at www.dtlr.gov.uk/itwp.

Department of the Environment, Transport and the Regions (2001) Transport Statistics – Great Britain 2000. London: The Stationery Office.

Department of Trade and Industry (DTI)(1997) Digest of UK Energy Statistics. London: The Stationery Office.

Department of Trade and Industry (DTI)(2002) Cross Border Shopping Report. Research Study Conducted for Department for Trade and Industry. Available at http: //www.dti.gov.uk.

Department of Trade and Industry (DTI)(2003) Our Energy Future: Creating a Low Carbon Economy. Energy White Paper. London: The Stationery Office. Available at www.dti.gov.uk/energy/whitepaper/ ourenergyfuture.pdf.

Department of Transport (1994) National Travel Survey 1989/91. Government Statistical Services. London: HMSO.

Department of Transport, Local Government and the Regions (2001) PPG13 Transport(Revised) . London: The Stationery Office.

Departments of the Environment and Transport(1994)PPG13 – Transport. London: HMSO.

Departments of the Environment and Transport (1995) PPG13 – Guide to Better Practice: Reducing the Need to Travel through Planning. London: HMSO.

Dobes, L. (1999) Kyoto: Tradable greenhouse emission permits in the transport sector. Transport Reviews, 19 (1), pp. 81–97.

Downey, M.L. (1995) Transportation Trends. Paper presented at the Symposium on Challenges and Opportunities for Global Transportation in the 21st Century, Cambridge MA.

Dreborg, K. (1996) Essence of backcasting. Futures, 28 (9), pp. 813–828.

EC (European Commission) (2002) EU Transport in Figures 2002 – Statistical Pocketbook. Brussels: Eurostat, DG Energy and Transport, European Commission.

EC (European Commission) (2003) EU Transport in Figures 2003 – Statistical Pocketbook. Brussels: Eurostat, DG Energy and Transport, European Commission.

ECaTT (2000) Benchmarking Progress: On New Ways of Working and New Forms of Business across Europe. EcaTT Final Report. IST Programme of the European Commisssion. KAII: New Methods of Work and Electronic Commerce, August. Available at http: //www. ecatt.com.

ECMT (European Conference of Ministers of Transport) (1997) Trends in the Transport Sector. Paris: ECMT.

ECMT (European Conference of Ministers of Transport) (1999) Traffic Congestion in Europe. OECD: Paris.

ECMT (European Conference of Ministers of Transport) (2000) Assessing the Benefits of Transport. Report to the Committee of Deputies. Paris: ECMT.

ECMT (European Conference of Ministers of Transport) (2001) Implementing Sustainable Urban Transport Policies. Background paper CEMT/ CM（2001）13, Paris.

ECMT/OECD（2001）Survey of Cities 1999–2000. Paris: ECMT/OECD.

ECMT/OECD（2002）Implementing Sustainable Urban Travel Policies. Paris: ECMT/OECD

ECOTEC（1993）Reducing Transport Emissions Through Land Use Planning. London: HMSO.

Ehrlich, P.R. and Ehrlich, A.（1989）How the rich can save the poor and themselves. Pacific and Asian Journal of Energy, 3（1）, pp. 53–63.

Ehrlich, P.R. and Holdren, J.P.（1971）Impact of population growth. Science, 171, pp. 1212–1217.

Emmerink, R., Nijkamp, P. and Rietveld, P.（1995）Is congestion pricing a first best strategy in transport policy? A critical review of arguments. Environment and Planning B, 22（4）, pp. 581–602.

Environmental Audit Committee（EAC）（2003）Budget 2003 and Aviation. 9th Report of the Session 2002–03, House of Commons HC 672. London: The Stationery Office.

Esty, D.（2002）Quoted in the World Outlook 2002 Report, World Economic Forum, Boston, Massachusetts, Economist, 6 July 2002.

European Federation for Transport and the Environment（EFTE）（1994）Green Urban Transport: A survey, Preliminary Report 94/2, January, Brussels.

Ewing, R.（1995）Beyond density, mode choice, and single trips. Transportation Quarterly, 49（4）, pp. 15–24.

Ewing, R.（1997）Is Los Angeles-style sprawl desirable? Journal of the American Planning Association, 63（1）, pp. 107–126.

Ewing, R. and Cervero, R.（2002）Travel and the built environment. Transportation Research Record, No. 1780, pp. 87–110.

Ewing, R., DeAnna, M. and Li, S.-C.（1996）Land use impacts on trip generation rates. Transportation Research Record, No. 1518, pp. 1–6.

Farthing, S., Winter, J. and Coombes, T. (1997) Travel behaviour and local accessibility to services and facilities, in Jenks, M., Burton, E. and Williams, K. (eds.) The Compact City. A Sustainable Urban Form? London: E & FN Spon, pp. 181–189.

Federal Highway Administration (FHWA) (2002a) Value pricing pilot program: notice of grant opportunities. US Department of Transportation. Available at www.fhwa.dot.gov/policy/vppp.htm.

Federal Highway Administration (FHWA) (2002b) Highway Statistics 2002. Washington DC: US Department of Transportation.

Flyberg, B. (1998) Rationality and Power. Chicago: University of Chicago Press.

Fouchier, V. (1997) Urban Density and Mobility: What do we know? What can we do? Paper presented at the 2nd Symposium on Urban Planning and the Environment, Groningen.

Fouracre, P., Dunkerley, C. and Gardner, G. (2003) Mass rapid transit systems for cities in the developing world. Transport Reviews, 23 (3), pp. 299–310.

Frank, L. and Pivo, G. (1994) Impacts of mixed use and density on utilization of three modes of travel: Single-occupant vehicle, transit, and walking. Transportation Research Record, No. 1466, pp. 44–52.

Fuhrer, U., Kaiser, F.G. and Steiner, J. (1993) Automobile Freizeit: Ursachen und Auswege aus der Sicht der Wohnpsychologie, in Fuhrer, U. (ed.) Wohnen mit dem Auto. Zurich: Ursachen und Gestaltung Automobiler Freizeit, pp. 77–93.

Gakenheimer, R. (1997) Sustainable transport and economic development. Journal of Transport Economics and Policy, 31 (3), pp. 331–335.

Gallagher, R. (1992) The Rickshaws of Bangladesh. Dhaka: University Press.

Geels, F.W. and Smit, W.A. (2000) Failed technology futures: Pitfalls and lessons from a historical survey. Futures, 32 (9/10), pp. 867–885.

Geerlings, H. (1997) Towards Sustainability of Technological Innovations in Transport: The Role of Government in Generating a Window of Technological Opportunity. Rotterdam: Erasmus University.

Geurs, K. and Van Wee, B. (2004) Backcasting as a tool for sustainable transport policy making: The environmentally sustainable transport study in the Netherlands. European Journal of Transport Infrastructure Research, 4 (1), pp. 47–69.

Gilbert, R. (2000) Sustainable Mobility in the City. Paper presented at the Global Conference on the Urban Future URBAN 21, Berlin, July.

Gilbert, R. and Nadeau, K. (2002) Decoupling Economic Growth and Transport Demand: A Requirement for Sustainability. Paper presented at the Conference on Transportation and Economic Development 2001, Transportation Research Board, Portland Oregon, May.

Giorgi, L. (2003) Sustainable mobility. Challenges, opportunities and conflicts – a social science perspective. International Social Science Journal, 176, pp. 179–184.

Giuliano, G. and Small, K. (1993) Is the journey to work explained by urban structure? Urban Studies, 30 (9), pp. 1485–1500.

Goodland, R. (2002) The biophysical basis of environmental sustainability, in Van den Bergh, J (ed.) Handbook of Environmental and Resource Economics. Cheltenham: Edward Elgar, pp. 709–721.

Goodwin, P. (1998) Unintended effects of transport policies, in Banister, D. (ed.) Transport Policy and the Environment. London: E and FN Spon, pp. 114–130.

Goodwin, P. (2000) Transformation of transport policy in Great Britain.

Transportation Research A, 33 (7/8), pp. 655–229.

Goodwin, P., Dargay, J. and Hanley, M. (2004) Elasticities of road traffic and fuel consumption with respect to price and income: a review. Transport Reviews, 24 (3), pp. 275–292.

Gordon, I. (1997) Densities, urban form and travel behaviour. Town and Country Planning, 66 (9), pp. 239–241.

Gordon, P. and Richardson, H.W. (1997) Are compact cities a desirable planning goal? Journal of the American Planning Association, 63(1), pp. 95–106.

Gordon, P., Kumar, A. and Richardson, H.W. (1989a) Congestion, changing metropolitan structure and city size in the United States. International Regional Science Review, 12 (1), pp. 45–56.

Gordon, P., Kumar, A. and Richardson, H.W. (1989b) Gender differences in metropolitan travel behaviour. Regional Studies, 23 (6), pp. 499–510.

Gordon, P., Richardson, H.W. and Jun, M.-J. (1991) The commuting paradox: evidence from the top twenty. Journal of the American Planning Association, 57 (4), pp. 416–420.

Government Economic Service (GES)(2002) Estimating the Social Cost of Carbon Emissions. GES Working Paper 140, London.

Graham, D. and Glaister, S. (2004) A review of road traffic demand elasticities measures. Transport Reviews, 24 (3), pp. 261–274.

Grammenos, F. and Tasker Brown, J. (2000) Residential street pattern design for healthy liveable communities. New Urban Agenda. Available at www.greenroofs.ca/nua/ip/ip02.html.

Greene, D.L. and Schafer, A. (2003) Reducing the Greenhouse Gas Emissions for US Transportation, Report from the Pew Center on Global Climate Change, Arlington, Virginia, May. Available at www.pewclimate.org.

Gwilliam, K. (2003) Urban transport in developing countries. Transport Reviews, 23 (2), pp. 197–216.

Hall, P. (1988) Cities of Tomorrow: An Intellectual History of Urban Planning and Design in the Twentieth Century. Oxford: Blackwell.

Hall, P. (1997) Urban change from the Individual Standpoint. Paper presented at the Expert Group Meeting of the URBAN 21 Project, Bonn, November.

Hall, P (1998) Conclusions, in Banister, D. (ed.) Transport Policy and the Environment. London: E & FN Spon, pp. 333–336.

Hall, P. (2001) Sustainable cities or town cramming? in Layard, A., Davoudi, S. and Batty, S. (eds.) Planning for a Sustainable Future. London: Spon, pp. 101–114.

Hall, P. and Pfeiffer, U. (2000) Urban Future 21: A Global Agenda for Twenty First Century Cities. London: Spon.

Handy, S. (2002) Accessibility v Mobility-enhancing Strategies for Addressing Automobile Dependence in the US. Paper presented at the ECMT round table on Transport and Spatial Policies: The Role of Regulatory and Fiscal Incentives, Round Table 124, Paris, November, pp. 101–114.

Handy, S. and Clifton, K.J. (2001) Local shopping as a strategy for reducing automobile travel. Transportation, 28 (4), pp. 317–346.

Hanley, N., Moffat, I., Faichney, R. and Wilson, M. (1999) Measuring sustainability: a time series of alternative indicators for Scotland. Ecological Economics, 28 (1), pp. 55–73.

Hanson, S. (1982) The determinants of daily travel-activity patterns: relative location and sociodemographic factors. Urban Geography, 3 (3), pp. 179–202.

Haq, G. (1997) Towards Sustainable Transport Planning: A Comparison between Britain and the Netherlands. Aldershot: Avebury.

Hardin, G. (1968) The tragedy of the commons. Science, 162, pp. 1243–1248.

Hardin, G. (1993) Living within Limits: Ecology, Economics and Population Taboos. Oxford: Oxford University Press.

Hathway, T. (1997) Successful community participation in local traffic proposals. Journal of Advanced Transportation, 31 (2), pp. 201–213.

Haughton, G. and Hunter, C. (1994) Sustainable Cities. London: Jessica Kingsley Publishers.

Headicar, P. (1996) The local development effects of major new roads: M40 case study. Transportation, 23 (1), pp. 55–69.

Headicar, P. and Curtis, C. (1998) The location of new residential development: its influence on car-based travel, in Banister, D. (ed.) Transport Policy and the Environment. London: Spon, pp. 220–240.

Healey, P. (1997) Collaborative Planning: Shaping Places in Fragmented Societies. Basingstoke: Macmillan.

Heinze, G.W. (2000) Transport and Leisure. Paper prepared for presentation at the ECMT Round Table 111 on Transport and Leisure. Paris: OECD, pp. 1–51.

Hickman, R. and Banister, D. (2002) Reducing Travel by Design: What happens over Time? Paper presented at the 5th Symposium of the International Urban Planning and Environment Association, Oxford, September.

Hillier Parker (1997) The Impact of Large Foodstores on Market Towns and District Centres. Draft Report for the Department of the Environment, June.

Hillman, M. and Whalley, A. (1983) Energy and Personal Travel: Obstacles to Conservation. London: Policy Studies Institute.

HM Treasury and Department for Transport (2003) Aviation and the

Environment: Using Economic Measures. London: DfT.

Hommels, A., Kemp, R., Peters, P. and Dunnewijk, T. (2002) State of the Art Review – Living. Paper prepared for the ESTO Study on the Impacts of ICT on Transport and Mobility, November.

Hoogma, R., Kemp, R., Schot, J. and Truffler, B. (2002) Experimenting for Sustainable Transport – The Approach of Strategic Niche Management. London: Spon.

Hook, W. (1995) The economic advantages of non-motorized transport. Transportation Research Record, No 1487, pp. 14–21.

HOP Associates (2002) The Impact of Information and Communications Technologies on Travel and Freight Distribution Patterns: Review and Assessment of Literature. Report prepared for the UK Department for Transport, Local Government and the Regions by HOP Associates (in association with the Transport Research Group, University of Southampton). Cambridge: HOP Associates. Available at http: //www.virtual-mobility.com/report.htm.

Horizon International (2003) Efficient transportation for successful urban planning in Curitiba, From the Horizons Solution Site, info@solutionssite.org. New Haven CT: Yale University, Department of Biology.

Houghton, J., Jenkins, G. and Ephraums, J. (1990) (eds.) Climate Change: The IPCC Scientific Assessment. Cambridge: Cambridge University Press.

House of Commons (2003) Urban Charging Schemes, First Report of the House of Commons Transport Committee 2002–03, Volume 1. HC 390-1. London: The Stationery Office.

Hsieh, Y., Lin, N. and Chiu, H. (2002) Virtual factory and relationship marketing: a case study of a Taiwan semiconductor manufacturing company. International Journal of Information Management, 22, pp.

109–126.

Hughes, P. (1993) Personal Transport and the Greenhouse Effect: A Strategy for Sustainability. London: Earthscan.

Innes, J. (1995) Planning theory's emerging paradigm: communicative action and interactive practice. Journal of Planning Education and Research, 14 (3), pp. 183–189.

Innes, J. (1999) Consensus building in complex and adaptive systems: A framework for evaluating collaborative planning. Journal of the American Planning Association, 65 (4), pp. 412–423.

International Energy Agency (IEA)(1993a) Cars and Climate Change. Paris: International Energy Agency.

International Energy Agency (IEA)(1993b) Energy Balances of OECD Countries 1990–1991. Paris: OECD.

International Energy Agency (IEA)(1997) Transport, Energy and Climate Chang. Paris: International Energy Agency.

International Energy Agency (IEA)(2000) The Road from Kyoto – Current CO_2 and Transport Policies in the IEA. Paris: IEA.

International Energy Agency (IEA)(2001) Saving Oil and Reducing CO_2 Emissions in Transport: Options and Strategies. Paris: IEA, September.

International Energy Agency (IEA)(2002) Energy Balances of OECD Countries and Energy Balances for Non-OECD Countries. Paris: OECD. http: //data.iea.org/ieastore/default.asp.

Jackson, T. and Marks, N. (1994) Measuring Sustainable Economic Welfare – A Pilot Index: 1950–1990. Stockholm Environment Institute, Stockholm.

Jaffe, A.B., Peterson, S.R., Portney, P.R. and Stavins, R.N. (1995) Environmental regulation and competitiveness of US manufacturing: What does the evidence tell us? Journal of Economic Literature, 33

（2），pp. 132–163.

Jenks, M., Burton, E. and Williams, K. (1996) The Compact City: A Sustainable Urban Form? London: Spon.

Johnston-Anumonwo, I. (1992) The influence of household type on gender differences in work trip distance. Professional Geographer, 44 (2), pp. 161–169.

Keong, C.K. (2002) Road Pricing: Singapore's Experience. Paper presented at the 3rd Imprint Europe Conference on Implementing Reform on Transport Pricing: Constraints and Solutions: Learning from Best Practice, Brussels, October.

Kitamura, R., Mokhtarian, P. and Laidet, L. (1997) A micro-analysis of land use and travel in five neighbourhoods in the San Francisco Bay area. Transportation, 24 (2), pp. 125–158.

Knoflacher, H. (2000) Transport and Leisure. Paper prepared for presentation at the ECMT Round Table 111 on Transport and Leisure. Paris: OECD and ECMT, pp. 53–88.

Koerner, B.I. (1998) Cities that work. US News and World Report, No. 8, June, pp. 26–36.

Krugman, P. (1994) Peddling Prosperity. New York: Norton.

Larsen, O. (2000) Norwegian Urban Road Tolling: What Role for Evaluation? Paper presented at the second TRANS-TALK Workshop, Brussels, November. Available at www.iccr.ac.at/trans-talk/workshops/workshop2.

Levinson, D.M. and Kumar, A. (1997) Density and the journey to work. Growth and Change, 28 (2), pp. 147–172.

London Assembly (2002) Congestion Charging: The Public Concerns behind the Politics. London Assembly Transport Committee. London: London Assembly.

Louw, E. and Maat, K. (1999) Mind the Gap: pitfalls on measures to control mobility. Built Environment, 25（2）, pp. 118–128.

Lyons, G.（2002）Internet: New technology's evolving role, nature and effects on transport. Transport Policy, 9（4）, pp. 335–346.

Lyons, G. and Kenyon, S.（2003）Social Participation, Personal Travel and Internet Use. Proceedings of the 10th International Conference on Travel Behaviour Research, Lucerne, 10–15 August. Available at http://www.ivt.baug.ethz.ch/allgemein/iatbr2003.html.

Maddison, D., Pearce, D., Johansson, O., Calthorp, E., Litman, T. and Verhoef, E.（1996）The True Costs of Road Transport. London: Earthscan.

Mäder, S. and Schleiniger, R.（1995）Kosten Wirksamkeit von Luftreinhaltemassnahmen. Schweizerische Zeitschrift für Volkswirtschaft und Statistik, 131（2）.

Mägerle, J. and Maggi, R.（1999）Zurich Transport Policy: Or the importance of being rich. Built Environment, 25（2）, pp. 129–138.

Mansell, G.（2001）The development of online freight markets. Logistics and Transport Focus, 3（7）, pp. 2–3.

Marshall, S.（2001）The challenge of sustainable transport, in Layard, A., Davoudi, S. and Batty, S.（eds.）Planning for a Sustainable Future. London: Spon, pp. 131–147.

Marshall, S. and Banister, D.（2000）Travel reduction strategies: intentions and outcomes. Transportation Research A, 34（4）, pp. 324–328.

Meadows, D.H., Meadows, D.L. and Randers, J.（1992）Confronting Global Collapse: Envisioning a Sustainable Future. Post Mills, VT: Chelsea Green.

Meadows, D.H., Meadows, D.L., Randers, J. and Behrens III, W.（1972）The Limits to Growth. New York: Universe Books.

Meirelles, A.（2000）A Review of Bus Priority Systems in Brazil: From

Bus Lanes to Busway Transit. Paper presented at the Smart Urban Transport Conference, Brisbane, 17–20 October 2000.

Meyer, A. (2001) Contraction and Convergence. London: Green Books.

Michaelis, L., Bleviss, D. and Orfeuil J.-P. (1996) Mitigation options in the transportation sector, in IPCC Climate Change 1995: Impacts, Adaptations and Mitigation of Climate Change, Scientific and Technical Analyses, Contribution of Working Group II to the Second Assessment Report of the Intergovernmental Panel on Climate Change (IPCC). Cambridge: Cambridge University Press, pp. 680–712.

Michaelis, L. and Davidson, O. (1996) GHG mitigation in the transport sector. Energy Policy, 24 (10/11), pp. 969–984.

Ministry of Transport the Netherlands (2002) Pay per kilometer: Progress report, Paper presented at the 2nd Seminar of the EU Imprint-Europe Thematic Network 'Implementing reform on transport pricing: Identifying mode-specific issues', Brussels, 14–15 May.

Mitchell, H. and Trodd, E. (1994) An Introductory Study of Teleworking based on Transport-Telecommunications Substitution. Research project for the Department of Transport. Unpublished, but summarized on the HOP Associates database at www.virtual-mobility.com.

Mitlin, D. and Satterthwaite, D. (1996) Sustainable development in cities, in Pugh, C. (ed.) Sustainability, Environment and Urbanisation. London: Earthscan, pp. 23–62.

Mittler, D. (1998) Environmental Space and Barriers to Local Sustainability. Evidence from Edinburgh, Scotland. Paper presented at Planning Patterns for Sustainable Development, International Conference, Padua, Italy, 30 September–3 October.

Mittler, D. (1999) Reducing travel!? A case study of Edinburgh,

Scotland. Built Environment, 25（2）, pp. 106–117.

Mogridge, M.J.H.（1985）Transport, land use and energy interaction. Urban Studies, 22（4）, pp. 481–492.

Mokhtarian, P.（2003）Telecommunications and travel. The case for complementarity. Journal of Industrial Ecology, 6（2）, pp. 43–57.

Mokhtarian, P. and Salomon, I.（1999）Travel for the fun of it. Access, 15, Fall, pp. 26–31. Available at http：//socrates.berkeley. edu/ ~ uctc.

Mokhtarian, P. and Salomon, I.（2001）How derived is the demand for travel? Some conceptual and measurement considerations. Transportation Research A, 35（6）, pp. 695–719.

Muheim, R. and Reinhardt, E.（2000）Car sharing – the key to combined mobility：Small public/private mobility partnership leads the way. Journal of World Transport Policy and Practice, 5（3）, pp. 64–77.

Naess, P.（1993）Transportation energy in Swedish towns and regions. Scandinavian Housing and Planning Research, 10, pp. 187–206.

Naess, P. and Sandberg, S.L.（1996）Workplace location, modal split and energy use for commuting trips. Urban Studies, 33（3）, pp. 557–580.

Naess, P., Roe, P.G. and Larsen, S.（1995）Travelling distances, modal split and transportation energy in thirty residential areas in Oslo. Journal of Environmental Planning and Management, 38（3）, pp. 349–370.

National Economic Research Associates（NERA）（1997）Motor or Modem. Report prepared for the UK Royal Automobile Club, London, November.

National Energy Policy Development Group（2001）Reliable, Affordable, and Environmentally Sound Energy for America's Future. Washington DC：Office of the Vice President.

Newman, P.W.G. and Kenworthy, J.R. (1988) The transport energy trade-off: Fuel efficient traffic versus fuel-efficient cities. Transportation Research, 22A (3), pp. 163–174.

Newman, P.W.G. and Kenworthy, J.R. (1989a) Cities and Automobile Dependence – An International Sourcebook. Aldershot: Gower.

Newman, P.W.G. and Kenworthy, J.R. (1989b) Gasoline consumption and cities: a comparison of US cities with a global survey, , Journal of the American Planning Association, 5 (1), pp. 24–37.

Newman, P.W.G. and Kenworthy, J.R. (1999) Sustainability and Cities: Overcoming Automobile Dependence. Washington DC: Island Press.

Ng, K. (2004) A Review of Hong Kong's Transport Policy and Its Sustainability. Unpublished paper prepared for the Sustainable urban Development and Transport Specialism. The Bartlett School of Planning, University College London.

Oak Ridge National Laboratory (2002) Transportation Energy Data Book. Oak Ridge, Tennessee: US Department of Energy.

OECD (Organisation for Economic Cooperation and Development)(1988) Transport and the Environment. Paris: OECD.

OECD (Organisation for Economic Cooperation and Development)(1991) Environmental Indicators. Paris: OECD.

OECD (Organisation for Economic Cooperation and Development)(1992) Energy Balances of OECD Countries, 1989–1990. Paris: OECD.

OECD (Organisation for Economic Cooperation and Development) (1993) Indicators for the Integration of Environmental Concerns into Transport Policies. Environmental Monograph No. 80. Paris: OECD.

OECD (Organisation for Economic Cooperation and Development)(1995) Motor Vehicle Pollution: Reduction Strategies beyond 2010. Paris: OECD, p. 133.

OECD (Organisation for Economic Cooperation and Development)(1997)

Energy Balances of OECD Countries, 1995–1996. Paris: OECD.

OECD (Organisation for Economic Cooperation and Development) (2002a) Global Long Term Projections for Motor Vehicle Emissions (MOVE II) Project. Working Paper on National Environmental Policy, Working Group on Transport, ENV/EPOC/WPNEP/T(2002) 8/REV1, October, Paris.

OECD (Organisation for Economic Cooperation and Development) (2002b) The Role of Soft Measures in Achieving Environmentally Sustainable Transport, Seminar, Berlin, December. Available at www.oecd.org/pdf/M0001900/M00019258.pdf.

OECD/ECMT (Organisation for Economic Cooperation and Development and European Conference of Ministers of Transport)(1995) Urban Travel and Sustainable Development. Paris: OECD/ECMT.

OECD/IEA (Organisation for Economic Cooperation and Development and the International Energy Agency)(1997) Transport, Energy and Climate Change. Policy Analysis Series. Paris: OECD/IEA.

Office of the Deputy Prime Minister (ODPM)(2003) Sustainable Communities: Building the Future. London: The Stationery Office.

Office of Science and Technology (1998) The Role of Technology in the Implementing an Integrated Transport Policy. London: OST.

Office for National Statistics (ONS)(2002) Teleworking in the UK. London: The Stationery Office. Available at http: //www.statistics. gov.uk.

Office for National Statistics (ONS)(2003a) 2002 E-commerce Survey of Business: Value of E-trading. Press release from the Office of National Statistics, 4 December. Available at http: //www.statistics. gov.uk.

Office for National Statistics (ONS)(2003b) Social Trends 33. London: The Stationery Office. Available at http: //www.statistics.gov.uk.

Office for National Statistics（ONS）（2003c）Transport Statistics Bulletin: National Travel Survey Provisional Results. London: The Stationery Office.

Orfeuil, J.-P.（1993）Eléments pour une prospective transport, énergie, environnement. Arceuil, Paris: Institut National de Recherche sur les Transports et leur Sécurité（INRETS）.

Owens, S（1986）Energy Planning and Urban Form. London: Pion.

Oxford City Council（OCC）（2000）Oxford Transport Strategy Assessment of Impact. Oxford: OCC.

Oxfordshire County Council（OXCC）（2002）Oxford Transport Strategy. Oxford: OXCC. Available at www.oxfordshire.gov.uk/oxford/.

Paul, K.J.（2002）Advocating mileage-based auto insurance. Conservation Matters, 8（3）, Spring, pp 31–33.

Peake, S.（1994）Transport in Transition. London: Earthscan.

Pearce, D.W.（1991）The role of carbon taxes in adjusting to global warming. Economic Journal, 101（407）, July, pp. 938–948.

Peden, M., Scurfield, R., Sleet, D., Mohan, D., Hyder, A.A., Jarawan, E. and Mathers, C.（eds.）（2004）The World Report on Road Traffic Injury Prevention. Geneva: World Health Organisation.

Peñalosa, E.（2003）Foreword, Whitelegg, J. and Haq, G.（eds.）World Transport Policy and Practice, The Earthscan Reader. London: Earthscan, pp. xxv–xxxi.

Peters, M. and Wilkinson, M.（2000）, Suppliers are encompassing the benefits brought by e-commerce, in World Markets Research Centre, Global Purchasing and Supply Chain Strategies 2000. London: Business Briefings Limited, pp. 124–127. Available at http://www.wmrc.com.

Pigou, A.C.（1947）A Study in Public Finance. 3rd ed. London: Macmillan.

Piore, M.J. and Sabel, C. (1984) The Second Industrial Divide: Possibilities for Prosperity. New York: Basic Books.

Porter, M. and Van der Linde, C. (1995) Towards a new conception of environment-competitiveness relationship. Journal of Economic Perspectives, 9 (1), pp. 97–118.

Prevedouros, P.D. and Schofer, J. (1991) Trip characteristics and travel patterns of suburban residents. Transportation Research Record, No. 1328, pp. 49–57.

Priemus, H. and Maat, K. (1998) Ruimtelijk en Mobiliteitsbeleid: Interactie van Rijksinstrumenten Stedelijke en Regionale Verkenningen 18. Delft: Delft University Press.

Pucher, J. and Renne, J. (2003) Socioeconomics of urban travel: evidence from the 2001 NHTS. Transportation Quarterly, 57 (3), pp. 49–77.

Putman, R. (2000) Bowling Alone: The Collapse and Revival of America's Community. Boston: Simon and Schuster.

Qi Dong (2003) Mobility, Accessibility and Urban Sustainable Transportation in Emerging Shanghai. Paper prepared for the Sustainable Urban Development and Transport Specialism, Bartlett School of Planning, University College London, December.

Qui, Daxiong, Yan, Li, Zhou, Huang (1996) Status review of sources and end-uses of energy in China. Energy for Sustainable Development, 3 (3), pp. 7–13.

Rabinovitch, J. (1992) Innovative land use and public transport policy. Land Use Policy, 13 (1), pp. 51–67.

Rabinovitch, J. and Hoehn, J. (1995) A Sustainable Urban Transportation System: The 'Surface Metro' in Curitiba, Brazil. EPAT/MUCIA Working Paper.

Rabinovitch, J. and Leitman, J. (1996) Urban planning in Curitiba.

Scientific American, 273（3）, pp. 46–49.

RAC Foundation（2002）Motoring Towards 2050 – An Independent Inquiry. London: Royal Automobile Club Foundation. www. racfoundation.org.

Reichwald R., Fremuth, N. and Ney, M.（2002）Mobile Communities – Erweiterung von virtuellen Communities mit mobilen Diensten, in Reichwald, R.（ed.）Mobile Kommunikation. Wiesbaden: Gabler-Verlag, pp. 523–537.

Replogle, M.（1991）Sustainable transportation strategies for Third World development. Transportation Research Record, No. 1294, Washington DC: National Research Council.

Replogle, M.（1992）Non-motorized Vehicles in Asian Cities. World Bank Technical Paper Series No 162, Asian Technical Department. Washington DC: World Bank.

Richardson, H. and Gordon, P.（2001）Compactness or sprawl: America's future vs the present, in Echenique, M. and Saint, A.（eds.）Cities for the New Millennium. London: Spon, pp. 53–64.

Rietveld, P. and Stough, R.（eds.）（2005）Barriers to Sustainable Transport – Institutions, Regulations and Implementation in Transport. London: Spon.

Robinson, J.B.（1982）Energy backcasting: A proposed method for policy analysis. Energy Policy, 10（4）, pp. 337–344.

ROCOL（2000）Road Charging Options for London: A Technical Assessment. Report for the Government Office for London. London: The Stationery Office, March. Available at www.opengov.uk/ glondon/transport/rocol.htm

Rodríguez, D. and Targa, F.（2004）The value of accessibility to Bogotá's bus rapid transit system. Transport Reviews, 24（5）, pp. 587–610.

Rogers, R. and Burdett, R.（2001）Lets cram more into the city, in

Echenique, M. and Saint, A. (eds.) Cities for the New Millennium. London: Spon, pp. 9–14.

Romm, J.J. (2004) The Hype about Hydrogen: Fact and Fiction in the Race to Save the Climate. Washington DC: Island Press.

Royal Commission on Environmental Pollution (RCEP)(1994) Transport and the Environment. Eighteenth Report of the Royal Commission on Environmental Pollution, Cm 2674. London: HMSO.

Royal Commission on Environmental Pollution (RCEP)(1997) Transport and the Environment – Developments since 1994. Twentieth Report of the Royal Commission on Environmental Pollution, Cm 3752. London: The Stationery Office.

Royal Commission on Environmental Pollution (RCEP)(2002a) The Environmental Effects of Civil Aircraft in Flight. Special Report. London: RCEP.

Royal Commission on Environmental Pollution (RCEP)(2002b) Environmental Planning. Twenty-third Report of the RCEP, Cm 5459. London: The Stationery Office.

Rubin, J. and Kling, C. (1993) An emission saved is an emission earned: an empirical study of emissions banking for light-duty vehicle manufacturers. Journal of Environmental Economics and Management, 25 (3), pp. 257–274.

Rudlin, D. and Falk, N. (1999) Building the 21st Century Home – The Sustainable Urban Neighbourhood. Oxford: The Architectural Press.

Rujopakarn, W. (2003) Bangkok Transport System Development: What went Wrong? Internal Working Paper, Department of Civil Engineering, Kasetsart University, Bangkok, p. 14.

SACTRA (Standing Advisory Committee on Trunk Road Assessment) (1999) Transport and the Economy. London: The Stationery Office.

Salomon, I. and Mokhtarian, P. (1997) Coping with congestion:

Reconciling behavioural responses and policy analysis. Transportation Research D, 2 (2), pp. 107–123.

Salon, D., Sperling, D., Shaheen, S. and Sturges, D. (1999) New Mobility: Using technology and partnerships to create more efficient, equitable, and environmentally sound transportation. Institute of Transportation Studies, University of California, Davis. Available at http: //database.path.berkeley.edu/imr/papers/UCD-ITS-RR-99-1. pdf..

Satterthwaite, D. (1995) The underestimation of urban poverty and its health consequences. Third World Planning Review, 17 (4), pp. iii–xii.

Satterthwaite, D. (1997) Sustainable cities or cities that contribute to sustainable development? Urban Studies, 34 (10), pp. 1667–1691.

Saxena K.B.C. and Sahay, B.S. (2000) Managing IT for world class manufacturing: the Indian scenario. International Journal of Information Management, 20 (1), pp. 29–57.

Schafer, A. and Victor, D. (1997) the past and future of global mobility. Scientific American, 277 (4), pp. 58–61.

Schipper, L. (2001) Sustainable Urban Transport in the 21st Century. Mimeo available from mrmeter@onebox.com.

Schipper, L. and Marie-Lilliu, C. (1999) . Transportation and CO_2 Emissions: Flexing the Link – A Path for the World Bank. Environmental Department Paper No. 69. Washington DC: World Bank. Available at http: //www.worldbank.org/cleanair/global/ publications/transport_pubs.htm.

Schipper, L., Figueroa, M.J. and Gorham, R. (1995) People on the Move: A Comparison of Travel Patterns in OECD Countries. Discussion paper from the Lawrence Berkeley Laboratory, California.

Schipper, L., Steiner, R., Figueroa, M.J. and Dolan, K. (1993) Fuel prices and economy: Factors affecting land travel. Transport Policy, 1 (1), pp. 6–20.

Schleicher-Tappeser, R., Hey, C. and Steen, P. (1998) Policy approaches for decoupling freight transport from economic growth. Paper presents at the Eighth World Conference on Transport Research, Antwerp, July. Available at http: //www.eures.de/de/download/antwerp.pdf.

Scholl, L., Schipper, L. and Kiang, N. (1994) CO_2 Emissions from Passenger Transport: A Comparison of International Trends from 1973–1990. Discussion paper from the Lawrence Berkeley Laboratory, California.

Scholl, L. Schipper, L. and Kiang, N. (1996) CO_2 emissions from passenger transport – A comparison of international trends from 1973 to 1992. Energy Policy, 24 (1) pp. 17–30.

Schwela, D. and Zali, O. (1999) Urban Traffic Pollution. London: Spon.

Senft, L. (2003) The Transport Concept of Freiburg. Unpublished paper prepared for the sustainable Urban Development and Transport Specialism at the Bartlett School of Planning, University College London, January.

Shoup, D. (2002) Roughly right or precisely wrong, Access, 20, Spring, pp. 20–25.

Sloman, L. (2003) Less Traffic where People live: How Local Transport Schemes can help cut Traffic. Report prepared under the Royal Commission Exhibition of 1851 Built Environment Fellowship, Transport 2000 and University of Westminster, London.

Smith, T.B. (1973) The Policy Implementation Process, Policy Sciences, 4 (2), pp. 197–209.

Social Exclusion Unit (2002) Making the Connections: Transport and

Social Exclusion. Report from the Social Exclusion Unit, Department of Trade and Industry. Available at www.socialexclusion.gov.uk.

Socialdata (1993) Mobilität Baumt 1 der Stadt Zürich – Verhalten. Munich: Socialdata.

Southworth, M. and Ben Joseph, E. (1997) Streets and the Shaping of Towns and Cities. New York: McGraw Hill.

Spence, N. and Frost, M. (1995) Work travel responses to changing workplaces and changing residences, in Brotchie, J., Batty, M., Blakely, E., Hall, P. and Newton, P. (eds.) Cities in Competition. Productive and Sustainable Cities for the 21st Century. Melbourne: Longman Australia, pp. 359–381.

Stavins, R.N. (1995) Transaction costs and tradable permits. Journal of Environmental Economics and Management, 29 (2), pp. 133–148.

Stead, D. (1996) Density, Settlement Size and Travel Patterns. Unpublished research note on the National Travel Surveys 1985/86, 1989/91 and 1992/94, Bartlett School of Planning, University College London.

Stead, D. (2000) Unsustainable settlements, in Barton, H. (ed.) Sustainable Communities. The Potential for Eco-Neighbourhoods. London: Earthscan, pp. 29–45.

Stead, D. (2000a) Trends in transport intensity across Europe. European Journal of Transport Infrastructure Research 0 (0), pp. 27–39 (this was a trial version of the Journal) .

Stead, D. (2000b) Relationships between transport emissions and travel patterns in Britain. Transport Policy, 6 (4), pp. 247–258.

Stead, D. (2001a) Transport intensity in Europe – indicators and trends. Transport Policy, 8 (1), pp. 29–46.

Stead, D. (2001b) Relationships between land use, socio-economic factors, and travel patterns in Britain. Environment and Planning B,

28（4）, pp. 499–528.

Stead, D. and Marshall, S.（1998）The Relationships between Urban Form and Travel Patterns: An International Review and Evaluation. Paper presented at the Eighth World Conference on Transport Research, July 13–17, Antwerp.

Stickland, R.（1993）Bangkok's urban transport crisis. Urban Age, 2（1）, pp. 1–5.

Stough, R. and Rietveld, P.（2005）Institutional dimensions of sustainable transport, in Rietveld, P. and Stough, R.（eds.）Barriers to Sustainable Transport – Institutions, Regulations and Sustainability. London: Spon, pp. 1–17..

Sutcliffe, A.（1996）Travel for Food Shopping. Unpublished MPhil Thesis in Town Planning, The Bartlett School of Planning, University College London.

Symonds Group（2002）Transport Development Areas Guide to Good Practice. Report prepared for the RICS with ATIS REAL Weatheralls and Gal.com, London, June.

Tayyaran, M.R. and Khan, A.M.（2003）The effects of telecommunications and intelligent transportation systems on urban development. Journal of Urban Technology, 10（2）, pp. 87–100.

TecnEcon（1996）Central Area Parking Study – Final Report. Prepared for Birmingham City Council, the Department of Transport, and Centro, March.

The Economist（2002）Blowing smoke. The Economist, 14 February 2002, p. 49. Available at http: //www.economist.com/world/na/displayStory.cfm?story_id=989298 .

Toffler, A.（1991）Power Shift: Knowledge, Wealth and Violence at the Edge of the 21st Century. London: Bantam.

Toman, M.（1994）Economics and sustainability: balancing trade-offs and imperatives. Land Economics, 70 (4), pp. 399–413.

Transport and Environment (2003) Congestion Pricing in London: A European Perspective. Paper prepared for the European Federation for Transport and Environment by Stephanis Anastasiades, Brussels, February.

Transport for London (TfL) (2002) The Greater London (Central Zone) Congestion Charging Order 2001. Report to the Mayor, London, February.

Transport for London (TfL) (2003) Congestion Charging – Six Months On. London: TfL. Available at www.tfl.gov.uk/tfl/cc_intro.shtml.

Transportation Research Board (1997) Towards a Sustainable Future: Addressing the Long-Term effects of Motor Vehicle Transportation on Climate and Ecology. TRB Special Report 251, Washington DC.

Transportation Research Board (2001) Making Transit Work: Insight from Western Europe, Canada, and the United States. Washington, DC: National Academy Press.

Turner, K. (2002) Environmental and ecological economics perspectives, in Van den Bergh, J. (ed.) Handbook of Environmental and Resource Economics. Cheltenham: Edward Elgar, pp. 1001–1031.

US Environmental Protection Agency (2002) Latest Findings on National Air Quality: 2001 Status and Trends. Research Triangle Park, NC: Environmental Protection Agency.

UNDP (1994) Non Motorised Transport – Confronting Poverty. New York: Oxford University Press.

UNDP (1997) Transport and Sustainable Human Settlements: A UNDP Policy Overview. Draft Discussion Paper, Winter.

United Nations Centre for Human Settlements (UNCHS) (1996) An Urbanizing World: Global Report on Human Settlements. Habitat Report. Oxford: Oxford University Press.

United Nations Environment Programme (2002) National Emissions of CO_2 from Transport. UN Framework Convention on Climate Change (UNFCCC) . Washington: UNEP.

UNFCCC (United Nations Framework Convention for Climate Change) (2003) Caring for Climate: A Guide to the Climate Change Convention and the Kyoto Protocol. Bonn: Climate Change Secretariat, UNFCCC.

Urban Task Force (1999) Towards an Urban Renaissance. The Report of the Task Force, Chaired by Lord Rogers of Riverside. London: Spon.

Urry, J. (2001) Inhabiting the Car. Paper presented at the Barcelona 2001 Conference on the Future of the Car.

US Environmental Protection Agency (2002) Latest Findings on National Air Quality: 2001 Status and Trends. Research Triangle Park, NC: Environmental Protection Agency.

Van Essen, H., Bello, O., Dings, J. and Van den Brink, R. (2003) To shift or not to shift, that is the question – The environmental performance of the principle modes of freight and passenger transport in the policy making context, Paper prepared by CE Solutions for Environment, Economy and Technology, Delft, March.

Vasconcellos, E.A. (2001) Urban Transport: Environment and Equity – The Case for Developing Countries. London: Earthscan.

Vigar, G. (2001) The Politics of Mobility. London: Spon.

Visser, J.G.S.N. and Nemoto, T. (2002) E-commerce and the Consequences for Freight Transport. EU-STELLA project, paper prepared for kick-off meeting, 7, 8 and 9 June in Sienna.

Von Weizsacker, A.B., Lovins, A.B. and Lovins, L.H. (1997) Factor Four: Doubling Wealth, Halving Resource Use. London: Earthscan.

Voogd, H. (2001) Social dilemmas and the communicative planning paradox. Town Planning Review, 72 (1), pp. 77–95.

Wachs, M. (2002) Transportation demand management: The American experience. Why what works is unpopular and what is popular doesn't work. Editorial in the Report on Sustainable Transport in Sustainable Cities- Why Travel? The Warren Centre, University of Sydney. Available at http: //www.warren.usyd.edu.au/transport/Why%20 Travel (bk2) .pdf

Wagner, P., Banister, D., Dreborg, K., Eriksson E.A., Stead, D., and Weber, K.M. (2003) Impacts of ICTs on Transport and Mobility (ICTRANS) . Institute for Prospective Technological Studies Technical Report. Joint Research Centre, Seville, June.

Warren Centre (2002) Healthy transport, healthy people, Executive Summary. Sustainable Transport in Sustainable Cities – Why Travel? University of Sydney. Available at http: //www.warren.usyd.edu.au/ transport/HealthyTrans_people.pdf

Wegener, M. (1994) Operational urban models: state of the art. Journal of the American Planning Association, 60 (1), pp. 17–29.

Whitelegg, J. (1997) Critical Mass. London: Pluto Press.

Williams, J (1997) A Study of the Relationship between Settlement Size and Travel Patterns in the UK. URBASSS Working Paper 2, The Bartlett School of Planning, UCL, London. Available at www. bartlett.ucl.ac.uk/planning/urbasss.

Williams, J. (2001) Achieving local sustainability in rural communities, in Layard, A., Davoudi, S. and Batty, S. (eds.) Planning for a Sustainable Future. London: Spon, pp. 235–252.

Willson, R. (2001) Assessing communicative rationality as a transportation planning paradigm. Transportation, 28 (1), pp. 1–31.

Wilson, R. (2002) Transportation in America: A Statistical Summary of Transportation in the United States. Washington DC: The Eno

Transportation Foundation.

Winter, J. and Farthing, S. (1997) . Coordinating facility provision and new housing development: impacts on car and local facility use, in Farthing, S.M. (ed.) Evaluating Local Environmental Policy. Avebury, Aldershot, pp. 159–179.

Wood, C. (1994) Passenger Transport Energy Use and Urban Form. Working Paper, Bartlett School of Planning, University College London, p. 39.

World Bank (1975) Urban Transport. Policy Sector Paper. Washington DC: World Bank.

World Bank (1994) World Development Report 1994: Development and the Environment. Oxford: Oxford University Press.

World Bank (1996) Sustainable Transport: Priorities for Policy Reform. Washington DC: World Bank.

World Bank (1998) World Development Indicators (CD-ROM) . Washington DC: World Bank.

World Bank (2001) Cities on the Move. A World Bank Urban Transport Strategy Review, Washington DC: World Bank. Available at www. worldbank.org/html/fpd/transport/ut_over.htm.

World Commission on Environment and Development (WCED)(1987) Our Common Future (The Brundtland Report) . Oxford: Oxford University Press.

World Health Organisation (WHO)(1997) Creating Healthy Cities in the 21st Century. Background Paper prepared for the Dialogue on Health in Human Settlements for Habitat II, WHO, Geneva.

Wright, L. (2001) Latin American busways: Moving people rather than cars. Natural Resources Forum, 25 (2), pp. 121–134.

WWF (2001) Fuel Taxes and Beyond – UK Transport and Climate Change. Report from the World Wildlife Fund and Transport 2000,

London, January. Available at www.wwf-uk.org.

Zoche, P., Beckert, B., Joisten, M. and Hudetz, W. (2002) State of the Art review – Working. Paper prepared for the ESTO Study on the Impacts of ICT on Transport and Mobility, November.

译后记

在牛津大学读书期间，一直在和英国的朋友解释，英文到中文的翻译不同于英文到法文或者德文的翻译，从某种意义上，这是再创作的过程。在翻译导师戴维·本尼斯特教授著作的过程，是用中国的思维与他进行交流阐释的过程。许多用词和观点，与国内学术界的表达截然不同，比如本书的书名，期间我国内导师潘海啸教授及伦敦大学学院的 Robin Hickman 博士，利兹大学的 Karen Lucas 博士给予了我需要提示和帮助。本书的合译者叶亮博士，对于全文翻译的基本翻译表达文风和整体把握方面给予了巨大帮助。陈明磊、魏川登、李婧、王倩文、高雅、朱兆颖等几位研究生同学参与翻译和校对了部分章节，并重新绘制了书中的图表。

最后还要感谢汤锡博士的耐心校稿并提出了宝贵意见。

施澄
2015 年 11 月于同济园